ちくま学芸文庫

人間とはなにか 上

脳が明かす「人間らしさ」の起源

マイケル・S・ガザニガ

柴田裕之 訳

筑摩書房

HUMAN

The Science Behind What Makes Us Unique

by

Michael S. Gazzaniga

Originally Published by Ecco,
an imprint of HarperCollins Publishers, New York
Japanese translation rights arranged with
Brockman, Inc., New York

目次

第Ⅱ部　ともに生き抜くために

3 脳と社会と嘘 132

4

5 他人の情動を感じる 261

下巻目次

人間とはなにか　上　脳が明かす「人間らしさ」の起源

まさに人間の典型であり、誰からもお気に入りのおばさんとして慕われている、
医学博士レベッカ・アン・ガザニガに捧げる。

謝辞

本書の発端は、ずいぶん昔にさかのぼる。もとをたどれば、私が光栄にも大学院で学ぶ機会を得られたカリフォルニア工科大学の、J・アルフレッド・プルーフロック・ハウスのどこかということになるのだろう。私たちが「ザ・ハウス」と呼んでいたこの家には部屋がいくつもあり、そのうちの一つが私のものだった。これは請け合うが、ほかの部屋の住人はみな、私より頭の切れる、賢い連中だった。そのほとんどが物理学を学んでいて、その後、全員がすばらしい成功を収めた。彼らは難問に懸命に取り組み、その多くを解決した。

私のような青二才が、ザ・ハウスでの経験から学んで以後忘れることがなかったのは、この聡明な人たちの熱意だ。難問に取り組め。倦まずたゆまず必死にやれ。私はそうした。ずっとそうしてきた。皮肉にも、私が研究に一生を捧げてきた問題は、彼らのものよりはるかに難しい。それを一言で言えば、人間とはいったい何者なのか、だ。不思議な話だが、彼らは私の問題に魅了された。一方、私はと言えば、彼らが自らの問題に挑むために四六時中使っている概念的ツールに関しては、一塁にもたどり着けなかった。私はハウスメートで物理学専攻のノーマン・ドンビーをいつもチェスで打ち負かしていたが、今に至るまで熱力学の第二法則がほんとうに理解できているかどうか、まったく自信がない。いや、じつは、わかっていないのだ。それなのに、ノーマンときたら、何でもわかっているように見えた。

ザ・ハウスには、有意義な人生の目的はこの世の謎を解明することだという信念が満ちあふれていた。そして、誰もがその信念に染まった。というわけで、あれから四五年ほどたった今、私はまたしてもそれに挑戦しようとしている。もっとも、単独でではない。断じて違う。テーマは、人間であるとは何を意味するのかを突き止めることだ。明快この上ない。そこで、私は今一度ブルペンから出てきて、周りの若く優秀な学生諸君全員の力を活用することにした。

この新たな旅は、三年近く前、ダートマス・カレッジでの私の最後の年に受け持った四年生ゼミとともに始まった。若き男女から成る非凡な一団が私の探究したかったトピックを割り当てられ、誰もが鋭い洞察力をもって元気いっぱい、課題に真っ向から挑んだ。私たちは二か月ほど突き進んだ。すべて、目を開かれるような経験だった。学生のうち二人が熱病にとりつかれ、心の科学でのキャリアに向けて巣立ったことを、うれしい思いでこここにご報告する。

翌年私は、悪びれることなく研究と学問に力を入れているカリフォルニア大学サンタバーバラ校で初めてのクラスを教えた。それは熱心な大学院生のクラスで、彼らもまた、進展中のストーリーに新たな深みと洞察を加えてくれた。ところがその後、思いがけない展開になった。

私は前立腺癌と診断され、手術を受けざるをえなくなった。最悪の気分——いわゆる「どうしても髪型が整わない日（バッド・ヘア・デー）」だ（私のように頭の禿げた人間にとってさえも）。幸い、最高の処置を受けて首尾良く切り抜け、予後もまずまずだった。それでも、仕事の山に埋もれかけていたところ、これまで地上に彩りを添えた人のうちでことによると最もすばらしい人物かもしれない妹のレベッカ・ガザニガが、運良く新しいことを始める気になった。彼女は医師で、植物に詳しく、絵や料理が得意で、旅行好きで、親類縁者の誰からもお気に入りのおばさんとして慕われている。そして今度は、科学マニアで、作家・編集者・共同制作者の才もあることがわかった。スター誕生というわけだ。彼女の助けがなければ、本書は存在しなかっただろう。

私は学生と親族両方の多くの人が持つ厖大な才能の代弁者になることを目指してきた。私は誇りと喜びをもってそうする。今でもカリフォルニア工科大学のプルーフロック・ハウスのすばらしいモットーを覚えているからだ。大きな問題について考えろ。そうした問題が重大だからではない。取り組み甲斐があり、人を勇み立たせ、また、不朽だからだ。

それでは、本書を楽しんでいただければ幸いだ。

はじめに――人間はなぜ特別なのか？

ラジオの人気パーソナリティーのギャリソン・キーラーが彼の番組で「元気で、良い仕事をして、連絡を忘れずに」と言うのを聞くと、いつも口もとがほころぶ。なんとも単純な心情だけれど、それでいて人間の複雑さを余すところなく捉えている。類人猿はこんなことを思ったりしない。考えてもみてほしい。私たちの種は、たしかに相手の幸運を祈り、他人に危害が及ぶことは望まない。「ひどい一日を」とか「悪い仕事をしなさい」などと言う者はないし、携帯電話業界が百も承知のとおり、誰もが連絡を忘れない。たとえ、伝えるようなことが何一つ起きていなくても。

わずか一文でキーラーは人間らしさというものを捉えたのだ。進化生物学者の間ではお馴染みの、さまざまな説明のついた絵がある。その絵の端には一匹の類人猿が描かれ、そこから線が延びて、初期の人類が順に続き、ついには反対の端に直立する背の高い人間に至る。今ではその線がそれほど真っ直ぐに続いていないことはよく知られているが、それが言わんとしていることは相変わらず正しい。私たちは間違いなく進化の産物であり、自然淘汰の力によって今のような人間となった。とはいえ、私はこの絵を描き直したい。私には見えるのだ。ナイフを手にした人間が後ろへ向き直り、祖先と自分を結ぶ見えない綱を断ち切って解放され、ほかの動物たちには及びもつかないことができるようになるところが。

私たち人間は特別だ。誰もが日頃からありとあらゆる問題を楽々と解決する。両手でいくつも買い物袋を抱えてドアの前に来たときには、小指を突き出して取っ手に引っ掛けて開ければいいことが、たちまちわかる。人間の心はじつに創造的で擬人化が得意なので、たとえば、ペット、古靴、自動車、世界、神など、ほぼ何に対しても主体的能力をマップする（つまり、意図を投影する）。まるで、地上で最も利口な存在として、ここ、つまり認知能力の梯子のてっぺんに独りでいたくないようではないか。私たちは、飼い犬が人間を魅了し、人間の感情に訴えかけるところを見たがる。そして、犬たちも哀れみや愛、憎しみの類をそっくり持ちうると想像する。私たちは、じつにたいした存在であり、それが少しばかり恐ろしいのだ。

過去何百年もの間に、数え切れないほど多くの科学者や哲学者がこの私たちのユニークさをあるいは認め、あるいは否定してあらゆる種類の人間らしさの前例をほかの動物に求めてきた。近年、独創的な科学者たちが、純粋に人間だけのものとばかり思われていた多種多様の事柄の前例を見つけている。私たちは、自らの思考について考える（これを「メタ認知」という）能力を持つのは人間だけと思っていた。だが、考え直したほうがよさそうだ。ジョージア大学の二人の神経科学者が、ラットにもその能力があることを立証した。ラットは自分が何を知らないかを知っていることがわかったのだ。ということは、ネズミ捕りは処分してしまうべきなのか。そんなことはないだろう。

人間ならではと思えるものがいたるところで目に入るし、また、そのどれをとってもほかの生き物でも見つかると言える。カリフォルニア州ラ・ホーヤの神経科学研究所に所属する非常に優秀な神経科学者・遺伝学者のラルフ・グリーンスパンは、なんと、ミバエの眠りを研究している。

ある日彼は昼食をとっているとき、「ハエは眠るのかな」と訊かれたそうだ。彼は「そんなこと、知ったことか」と言下に切って捨てた。ところが、よくよく考えてみて気づいた。ハエの眠りを研究すれば、今なお人知の及ばない、眠りという謎めいたプロセスについて、何か学べるかもしれないではないか。長い話の結論だけ言うと、なんと、ハエも私たち同様、眠ることがわかった。さらに重要なのは、眠っているときも起きているときも、ハエは人間と同じ遺伝子を発現させる点だ。それどころか、グリーンスパンが現在進めている研究によると、原生動物でさえ眠るらしい。まったく、なんということだろう！

ようするに、人間の活動の大半は、ほかの動物に見られる前例と結びつけられる。だが、そんな事実に我を忘れ、人間というものを見失ってはならない。以下の各章で、私たちの脳や心、社会的世界、感情、芸術的活動、主体性を付与する能力、意識、さらには脳の部位がシリコンの部品に置き換えられるという、新たにわかってきている事実などについて、細かくデータを見ていくことにしよう。この楽しい旅から、一つの明確な事実が浮かび上がってくる。人間はほかの動物たちと同じ化学物質からできていて、同じ生理学的反応を見せるものの、彼らとは似ても似つかないのだ。気体が液体になり、液体が固体になるのとちょうど同じように、進化のプロセスでは位相変化が起きる。その変化があまりに大きいので、進化の前の生き物と後の生き物は、同じ要素からできているとはほとんど考えられないほどだ。もやもやした霧は氷山と同じものからできている。環境との複雑な関係の中では、同じ化学構造を持つとてもよく似た物質どうしが、その実体と形で大きく異なりうるのだ。

実際私は、人間が誕生するにあたって、位相変化のようなものが起きたと今では思っている。人間の目覚ましい能力や熱意、今ここでの存在を超え、ほとんど無限の世界へと頭の中で時間を旅する能力を、何か一つで説明しきることなど、とうてい考えられない。人間は自分たちが生まれ出てきた生物の世界とさまざまなかたちでつながっており、人間と似たような心的構造を持っている種もあるものの、それらとはやはり大幅に違っている。私たちの遺伝子と脳の構造の大半はほかの動物と共通点があるが、違いはいつも必ず見つかる。そして、私たちは旋盤を使って宝石を加工でき、チンパンジーは石を使って木の実を割れるとはいえ、両者の間には途方もない隔たりがある。また、家で飼っている犬が共感してくれているように見えても、悲しみと哀れみの違いがわかるペットなど、いはしない。

位相変化が起きた。そしてそれは、私たちの脳と心で多くが変わった結果、起きた。本書は、人間のユニークさと、人間がここまで歩んできた道のりの物語だ。個人的に言えば、私は自分の種が大好きだし、これまでもずっと好きだった。人間の成功と、この世界での支配的立場を、いささかでも割り引く必要を感じたことはついぞない。というわけで、なぜ人間が特別なのかを理解する旅を始めよう。そして、その旅をおおいに楽しもうではないか。

＊出典の記述について一言
本書の注釈は、アメリカ心理学会（ＡＰＡ）の出版マニュアルに示されたスタイルに準拠している。本書の印刷時には、同マニュアルは第五版が刊行されており、その中に詳説されたＡＰＡのフォーマットは、教育と心理学の分野における学術的著述の標準として広く認められている。〔訳注：本文庫版では、原注については、本文中に番号を（　）で括って示し、巻末にまとめた。参考文献が指示されている箇所については、それぞれの番号を＊とともに示し、同じく巻末にまとめた。〕

第Ⅰ部　人間らしさを探究する

1　人間の脳はユニークか？

脳は我々を、ほかのいかなる種とも隔絶する器官である。人間を際立たせているのは、筋骨の強さではなく、脳である。

——パスコ・T・ラキック（『ニューヨーク科学アカデミー年報』所収「二一世紀の医学が直面する重要問題（"Great Issues for Medicine in the Twenty-First Century," *Annals of the New York Academy of Sciences*）」882（1999）p.66より）

科学で知られている最も複雑な存在

優れた心理学者デイヴィッド・プレマックは、かつてこう嘆いた。「なぜ［これまた優れた］生物学者E・O・ウィルソンは、一〇〇ヤードも先にいる二種類のアリの違いがわかるのに、アリと人間の違いがわからないのだろう」。この当てこすりは、人間はユニークかという問題をめぐる意見の違いがどれだけ大きいかを浮き彫りにしてくれる。科学界の半分は、人間という動物をほかの動物との連続線上にあるものと見なし、残る半分は、動物と人間は不連続であり、まったくの別物だと考えている。激しい論議が長年続いており、近い将来、決着がつくこともないだろう。つまるところ、私たち人間はいわゆる「併合派」か「細分派」のどちらかで、類似点に目を向けるか、さもなければ、相違点に注目したがるものだ。

　私は独自の視点からこの問題に光を当てたい。私はこう思う。たとえば社会的行動が人間にもアリにも見られるからといって、人間の社会的行動には何らユニークなところはないと論じるのは意味がない。Ｆ16戦闘機も軽飛行機のパイパー・カブも飛行機であることに変わりはないし、どちらも物理学の法則に従い、どちらも人をＡ地点からＢ地点へと運んでくれるが、両者には大きな違いがある。そこでまず、人間の脳や心とほかの動物の脳や心との間には大きな違いがあることを率直に認め、人間の脳のどんな構造やプロセスや能力がユニークなのかを見極めることから始めたい。

　人間の脳にはユニークな点があるのかないのかという問いを誰かが発すると、なぜこれほど多くの神経科学者が色めき立つのか、私はいつも不思議でならなかった。目に見える肉体的な違いがあって、そのせいで人間はユニークだと言うと、すんなり受け入れられるのに、人間の脳やその働きの違いに話が及ぶと、とたんにみんな神経を尖らせるのはどうしたことか。最近私は数人の神経科学者に、こう訊いてみた。「シャーレの中の海馬の切片が発する神経衝撃（インパルス）を記録していて、その切片がマウスのものか、サルのものか、人間のものかを知らされていなかったとしたら、見分けがつくだろうか。別の言い方をすれば、人間のニューロン（神経インパルスを伝える細胞）には何かユニークなところがあるのだろうか。将来、人間の脳を作ろうと思ったら、人間のニューロンを使わなければならないのか。それともサルやマウスのニューロンでも事足りるのか。ニューロン自体は少しもユニークではなく、人間の人間たる所以は脳の精妙な配線図にあるのだろうと、誰もが思ってはいないだろうか」

これに対する反応の強烈さときたら！　二つ例を挙げるだけで十分わかってもらえるだろう。「どんな細胞も、細胞は細胞だ。それは全生物共通の処理単位で、ミツバチと人間とでは大きさが違うだけにすぎない。マウスやサルや人間の錐体細胞の縮尺をうまく変えてやれば、見分けがつかないだろう。たとえ神の巫女ピュティアの助けを借りたとしても」。しかり！　マウスやアリのニューロンの研究は、人間のニューロンの研究と何ら違いはない。以上、話はこれで終わりだ。

こんな反応もある。「脳内のニューロンのタイプや、脳内のニューロンの反応特性には差異がある。だが、哺乳類の間では、ニューロンはニューロンだと思う。ニューロンの入力信号と出力信号（とシナプスの構成）が、その機能を決めるのだ」。なんと！　またしても、動物のニューロンの生理機能は人間のそれと同一だというのだ。とはいえ、この前提なしには、こうしたニューロンを熱心に研究する意味はないに等しい。むろん、類似性はあるに決まっている。だが差異はまったくないのだろうか。

人間はユニークだ。だが、なぜ、どうユニークなのか。何世紀にもわたって科学者や哲学者、はたまた法律家までそれに好奇心をそそられてきた。動物と人間を区別しようとすると、考え方やデータの意味をめぐって議論が沸き起こり、意見がぶつかり合う。それが一段落すると、あとにはなおさら多くの情報が残り、それをもとにして、より強固な仮説が打ち立てられる。こうして探究が進むうちに、多くの相反する考え方が部分的には正しいことが判明してくるようだからおもしろい。

人間がユニークであることは、その体を見れば誰にでもわかるが、それよりはるかに深いところで人間がほかの動物と違っていることも明白だ。私たちは芸術や、ボローニャ風パスタ、精巧な機械を生み出し、なかには量子物理学を解する者もいる。私たちの脳が指令を出していることは、神経科学者に教えてもらうまでもないが、その仕組みは、やはり神経科学者に説明してもらわなければならない。人間はどれほどユニークなのだろうか。そして、どのようにユニークなのだろうか。

脳が人間の思考と行動をどう司っているのかは、いまだによくわかっていない。数ある未解明の問題のうちには、思考がどのように無意識の深みから抜け出して意識に上るのかという大きな謎がある。脳を研究する方法が進歩したので、解明された謎もあるが、一つ謎を解き明かすとますます多くの謎が生まれることがよくあるようだ。脳画像研究によって、疑問視されるようになったりすっかり退けられたりした通説もある。たとえば、脳は汎用型の器官として、すべての入力情報を同じ方法で等しく処理してから一つにまとめ上げるという考え方は、一五年前と比べてさえ、受け入れられなくなっている。情報のタイプによって活性化する脳の部位が違うことが、脳画像研究で明らかになったからだ。たとえば私たちが道具（特定の目的を念頭に置いて作り出された人工の品）を見るときは、脳全体がそれを調べるという課題に取り組んだりはしない。道具を調べるために活性化する特定の領域があるのだ。

　この手の発見は多くの疑問につながる。呼応して活性化する領域が決まっている情報のタイプはいくつあるのだろうか。それぞれの領域を活性化させる特定の情報とは何なのだろうか。なぜ私たちの脳には、行為のタイプごとに特定の領域があるのだろうか。そして、あるタイプの情報のための特定の領域がなかったら、どうなるのだろうか。精巧な画像技術のおかげで、脳のどの部分が特定のタイプの思考や行動とかかわっているかはわかるものの、こうしたスキャンでは脳のその部位で何が起きているかはさっぱりわからない。今日、大脳皮質は「ことによると、科学で知られている最も複雑な存在」と考えられている[1]。[*1]

　脳はそれ自体、十分複雑なのだが、脳を研究している学問分野の数がまた多いため、何千という情報領域が生まれた。そこから得られる山のようなデータの整理がつくほうが不思議だ。一つの分野で使われる用語が、ほかの分野では別の意味を持つこともよくある。研究結果が不十分な解釈や誤った解釈によってねじ曲げられ、仮説の不適切な根拠や他の仮説に対する不正確な反論になるということが起きかねず、そんな場合にはその正否が問われたり再評価されたりするまでに何十年もかかってしまうかもしれない。政治家などの公人が、何かの政策を支持したり、あるいは政治的に不都合な研究を完全に抑え込んだりするために、研究結果を無視したり誤って解釈したりすることもしばしば起きうる。だが、がっかりする必要はない！ 科学者は骨をくわえた犬のようなものだ。しつこく噛み続け、やがて物事の筋が通ってくる。

人間のユニークさの探究に取りかかるにあたって、まずは従来の方法、つまり脳というものをたんに眺めることから始めよう。脳の外見から何か特別なことがわかるだろうか。

脳の大きさを決める調節遺伝子

比較神経解剖学は、その名のとおりのことをする。さまざまな種の脳の大きさや構造を比較するのだ。これは重要だ。人間の脳（まあ、人間に限らず何の脳であろうとそうだろうが）のどこがユニークかを知るためには、さまざまな脳の類似点や相違点がわかっている必要がある。かつて、これは造作ない仕事だったし、たいした道具もいらなかった。切れ味鋭い鋸と精密な天秤があれば十分で、実際、一九世紀の中頃までは、その程度のものしかなかった。その後、チャールズ・ダーウィンが『種の起源』を出版し、人間はサルの子孫なのかという問題が注目の的となり、比較解剖学に関心が集まり、脳は脚光を浴びた。

神経科学の歴史を通して受け入れられてきた仮定がいくつかある。その一つは、認知能力が発達したのは進化のプロセスで脳の大きさが増したことに関係する、というものだ。ダーウィンもこの立場をとり、「人間と高等動物の差異は、はなはだしくはあるものの、程度の差にほかならず、種類の差異ではない」〔引用文は訳者による独自訳。以下、同〕と書き[*2]、彼の支持者で神経解剖学者のT・H・ハクスリーも、人間の脳には大きさのほかに何ら特異な点はないとしている[*3]。あらゆる哺乳動物の脳は同じ構成要素から成るが、脳が大きくなるにつれてその性能が複雑になったというこの考え方は一般に容認され、進化系統図が定められた。学校で習った人もいるだろう。人間は木の枝先ではなく、進化の梯子のてっぺんに座っているという、あれだ[*1]。だが、現在コロンビア大学で人類学教授を務めるラルフ・ハロウェイは、これに異を唱えた。彼は一九六〇年代なかばに、進化による認知能力の変化は脳の再編成の結果であり、脳の大きさの変化だけのせいではないと主張した[*4]。量にせよ質にせよ、人間の脳はほかの動物の脳とどう違うのか、いやそればかりか、ほかの動物の脳は互いにどう違うのかをめぐる論争は、今も続いている。

ヤーキズ国立霊長類研究センターの神経科学者トッド・M・プレウスは、この意見の相違がこれほど物議を醸し、ニューロンの接続の仕方が違うという新たな発見が「不都合」と見なされる理由について、次のように述べている。[*1] 皮質の組織に関する多くの一般概念が、「量」の仮定に基づいてきた。そのため科学者は、ラットやサルなどのほかの哺乳類に見られる脳構造のモデルを使って得た知見が人間にも当てはまると信じるに至った。もしこれが正しくなければ、人類学や心理学、古生物学、社会学その他多くの分野にまで及ぶ影響が出てしまうというのだ。プレウスは、たとえば人間の脳の機能の縮小モデルとしてラットの脳を使うよりは、さまざまな哺乳類の脳の比較研究をしたほうがいいと主張している。彼をはじめ多くの人が、哺乳類の脳は微視的レベルで互いに大きく異なることを突き止めたからだ。[*5]

量に関するこの仮定は正しいのだろうか。どうも、そうではなさそうだ。絶対的な大きさで比べれば、多くの哺乳類の脳は人間の脳より大きい。シロナガスクジラは、人間の五倍の大きさの脳を持っている。[*6] では、五倍賢いだろうか。そんなことはない。図体は大きいが、脳の構造は単純だ。『白鯨』のエイハブ船長は、知的好奇心を刺激するクジラと出会ったが（もっとも、相手はマッコウクジラだった。ただし、やはり人間よりも脳が大きい）、これは誰にでもある経験ではない。とすると、大事なのは脳の相対的な大きさかもしれない。つまり、体の大きさと比較した脳の大きさで、よく「相対的脳サイズ」と呼ばれる。これに基づいて脳の大きさを計算すると、クジラに身の程を思い知らせることができる。

クジラの脳は体重のたった〇・〇一パーセントで、これに引き換え人間の脳は二パーセントあるのだから。ところが、ポケットマウスの脳は、なんと一〇パーセントだ。現に解剖学者のジョルジュ・キュヴィエは一九世紀初頭、「すべてが対等な条件の下では、小さな動物は体の割に大きな脳を持つ」と述べた。[*6] じつは、相対的脳サイズは、体が小さくなるにつれて確実に増すのだ。

だが人間の脳は、体の大きさが同じぐらいの平均的な哺乳類が持つはずの脳の四〜五倍の大きさがある。[*7] 実際、一般にヒト科（類人猿）の系統（人間はそこから進化した）では、脳の大きさは体の大きさよりもずっと急速に増大してきた。これは、霊長類のほかのグループには当てはまらない。さらに人間はチンパンジーの系統から分かれた後、脳が飛躍的に大きくなった。[*8] チンパンジーの脳は約四〇〇グラムなのに引き換え、人間の脳はおよそ一三〇〇グラムある。[*6] つまり、私たちはたしかに大きな脳を持っているのだ。では、これが人間のユニークな点であり、人間の知性の説明になるのだろうか。

ホモ・ネアンデルターレンシス（ネアンデルタール人）はご存知だろう。ネアンデルタール人は、ホモ・サピエンスと体の大きさが同じぐらいだったが、[*9] 頭蓋の容積はほんの少し大きく、一五二〇立方センチメートルだった。一方、現代人の標準は一三四〇立方センチメートルだ。つまり、彼らも人間より相対的に大きな脳を持っていたのだ。では、彼らは人間と同様の知性を持っていたのだろうか。ネアンデルタール人は道具を作り、離れた場所から原料を持ち込んだと見られる。槍や道具を作るための規格化された技術を発明し[10]、約五万年前に、自分の体に彩色したり、死者を埋葬したりするようになった[11]。こうした行為はある程度の自己認識と、象徴的思考の始まりを示すと多くの研究者は考えている[6]。これは重要だ。なにしろ、象徴的思考は人間の言語能力の基本的な構成要素と目されているのだから[12]。ネアンデルタール人の言語能力の程度は知りえないが、その物質文化が同時代のホモ・サピエンスの物質文化ほど複雑でなかったことははっきりしている[13,14]。ただし、ネアンデルタール人の大きな脳はホモ・サピエンスの脳ほどの能力はなかったものの、チンパンジーの脳よりも明らかに進んでいた。「大きな脳」仮説には、もう一つ問題がある。ホモ・サピエンスの脳は、種の歴史を通しておよそ一五〇立方センチメートル小さくなったが、その文化と社会構造はより複雑になっている。つまり、相対的脳サイズは重要なのかもしれないが、それがすべてではないのだ。それに、私たちが扱っているのは「ことによると、科学で知られている最も複雑な存在」なのだから、これは少しも驚くにあたらない。

私自身はと言えば、「大きな脳」仮説に惹かれたことは一度もない。私は過去四五年間、分離脳患者を研究してきた。分離脳患者とは、癲癇（てんかん）の発作を抑える目的で、脳の左右二つの半球を分離する手術を受けた人たちだ。手術後は、左脳はもはや右脳と意味のあるコミュニケーションができなくなり、したがって左右の脳半球はそれぞれ孤立している。相互に結合した一三四〇グラムの脳は、六七〇グラムの脳になったも同然だ。では、知性はどうなっただろうか。

じつは、たいした変化はなかった。ここで私たちは、人間が進化による変化の年月に発達させてきた機能特化を目の当たりにすることになる。左脳は知性を司る半球だ。話し、考え、仮説を立てる。右脳はそういうことはしないし、左脳にとっては見劣りのする名ばかりの親戚のようなものだ。その一方で、左脳よりも依然として優れた技能を持っており、とりわけ視覚的知覚の領域で秀でている。だが、この文脈で最も重要なのは、左脳は右脳の六七〇グラムと縁を切っても、分離される前と同じ程度の認知能力を維持する点だ。脳の賢さの所以は、たんなる大きさにとどまらないのだ。

脳の大きさの問題から先に進む前に、遺伝学の分野から胸躍る新情報をご紹介しよう。遺伝学の研究は、神経科学も含め、多くの学問分野を一新している。私のように自然淘汰を信奉する者たちにしてみれば、人間の脳が急激に大きくなったのは、多くのメカニズムを通して働く自然淘汰の結果だと考えるのが妥当に思える。遺伝子は染色体（すべての細胞の核にあり、遺伝形質の運び役である微小な細長い構造）上の機能的領域で、DNA配列から成り立っている。[2]ときとしてこの配列がわずかに変化し、その結果、遺伝子の形質が変わりうる。こうした異なる配列を持つ遺伝子は「対立遺伝子」と呼ばれる。たとえば、花の色をコードする遺伝子のＤＮＡの塩基対が変わった結果、花の色が変わることがある。対立遺伝子が生物にとって非常に重要でポジティブな効果を持っていて、その生物の生存適応度を向上させたり繁殖を促進させたりするときに、対立遺伝子にとっていわゆる「正の淘汰」、つまりその対立遺伝子を指向する淘汰が起きる。自然淘汰はそうした変異体に有利に働き、その対立遺伝子がたちまち広まる。

すべての遺伝子の機能がわかっているわけではないものの、人間の脳の発達に関与する遺伝子には、ほかの哺乳類の遺伝子、もっと限定すれば霊長類の遺伝子とは異なるものが数多くある。[3] 胎児の発達期に、こうした遺伝子は、いくつニューロンができるか、脳がどれだけ大きくなるかの決定に関与している。神経系で日常的な「家事」をする遺伝子は、種の間でそれほど違いはない。こうした遺伝子は、代謝やタンパク質合成のような最も基礎的な細胞機能に関与している。[*15] 一方、脳の大きさを決める特殊な調節遺伝子が二つ突き止められている。マイクロセファリン[*16]とＡＳＰＭ（異常紡錘体様小頭症関連遺伝子）[4][*17]だ。これらの遺伝子は、欠陥があると問題を引き起こし、その問題が子孫に受け継がれるために発見された。二つの遺伝子のどちらかに欠陥があると、遺伝性小頭症という常染色体劣性[5]神経発達障害につながる。この障害には、おもな特徴が二つある。構造上は正常だが小さい脳を持っている結果として頭が著しく小さいことと、非進行性の精神遅滞だ。遺伝子の名前は、欠陥がある場合に引き起こされる病気にちなんでつけられた。[6] 最も小さくなるのは大脳皮質だ(この点を覚えておいてほしい)。実際、脳が際立って小さくなり(正常より三標準偏差も下)、初期のヒト科の動物ほどの大きさなのだ![18]

シカゴ大学の遺伝学教授で、ハワード・ヒューズ医学研究所の研究者のブルース・ラーン率いる実験室による近年の調査結果によって、この二つの遺伝子はホモ・サピエンスの進化のプロセスで、自然淘汰圧によって重大な変化を遂げたことが明らかになった。マイクロセファリン(欠陥のないもの)からは、霊長類全体の系統に沿って「加速進化」の証拠が得られた。[19]また、ASPM(やはり欠陥のないもの)は、人間とチンパンジーの系統が分かれた後にとりわけ急速に進化してきた。[20]これは、この二つの遺伝子が、私たちの祖先の脳が急速に増大した原因であることを示唆している。

「加速進化」というのは、文字どおりのことを意味する。これらの遺伝子は優れもので、それが生み出した特徴を備えた者は生存競争で明らかに優位に立てた。この遺伝子を持つ者はより多くの子孫を残し、二つの遺伝子は優性になった。科学者たちはこの発見に飽き足らず、人間の脳は進化し続けているのかという問いに、二つの遺伝子が答えてくれるのではないかと考え、研究を進めた。すると、実際に答えてくれること、そして、人間の脳は進化し続けていることがわかった。遺伝学者は、脳を大きくするこうした遺伝子のように、ある遺伝子がヒトという種を生み出すプロセスで適応して進化してきたのなら、今でも進化し続けているのかもしれないと推論した。どうすればそれが確かめられるだろうか。

科学者たちは、世界中の民族的・地理的に異なる人々の遺伝子配列を比較し、神経系の遺伝コードを指定する遺伝子には配列の個体差（遺伝的多型）があることを発見した。また、人間とチンパンジーの遺伝的多型のパターンと地理的分布を、遺伝的確率の調査などのさまざまな手法を駆使して分析することによって、人間ではそうした遺伝子の中に現在も進行中の正の淘汰を受けているものがある証拠を見つけた。彼らの試算では、マイクロセファリンの遺伝子変異体の一つはおよそ三万七〇〇〇年前、文化的な意味での現生人類が出現したちょうどその時期に発生し、急速に広まったという。その勢いはあまりに著しく、ランダムな遺伝的浮動や人口移動ではとうてい説明しきれない。これは、この変異体が正の淘汰を経たことを示唆する。[*21] ＡＳＰＭ変異体は、五八〇〇年ほど前に発生した。これは農業や都市や初期の文字が広まった時期と一致する。この変異体も、個体群中に非常に高い頻度で見られるので、強い正の淘汰を経たことがうかがえる。[*22]

これで万事うまくいきそうだ。人類は大きな脳を手に入れた。その大きな脳を使って、大きな脳を生み出す情報を持つ遺伝子の、少なくともいくつかを発見した人たちがいる。それらの遺伝子は人類の進化の中でカギとなる時期に変化したように思える。これはつまり、それらの遺伝子がそのすべてを引き起こし、私たちをユニークにしているということにならないだろうか。その答えが1章の初めで見つかるだろうなどと考えているとしたら、あなたは自分の大きな脳を使っていないことになる。遺伝子の変化が文化の変化をもたらしたのか、あるいは両者は相乗的な作用だったのかはわからない。[*23] たとえ遺伝子の変化が文化の変化をもたらしたのだとしても、そうした大きな脳の中でまさしく何が起きているのだろうか。そしてそれはどのように起きているのだろうか。それは人間の間でだけ起きているのか、それとも、ささやかではあっても、私たちの近縁のチンパンジーの間でも起きているのだろうか。[(7)]

特化した脳の構造

脳の構造は三つの異なるレベルで見ることができる。領域、細胞のタイプ、分子のレベルだ。神経解剖学は造作ない仕事だったと述べたことをご記憶だろうか。著名な実験心理学者カール・ラシュレーは、私の指導教官だったロジャー・スペリーにかつて、こう忠告した。「教職に就くのはやめておけ。どうしても教えなければならないのなら、神経解剖学を教えるといい。中身がけっして変わらないから」。あいにく、時代は変わってしまった。さまざまな標本着色技術を駆使して脳の切片を顕微鏡で観察し、多種多様な情報が得られるようになったばかりか、放射性トレーサー法、蛍光分析、酵素組織と免疫組織の化学的研究、あらゆる種類のスキャナー検査など、ほかの数多くの化学的方法も使えるようになったのだ。今、不足気味なのは、研究に使う現物のほうだ。霊長類の脳を手に入れるのは容易ではない。チンパンジーは絶滅危惧種のリストに入っているし、ゴリラとオランウータンの脳もやはり豊富ではない。脳を持った人間はあまたいるものの、それを手放したがっている者はほとんどいないようだ。一部の種を対象とする多くの研究は、侵襲性で死を伴うものなので、ホモ・サピエンスには人気がない。画像研究は人間以外の種については難しい。ゴリラをおとなしく寝かせておくのは至難の業だ。それでも道具はたくさんあるし、厖大な情報が得られてはいるものの知りうることはまだまだある。いや、たしかにわかっていることは、ほんのわずかしかない。おかげで神経科学者が食いはぐれる心配はないわけだが、知識の空白が大きいために、憶測や意見の相違が生まれてしまう。

脳のどこが大きくなったのか？

脳の進化については何がわかっているのだろうか。脳全体が均等に大きくなったのか、それとも一部の領域だけが増大したのだろうか。

話をわかりやすくするために、簡単に用語の説明をしておこう。「大脳皮質」とは、脳の外側の部分だ。大判の食器用布巾（ディッシュタオル）ほどの大きさで、ひだになっており、脳の残りの部分を覆っている。六層の神経細胞と、その細胞を接続する経路から成る。人間とほかの霊長類の脳の大きさの違いの大部分は、大脳皮質の増大のせいだ。大脳皮質は相互に密接に接続している。脳の接続のうち、七五パーセントは皮質内にあり、残りの二五パーセントは脳のほかの部位や神経系との入力・出力の接続だ[*6]。

「新皮質」は大脳皮質のうち、進化の歴史上、新しい領域で、感覚知覚、運動指令の発令、空間的推論、意識的思考が行なわれ、私たちホモ・サピエンスでは、言語もそこで生じる。新皮質は解剖学的には四つの葉に分かれている。前頭葉と、後部の三つの葉、すなわち頭頂葉、側頭葉、後頭葉だ。人間を含めて霊長類では、新皮質が並外れて大きいことに異論はない。ハリネズミの新皮質は、重さが脳全体の一六パーセントだ。ガラゴ（小型のサルの属）では四六パーセント、チンパンジーでは七六パーセント。人間の新皮質はさらに大きい[*6]。

脳の一部が増大したというのは、何を意味するのだろうか。比例して増大したのなら、すべての部位が等しく大きくなる。脳が二倍になれば、脳の個々の部位はすべて二倍になる。不均衡な増大では、特定の部位がほかの部位よりも大幅に増大する。普通、脳の領域の大きさが変化すると、その内部構造も変化する。企業と同じだ。あなたが相棒といっしょに何か新製品を作り出し、いくつか売る。人気が出ると、もっと多くの人を雇って製造に当たらせなければならなくなる。それから秘書や販売員が必要となり、いずれさまざまな専門家も抱えることになる。

脳でも同じことが起きる。ある領域が大きくなると、特定の活動を専門に受け持つ部位の構造内に下位区分が生まれる。脳が大きくなるときに実際に増加しているのはニューロンの数で、ニューロンの大きさはどの種でもあまり変わらない。ニューロンどうしで接続できる数は限られている。だから、ニューロンが増えても、それぞれが作る接続の絶対数を増やすことはできない。そこで、脳の絶対的な大きさが増すにつれて、相対的な接続度が落ちる結果になる。どのニューロンも、ほかのすべてのニューロンと接続できるわけではない。人間の脳は何十億ものニューロンを持っていて、そのニューロンは局所的な回路に組み込まれている。こうした回路がパンケーキのように積み重なると、皮質領域になる。積み重ならないでまとまると、それは「神経核」と呼ばれるものになる。皮質領域と神経核も相互に接続して系を形作る。カリフォルニア大学アーヴァイン校のジョージ・シュトリーターによれば、[*6] 脳が支離滅裂にならずに増大できる限度は、大きさに関連した接続度の変化によって決まるかもしれないという。とすると、これが進化のプロセスで陰の原動力となり、限度の問題を克服するのかもしれない。接続の密度が低くなると、脳は分化し、局所的な回路を作り、オートメーション化せざるをえなくなるのだ。もっとも、カリフォルニア大学バークリー校の生物人類学・神経科学教授テレンス・ディーコンによると、一般に領域が大きくなればなるほど接続は良くなるという。[*24]

さて、ここからが意見の分かれるところだ。新皮質は均等に増大したのだろうか。それとも一部分が優先的に増大したのだろうか、もしそうならば、それはどの部分なのか。まず後頭葉から見ていこう。後頭葉で重要なのは、第一次視覚野（線条皮質とも呼ばれる）だ。これは、チンパンジーでは新皮質全体の五パーセントを占める。一方、人間では二パーセントであり、意外に少ない。これはどう説明すればいいのか。人間の第一次視覚野が収縮したのか、それとも新皮質のほかの部分が拡大したのだろうか。じつは、人間の第一次視覚野は、この大きさの類人猿で想定されるのと、ちょうど同じ大きさだ。それならば、第一次視覚野が収縮したわけではなく、皮質のほかの部位が増大したのだろう。[*7] 問題は、どの部位が増大したのか、だ。

人間の前頭葉はほかの霊長類よりも相対的に大きいと最近まで考えられていた。このテーマに関する初期の調査のほとんどは、類人猿以外の霊長類を対象とした研究に基づいていて、脳のさまざまな部位について使われる用語も位置の指標となるいわゆる「目標」も一貫性がなかった。[*25] その後カテリーナ・セメンデフェリらは、[*26] 一九九七年に、一〇人の生きている人間の前頭葉の大きさを、一五頭の死後の大型類人猿（六頭のチンパンジー、三頭のボノボ、二頭のゴリラ、四頭のオランウータン）と四頭のテナガザル、五頭のサル（三頭のアカゲザル、二頭のオマキザル）と比較する研究を発表した。これはサンプル数が少ないように思えるかもしれないが、比較霊長類神経解剖学の世界ではずいぶん多いほうで、実際、それまでのどの研究よりも多いほどだった。このデータによると、人間の前頭葉の絶対的な大きさは最大だったものの、人間と類人猿を含むヒト科動物の前頭葉の相対的大きさは、ほぼ同じという結果になった。こうしてセメンデフェリらは、人間はその脳の大きさを持つ霊長類として想定される以上の大きさの前頭葉を持っていないと結論した。

なぜこれがそれほど重要かと言えば、前頭葉は言語や思考といった人間の行動の高次の機能面と密接に関係しているからだ。もし人間の前頭葉の相対的大きさが、ほかの類人猿よりも大きくないのなら、言語のような増進した機能はどう説明できるのか。セメンデフェリらは四つの可能性を提示した。

(1) 前頭葉は、全部ではなく一部の皮質領域を増大させて、ほかを減少させることを伴う再編成を経たのかもしれない。
(2) 同じ神経回路が、前頭葉の各部位や、各部位と脳のほかの領域の間で、相互により密接に接続しているのかもしれない。
(3) 前頭葉の各下位部位が局所的な回路網の修正を経たのかもしれない。
(4) 微視的あるいは巨視的な下位部位が加わるか抜け落ちるかしたのかもしれない。[*25]

トッド・プレウスは、前頭葉が皮質のほかの部分と不釣り合いに拡張したのではないと認めるにしても、前頭葉皮質と前頭前皮質の区別はするべきだと主張する。前頭前皮質は前頭葉の前部を占めている。そして、前頭葉皮質の残りの部分よりもニューロンの層が一つ多い[8]のが特徴で、複雑な認知行動の計画、人格、記憶、言語と社会的行動の面に関与している。プレウスは、前頭葉における前頭前皮質の比率が変化したのかもしれないと言う。そして、人間の前頭葉における運動野の比率がチンパンジーのそれよりも小さい証拠を示し、人間の前頭葉皮質の別の部位が増大したために、葉全体の大きさが小さくならなかったことを示唆している。[*1] 実際、セメンデフェリ[*27]は、外側前頭前皮質にある10野は、人間では類人猿のほぼ二倍あることを確認した。10野は、記憶とプランニング、認知的適応性、抽象的思考、適切な行動の開始と不適切な行動の抑制、ルールの学習、感覚を通して知覚されるものからの妥当な情報の選別に関与している。後の章で見るとおり、こうした能力の中には、人間のほうがずっと優れているものや、人間ならではのものがある。

ペンシルヴェニア大学のトマス・ショーネマンらは、前頭前皮質の「白質」の相対的な量に興味を持った。[*28] 白質は皮質の下にあり、皮質を神経系の残りの部分とつなぐ神経線維から成る。ショーネマンらは、人間の前頭葉前部の白質の比率がほかの霊長類に比べて大きいことを発見し、これは脳のこの部位での接続度が高いことを示していると結論した。

接続は重要だ。国内を車で逃げていると思われる逃亡者を見つける組織を設置するとしよう。関係する各地の法執行機関に絶対不可欠なものとは何だろうか。それはコミュニケーションだ。ルイジアナ州警察が青のトヨタを捜せばいいと知っていても、ほかの警察にそれを教えなかったとしたら、あるいはハイウェイパトロールがテキサス州エルパソで怪しい車が西に向かうのを見て、それをニューメキシコ州のパトロールに伝えなかったとしたら、話にならない。大量の情報が入ってくる中、捜索者間のコミュニケーションが良ければ良いほど、効果的な捜索ができるのだ。

これは前頭前皮質にも当てはまる。さまざまな部位の間でコミュニケーションが良くなればなるほど、脳は作業が速くなるだけでなく、柔軟にもなる。つまり、一つの作業で使われる情報がほかの作業にも応用できるのだ。知識が多くなればなるほど、脳はそれだけ速く働く。人間とチンパンジーは同じ脳の構造を持っているかもしれないが、そこから得るものは私たちのほうがはるかに多い。それは一つには、前頭前皮質内の相互接続のおかげかもしれない。

前頭前皮質はもう一つ別の点でも興味深い。霊長類以外の哺乳類の前頭前皮質には主要な領域が二つあるが、霊長類には三つある。霊長類以外の哺乳類にもあって早く進化したもともとの領域は、有益そうな外界刺激に反応する眼窩前頭前皮質の領域と、体内の状態に関する情報を処理する前帯状回皮質だ。この二つはいっしょに働いて、意思決定の「情動的」側面に寄与する。[*29] これに付加された新しい領域は、「外側前頭前皮質」あるいは「顆粒前頭前皮質」と呼ばれ、10野が位置している。

この新しい領域は明らかに霊長類ならではのもので、意思決定の理性面（決断を下そうとする意識的努力）におもに関与する。この領域は人間の脳ではとくに大きいほかの領域

（後部頭頂皮質と側頭葉皮質）と密接に相互接続しており、新皮質の外側では、やはり突出して増大した背側視床の細胞群や、背側内側核と視床枕の細胞群と接続している。ジョージ・シュトリーターによれば、一部の領域や神経核がランダムに増大したのではなく、回路全体が増大したのであり、人間はこの回路のおかげで柔軟性を増し、問題に対する斬新な解決策を見出せるようになったという。この回路に含まれているのは、自動的な反応を抑制する能力で、これは斬新な反応を見つけ出すには欠かせない。[*6]

これまでの研究は前頭葉に集中しているので、側頭葉や頭頂葉については、予想よりもいくぶん大きいということ以外あまりわかっていない。よって、この二つの葉は、博士論文のテーマの宝庫と言えるだろう。

脳の残りの部分についてはどうか。増大したものがほかにもあるのだろうか。そう、小脳が拡大している。小脳は脳の下側の後部に位置していて、筋肉の活動を調整する。小脳の一部、とりわけ歯状核は予想されるより大きい。この領域は外側小脳皮質からニューロンの入力信号を受け取り、出力信号を視床を通して大脳皮質へと送る（視床は、神経系のほかの部位から入ってくる感覚情報を分類・誘導している）。小脳は運動機能に加えて認知機能にも関与している証拠が近年次々に挙がっているため、これは興味深い。

コラム構造に注目！

脳は、葉のような物理的部位に分かれているだけでなく、「皮質野」と呼ばれる機能単位にも分かれていて、その皮質野も特定の位置を持っている。一八〇〇年代初頭に、最初にこの考え方を思いついたのは、ドイツの医師フランツ・ヨーゼフ・ガルだった。彼の説は骨相学の学説として知られ、後にそれを他の骨相学者が発展させた。ガルは、脳は心の器官であり、領域ごとに特定の仕事をするという、すばらしい着想を得た。だがそれは、間違った考え方に行き着いた。脳のさまざまな領域の大きさから人格や性格を読み取れる、頭蓋骨の形は脳の形とぴったり一致しており（そんなことはない）、頭蓋骨を触診することによって脳の各領域の大きさがわかる、というものだ。骨相学者は人の頭蓋に手を這わせた。測径器を使って測定する者さえいた。そして、それによって得た情報から、人格を推し測った。骨相学はたいへん人気が高まり、求職者を評価したり子供の人格を予測したりするためにとりわけよく使われた。問題は、それがうまくいかなかったことだ。だが、ガルのすばらしい着想のほうは実を結んでいる。

皮質領域は、特定のタイプの刺激に反応したり、特定のタイプの認知課題に関与したり、同じ組織構造をしていたりといった、顕著な特性を共有するニューロンを持っている。[9] たとえば、目からの感覚入力を処理する皮質野（後頭葉に位置する第一次視覚野）と、耳からの感覚入力を処理する皮質野（側頭葉に位置する第一次聴覚野）がある。こうした第一次感覚野に損傷を受けると、感覚的知覚が意識されなくなる。聴覚野が損なわれると、音を聞いたことが意識されないが、依然として音に反応しうる。ほかにも「連合野」と呼ばれる皮質野は、さまざまなタイプの情報を統合する。「運動野」というものもあり、随意運動の特定の側面を受け持っている。

前頭葉の皮質野は、衝動の制御、意思決定と判断、言語、記憶、問題解決、性行動、社会化、自発性に関与している。前頭葉は脳の「執行役」の座にあり、行動を計画・制御・調整して、体の特定の部位、とくに手の随意運動の制御もする。

頭頂葉の皮質野で実際に何が起きているのかは、ちょっとした謎のままだが、体のさまざまな部位からの感覚情報の統合、視覚・空間的処理、物の操作に関与していることは確かだ。側頭葉では第一次聴覚野は聴覚に関与し、ほかにも高次の聴覚処理に関与する領域がある。人間では、左側頭葉の各領域は、話す能力、言語理解、物の名指し、言語記憶のような言語機能を司る。韻律、すなわち言語のリズムは、右側頭葉で処理される。側頭葉の腹側の領域も、顔や風景や物の認識のための特定の視覚処理をしている。側頭葉の内側部は、出来事や経験や事実のための記憶を担っている。進化の歴史上、古い構造である海馬は、側頭葉の深部にあり、短期記憶が長期記憶に移行するプロセスや、空間記憶にも関与していると考えられている。後頭葉は視覚に関与している。

私たちはほかの類人猿よりもずっと多くのことができるのだから、みなさんはここで何かユニークなものがきっと見つかるはずだと思うのではないだろうか。霊長類はほかの哺乳類よりも多くの皮質野を持っている。計画し、選択し、運動行為を実行する皮質部分である運動前野を、霊長類は九つ以上持つのに対して、非霊長類は二～四つしか持っていないことが明らかになっている。[*6] では、私たち人類は高次の機能を持っているのだから、ほかの霊長類よりも皮質野が多いのではないかと考えたくなる。実際つい最近も、人間の脳の視覚野でユニークな皮質野が発見されたことを示す証拠が提出されている。ニューヨーク大学のデイヴィッド・ヒーガーは、ほかの霊長類には見られない、こうした新しい領域を発見したばかりだ。(10) だが総じて、それ以上多くの皮質野は、人間では発見されていない。

人間がより多くの皮質領域を持っていないなどということが、どうしてありうるのだろう。言語や認知はどうなのか。それに、そう、協奏曲を書いたり、システィナ礼拝堂の天井画を描いたり、はたまた改造車(ストックカー)レースに熱狂したりするのは、いったいどうしたことか。チンパンジーが私たちと同じ皮質野を持っているのなら、なぜ同じことをしていないのだろうか。少なくとも私たちの言語野は、異なっていてしかるべきではないのか。その答えは、こうした皮質野の構造にあるのかもしれない。違うのは配線なのかもしれないのだ。

ご覧のとおり、私たちの探究はますます複雑になってきた。だがその一方で、おもしろくもなってきている。人間の皮質野が類人猿の皮質野よりはなはだしく多い証拠がないばかりではない。人間特有の機能に相当する皮質野が類人猿にもあるという証拠がますます多く見つかっている。大型類人猿だけでなく他の霊長類にも、人間の言語野と道具使用の領域に相当する皮質野があるようだし、[*30] さらに、そうした皮質野は、どちらかの脳半球に偏在しているようでもある。つまり、人間の場合と同じように、一方の半球よりも他方の半球に著しく偏って見られるのだ。[*31・32]

人間の脳でユニークなのがわかっている箇所は、すべての霊長類が持っている、「側頭平面」と呼ばれる皮質野の中にある。それは、書き言葉と話し言葉の理解のような言語入力に関与する「ウェルニッケ野」の構成要素だ。[(11)] 人間でも、チンパンジーでも、アカゲザルでも、側頭平面は右半球よりも左半球で大きいが、人間の左半球では、微視的なユニークさがある。[*33] 具体的に何が違うかと言えば、人間の脳では右半球よりも左半球で側頭平面の皮質の柱状（コラム）構造が大きく、コラムの間が幅広いことだ。これに引き換えチンパンジーとアカゲザルでは、脳の両半球のコラムの大きさもコラム間の空間の大きさも変わらない。

では、ここまでで何がわかっただろうか。私たちの脳は、類人猿の場合に想定されるより大きく、新皮質は体の大きさから推測されるものの三倍あり、新皮質のいくつかの領域と小脳も予想以上に大きく、白質も多い。これはより多くの接続がある証拠だろうし、ついに、その実態はともかくも、皮質のコラム構造の微細な差異に行き着いたというわけだ。

ニューロン生成のタイミングが、劇的変化をもたらす

何かが増大するときには必ず、接続の増加が伴うようだ。それではいったい、接続とは何なのだろうか。先ほどのコラムとは何なのだろうか。それに答えるために、顕微鏡を覗くことにしよう。ご記憶だろうが、大脳皮質は六層から成る。これは、ニューロンが並んだ六枚のシートを積み重ねたものと思えばいい。このシートはでたらめに配置されているのではなく、シート内の個々のニューロンは上下のシート内のニューロンと一列になっていて、シートを垂直に貫く細胞のコラム構造（「マイクロコラム」「ミニコラム」とも言う）を形作っている。[*33・34・35・36・37] こう書くと、まるでレンガの壁のように見えると思うかもしれないが、このレンガは四角くない。その形から「錐体細胞」として知られている。実際、ハーシーのキスチョコに似た円錐体で、髪の毛のような樹状突起が四方八方に突き出ている。こうしたコラムを形作るニューロンは、ただ積み重なっているだけではなく、単純な回路も作っていて、ひとつのユニットとして機能するようだ。ニューロンのコラム構造が大脳皮質内の基本的な処理単位であり、[*37・38] 複数のコラムが集まって皮質内で複雑な回路を作っている[*39・40]ことは、広く受け入れられている。

すべての哺乳類で、皮質はコラム構造になっている。大脳皮質の大きさに加えて、皮質内で接続したコラムの数は、昔から、種による差異の原因を探ろうとする進化研究の主要テーマだった。二〇世紀末に行なわれた研究では、コラム細胞の数は哺乳類の種によって

大きく異なることが発見された。ほかの研究では、コラム内で見られる神経化学物質も、種によってまちまちであるだけでなく、同じ種でも皮質の場所によって違うことがあるのが明らかになっている。[41・42・43・44・45・46]

　コラムの接続パターンにも差異がある。そう、私たちは、六つの異なる層を持っていて、それらの層と特定のターゲットとの間に投射したりされたりという関係があるわけだ。まず、一番深い皮質の層である顆粒下層（第Ⅴ、Ⅵ層）が、発達の間（胎児期）に成熟し、この層のニューロンはおもに皮質の外側のターゲットに投射する。[47・48・49] 表側の顆粒上層（第Ⅱ、Ⅲ層）は最後に成熟し、[46] おもに皮質内のほかの場所に投射する。この層は霊長類ではほかの種よりも厚い。[50] 顆粒上層と、顆粒上層が皮質内で作る接続のネットワークは、高度な認知機能に密接にかかわると主張する学者もいる。高次機能への関与は、運動野と感覚野と連合野を結びつけることによってなされる。この三つの領域は高次の感覚系から感覚入力を受け、それらを過去の似た経験に照らし合わせて解釈し、推論や判断、情動、思考の言語化、[49・52] 記憶の貯蔵などで機能を果たす。[50・51] また、こうした層の厚さの差異は接続度の違いを示唆し、その違いがさまざまな種の間の認知と行動の差異に一役買っているのではないかと見る向きもある。[43] たとえば、齧歯類の顆粒上層の相対的厚さは平均すると一九パーセントであるのに対し、霊長類では四六パーセントある。[53]

　少し視点を変えてみよう。ここにハーシーのキスチョコがあるとする。その一つひとつからは、何本も毛が突き出ている。それを順に積み重ねていくとミニコラムができる。積み重ねたものをいくつかまとめて束にする。この束が皮質のコラム構造だ。次に、このキスチョコから成る無数の束を、ぎゅっとひとまとめにする。それがどれほどの空間を占め、どう並ぶかは、それぞれどのぐらいの厚さに積み重ねたか、積み重ねの周りにどれだけ毛が密集しているか、一束の中にキスチョコの積み重ねがいくつあるか、それがどの程度ぎっしり詰め込まれているか（これはキスチョコがどれだけ隙間なく並んでいるかにもよる）、束がいくつあるか、束はどのぐらいの高さなのかで決まる。変数がたくさんあって、すべて重要であり、最終的には私たちの認知と行動の能力に寄与していると考えられる。では、私たちのキスチョコの数は、何が決めるのだろう。

皮質シート（例のディッシュタオル）の水平方向への広がり方と、皮質コラムの基礎構造は、皮質ニューロンを生み出す細胞分裂の回数とタイミングによって、胎児発達の初期に決まるようだ。皮質の神経組織発生は、前期と後期に分けられる。どの種でも、細胞分裂の前期にかかった時間の長さと分裂周期の数が、皮質コラムの数を最終的に決めることになる。[*54] 後期にかかった時間の長さと分裂周期の数は、皮質コラム内の個々のニューロンの数を決めるのかもしれない。初期の分裂回数が多ければ、結果的により大きな皮質シート（より大きなディッシュタオル）になるし、後期の分裂回数が多ければ、個々のコラム内のニューロン数が多くなる。どの種でも、ニューロンを生み出すのにかかった時間は顆粒上層の厚さと強い相関があるので、[*55]神経組織発生の絶対的な時間と、神経組織発生期に起きる分裂周期の回数次第で、種におけるニューロンのシートのパターンと顆粒上層の大きさが決まるのかもしれない。ニューロン生成の間のタイミングが変わると、皮質構造に劇的な変化が起きうる。[*56・57・58・59]では、何がタイミングを決めるのだろうか。DNAだ。DNAの話によって私たちは遺伝学の世界の奥深くまで導かれることになるが、それはまだ先のことだ。

時間処理が脳の分化を促した?

さて、コラム構造とは何なのかがわかったので、側頭平面（側頭平面のことは、もうほとんど忘れてしまっていたのではないだろうか）内で見られるコラムのこの差異が、機能とどのように関連するのか、そしてそれがほんとうに人間のユニークさと関係があるのかどうかを見ていこう。言語中枢は、左半球の聴覚野に位置する。聴覚刺激は、耳で受け取られると電気インパルスに変換されて、両半球の第一次聴覚野に送られる。聴覚野はいくつかの部分から成り、そのそれぞれが異なる構造と役割を持っている。たとえば、聴覚野のニューロンの中には、音のさまざまな周波数に敏感に反応するものもあれば、音の大きさに反応するものもある。人間の聴覚野のこうした部分の数や位置や組織は、十分わかっていない。言語能力に関するかぎり、左右の半球は別々の面に関与している。左半球のウェルニッケ野は、言葉の弁別的な部分を認識する。右聴覚野の一部は、言葉の韻律（これについては、後の章で扱う）を認識し、この情報をウェルニッケ野へ送る。

ここからは推測になってくる。人間の側頭平面（ウェルニッケ野の構成要素）は左半球のほうが右半球よりも大きく、微視的構造に違いがあることは、はっきりしている。左半球のミニコラムのほうが幅広く、間の空間も大きいのだ。そして、この左右差のある構造上の変化は、人間独特のものだ。ミニコラム間の空間が増すにつれて、錐体細胞から出る樹状突起（キスチョコの毛）の広がりも増すが、それは空間の増加と比例するほどではない。この結果、相互接続されるミニコラムの数は、右半球よりも左半球のほうが少なくなる。そしてこれは、左半球のこの領域の局所的な処理構造パターンがより精巧で無駄が少ないことを意味しているのかもしれないと言われている。この空間に、さらなる構成要素があることにもなるのかもしれない。[*1] ほかの聴覚領域ではこういうシナリオにはならない。そこでは、錐体細胞の樹状突起の広がりが空間の拡大を埋め合わせている（すなわち、キスチョコの毛が長くなり、チョコの積み重ねの間の、広くなった空間を埋めたのだ）。

後言語野でも、マクロコラム構造のレベルでは二つの半球の間で違いがある。まだら状の相互接続が見られる領域の大きさは、両半球で同じだが、左半球ではマクロコラム間の距離が大きく、その空間の分だけ、マクロコラム間の接続が多いことがうかがえる。この相互接続のパターンは、視覚野のそれと似ていると推測されている。視覚野でも、同じタイプの情報を処理する相互接続したマクロコラムがいっしょに集まっている。このように、後部聴覚系の接続性が高いため、同じように機能するクラスターが生まれ、より精密な尺度で入力情報を分析できるのかもしれない。[*1]

これまでのところ、人間の脳の長距離接続の研究には技術的制限があるために、領域間の接続が左右の半球で異なるという直接的な証拠はないが、間接的な証拠ならある。ミニコラム間の距離の増加は、入力接続と出力接続の差異(数の増加あるいは大きさの増加)が一因かもしれない。二つの半球の間には、一貫して形状の違いがある。そしてニューロンの接続距離が長いか短いかによって、脳回の形も変わってくることは知られている。最後に一つ。前言語野と後言語野、第一次聴覚野と第二次聴覚野では、左脳の顆粒上層で特大の錐体細胞の数が増している。これは接続が非対称であることを示しており、時間処理における役割を担うのかもしれないと多くの研究者は主張している。この役割は重大だ。

タイミングが大切なことは誰もが知っている。コメディアンのスティーヴ・マーティンやリタ・ラドナーにちょっと訊いてみるといい。さて、時間の情報を処理するのは、左半球のほうが得意だ。時間調整は言語の理解に必須なので、人間の脳は時間処理のために分化した接続を必要とするのかもしれない。反対側の半球に情報を送るのに要する時間の遅れによる損失こそ、言語が片側優位になる原動力だったという意見さえある。[*60]

脳が左右に分かれる利点

たしかに人間の脳は風変わりな装置で、一つの主要な目的のために自然淘汰を経て用意された。その目的とは、繁殖の成功度を高める意思決定をすることだ。この単純な事実は進化生物学の核心にあり、多大な影響力を持っている。これがわかれば、人間の脳機能の重大な現象、すなわちいたるところで大脳に左右の機能特化が見られることを、脳科学者が理解する手助けになる。動物界のどこを探しても、これほど著しい機能特化はほかに見られない。なぜだろう。そしてこの分化はどのようにして起きたのだろうか。

あるいは、私の妹の友人ケヴィン・ジョンソンが言うように、「つまり脳は二つの半球から成るが、相互作用をしなければ、きちんと機能する心はでき上がらない。さて、脳も心も進化の力の結果だと考えるのなら、脳を二つの半球に分ける適応上の利点は何なのだろう。どのような進化の力が、これほど奇妙な配置を適応させることができたのだろうか」。私自身の分離脳の研究から、こうした問いへの答えが導かれるかもしれない。

・奇妙な配置

脳梁(のうりょう)は、二つの半球の間の情報のやり取りをするだけの神経線維の束だと考えられていて、あまり注目されることはなかった。だがじつは、その脳梁があったからこそ人間は人間になりえたということになるかもしれない。一方、ほかの哺乳類の脳については、左右の機能特化の証拠はわずかしか出ていない。乏しい例を挙げれば、あまり知られてはいないものの、私の同僚のチャールズ・ハミルトンとベティ・ヴァーミアが、マカカ属のサルが顔を識別する能力を調べていたときに、その証拠を見つけている。[*61] その研究では、サルは顔の識別では右半球が優位なのがわかった。脳の左右差は鳥にも存在し、これが系統樹で共有される特徴なのか、それとも個々に発達したものなのかは、今も調査されている。鳥の脳については、後の章でさらに述べることにする。

皮質の空間が多く求められるにつれて、自然淘汰の力が片方の半球だけを改良し始めたのかもしれない。突然変異が一方の半球の皮質野に起きても、もう一方の半球が前のまま機能していれば、脳梁が二つの半球の間の情報をやり取りするので、変異を起こしたのと相同の領域がその機能を認知系全体に提供し続けられる。変異で新たな機能が発達すると、ほかの機能にかかわっていた皮質領域は、新しい機能を担うようになるのだろう。もとの機能はもう一方の半球によってまだ維持されているので、機能の全体的損失はない。ようするに、脳梁のおかげで損失を伴わない拡大が可能になった。皮質は、重複を減らし、新たな皮質領域のための空間を拡張することによって、容量を増やすことができたのだ。

この見解は、局所的な短い接続が神経回路の適切な維持と機能にとってどれだけ重要かを強く裏づける、認知神経科学の知見を背景にして出されたものだ。[*62・63] 長い線維系は大切で、計算の結果を伝達するのに最適なのだろうが、該当する計算を実行するのに欠かせないのは短い線維なのだ。これはつまり、分化のための計算がさらに必要となるときに、活動が起き始めた場所近くの回路を変える突然変異を維持するための圧力がかかるということなのだろうか。

分離脳の研究から導き出される主要な事実の一つは、左半球は知覚機能で著しく劣る点があり、右半球は認知機能にさらに顕著な欠点があるということだ。したがって、この脳モデルは、左右の機能特化が新たな技能の出現とほかの技能の保持を反映していることを主張する。自然淘汰によって、この奇妙な状況が出現したのは、脳梁がこうした発達をひとつの機能系に統合し、その統合された系が意思決定装置として良くなる一方だったからだ。

右半球で起きただろう損失を考えると、この見解の別の一面が見えてくるかもしれない。現時点では、発達期の子供とアカゲザルは同じような認知能力を持っているように見える。[*64]分類課題のような多くの単純な知的作業は、サルも一歳の赤ん坊も実行可能なことがわかっている。だが、こうした作業をする能力の多くは、分離脳患者の右半球でははっきり確認できない。[*65]まるで右半球の注意－知覚系が、こうした能力に取って代わってしまったかのようだ。ちょうど左半球に出現してきた言語系が、知覚能力に取って代わってしまったのと同じように。

左右の脳の機能特化が進むにつれて、半球内の局所的な回路網は増加し、半球間の回路網は減少するのだろうと予測する人がいるかもしれない。局所的な回路網が分化して特定の機能に最適化すると、以前は左右相称だった脳は、情報処理のすべての面で結びついた同一の処理システムを左右両半球に持つ必要はもはやなくなる。処理中枢の作業結果だけが反対側の半球に伝達されればいいので、二つの半球の間のコミュニケーションは削減できる。エモリー大学ヤーキズ国立霊長類研究センターの研究者によって、霊長類では脳梁と比較すると大脳の白質の特異な拡大があることが報告されている。[*66] 人間では、半球内の白質と比較すると、脳梁の成長率は目立って減少している。

ジャコモ・リゾラッティによる「ミラーニューロン」の発見については後ほど説明するが、この発見も、人間特有の新たな能力が、皮質の進化の間にどのように生じたのかを理解する一助になるかもしれない。サルの前頭前皮質のニューロンは、サルが食べ物をつかもうとするときだけでなく、人間の実験者が同じ食べ物をつかもうとするときにも反応する。[*67] サルの脳回路が、他者の行為を表象することを可能にするようだ。人間のミラーニューロン系は、サルよりもはるかに広範囲で複雑であることが、研究によって明らかになっている。リゾラッティ[*68]は、ミラーニューロン系が人間独特の「モジュール形式の心」という説の根源かもしれないと述べた。[*69]

発達の時期と進化の時期がどちらも関与しているという、この背景の下で、動的な皮質のシステムは適応し、左右に機能特化した系になる。こうして人間の脳は、ユニークな神経系となっていく。

分子と遺伝子の次元

脳を巡る私たちのツアーも、そろそろ終わりに近づいているが、ご記憶だろうか、ここでもう一回り小さなレベルに進まなければならない。それは分子のレベルだ。遺伝子の世界に行く準備が整った。そこは刺激的な場所だ。実際、これまで述べてきたことすべてが、そうあるのは、種のＤＮＡがそうあるようにコードしたからだ。人間の脳のユニークさも、突き詰めれば、私たちのユニークなＤＮＡ配列による。人間とチンパンジーのゲノム配列決定が成功し、また、比較ゲノム学という新たな分野が開花したおかげで、表現型（目に見える物理的あるいは生化学的特徴）における差異の遺伝学的基盤が、わくわくするような姿を垣間見せている。これで満足して、答えはほぼ出揃っているなどと思い込む前に、次の言葉を披露しておこう。「種の形成後のゲノムの変化と、その生物学的影響は、当初考えられていたよりも複雑であるように思える[*70]」。そんなにうまくいくはずがないのだ。これから、ある特定の遺伝子を例にとり、一見すると単純な変化がどれだけ複雑たりうるかを見てみよう。

・遺伝子のおさらい

だがまず、遺伝子とは何か、遺伝子は何をするのかについて、もう少し知っておく必要がある。遺伝子は染色体上に特別な位置を占めるDNAの領域だ[12]。それぞれの遺伝子は、タンパク質の構造を決定するDNAのコード配列と、いつどこでタンパク質が作られるかを制御する調節配列から成る。そして細胞の構造と代謝機能を管理している。生殖細胞の遺伝子は、自らの情報を次の世代に伝える。それぞれの種の各染色体は、決まった数と配列の遺伝子を持っている。遺伝子の数や配列が少しでも変わると、染色体は突然変異を起こすが、必ずしも生物に影響を与えるとはかぎらない。不思議にも、タンパク質を実際にコードするDNAはごくわずかしかない。染色体のいたるところにあるのは、遺伝暗号をコードしない、もっと長いDNA配列（全体のおよそ九八パーセント）で、その機能はまだ解明されていない。それでは、先に進もう。

・言語の遺伝子、FOXP2

マイクロセファリンとASPMの話とちょうど同じように、この話もイギリスのクリニックから始まる。そのクリニックの医師は、「KE家系」として知られている特異な一族の治療をしていた。その家系では、多くの人が発話と言語の重度障害を持っていた。彼らは顔や口を複雑に協調させて動かすのが極度に苦手なため、うまく話すことができない。

また、話し言葉と書き言葉の両面でさまざまな問題を抱えている。複雑な構文の文書を理解するのが困難で、文法規則に従って単語を処理できず、一族の中で障害を持たない人たちよりも平均して知能指数が低かった。[*71] 彼らはオックスフォード大学の人類遺伝学ウェルカム・トラスト・センターを紹介された。センターの研究者は家系図を見て、この障害が単純なかたちで受け継がれているのを発見した。発話と言語の障害を持つ、ほかの家系の人たちの遺伝の仕方がはるかに複雑なのと違って、KE家系の障害は一つの常染色体優性遺伝子の欠損だったのだ。[*72] つまり、突然変異を持つ人は五〇パーセントの確率で、それを子孫に伝えることになる。

その遺伝子を突き止める作業が続けられた。それが存在する範囲は、第七染色体上の一領域にまで狭められた。そこには五〇〜一〇〇個の遺伝子が並んでいる。ここで、ありがたいことにマーフィーの法則とは逆に、思いがけぬ幸運が訪れた。同じような発話と言語の障害を持つ、KE家系ではない患者（CS）が紹介されてやってきたのだ。CSは、「転座」と呼ばれる染色体異常を持っていた。つまり、二つの染色体の先端部分が大きくちぎれ、入れ替わっていた。その一方が第七染色体で、切断位置はKE家系の障害に関与する染色体領域にあった。KE家系の第七染色体の同位置にある遺伝子が解析され、一つの塩基対が突然変異していることが確認された。[*73] 塩基アデニンがグアニンに取って代わられていたのだ。この塩基対の変異は、三六四人の正常な対照群では発見されなかった。この突然変異が、コードするタンパク質に変化をもたらすのだと思われる。これは、FOXP2というタンパク質の、先が二股になったフォークヘッド型のDNA結合部位で、アミノ酸のアルギニンをヒスチジンと置き換えることによって起きる。このFOXP2という名の遺伝子の突然変異が、障害を引き起こしていたのだった。

なぜだろう。たった一つの小さな変化が、どうしてこれほど大きなダメージを与えるのだろうか。さあ、深呼吸をしてほしい。準備はいいだろうか。FOX遺伝子にはたくさんの種類がある。それらは、いわゆる「フォークヘッド・ボックス（FOX）」部位を持つタンパク質をコードする遺伝子の大家族だ。「フォークヘッド・ボックス」は、八〇～一〇〇個のアミノ酸が一続きになって特定の形を作っており、その形はDNAの特定の領域に、ちょうど鍵が鍵穴に合うように結びつく。いったん結合すると、FOXタンパク質は、ターゲットにした遺伝子の形質の発現を規定する。アミノ酸のアルギニンがヒスチジンに置き換わると、FOXP2タンパク質の形は変わってしまい、DNAに結びつくことができなくなる。鍵が鍵穴に合わないのだ。

FOXタンパク質は、「転写因子」の一タイプだ。転写因子？　それは何だろう。遺伝子にはコード領域と調節領域があったことを思い出してほしい。コード領域はタンパク質を作るレシピだ。タンパク質を作るためには、最初にDNA配列のレシピを、タンパク質製造のための鋳型であるメッセンジャーRNA（mRNA）という仲介のコピーに、「転写」と呼ばれる入念に制御されたプロセスによって写し取らなければならない。調節領域は、どれだけ多くのmRNAのコピーを作るか、ひいては、どれだけタンパク質を作るかを決定する。転写因子は、ほかの遺伝子（一つだけではなく最大で何千という遺伝子に作用できる点に注意）の調節領域に結びついて転写のレベルを調節するタンパク質だ。フォークヘッド型の結合部位を持つ転写因子は特定のDNA配列しか相手にしないので、無差別に結びつくことはない。ターゲットの選択は、フォークヘッドの形と細胞の環境によって変わりうるし、転写を促進することもあれば抑制することもある。転写因子がないと、未知の数（潜在的には厖大な数）のほかの遺伝子に影響を与えかねない。転写因子は、特定の数の遺伝子のために遺伝子の発現をオンにしたりオフにしたりするスイッチと考えてもいい。スイッチの支配下にある遺伝子の数は数個かもしれないし、二五〇〇個かもしれない。フォークヘッド・タンパク質がDNA鎖の調節領域に結びつくことができないと、その領域がコードするものが何であれ、それを生産するためのスイッチはオンあるいはオフにならない。多くのフォークヘッドは、未分化の細胞を分化した組織や器官にする、胚の発達にとって重大な調節役だ。

FOXP2タンパク質の話に戻ろう。この転写因子は、脳、肺、消化器官、心臓の組織に影響を与え[*74]、成人の場合はほかの部位に作用することがわかっている。この遺伝子の突然変異はKE家系の脳にだけ影響を与えた。思い出してほしい。染色体はどれも二つずつコピーがある。この家系で障害を持つ人たちは、正常な染色体を一つと突然変異した染色体を一つ持っている。神経発生のある段階でFOXP2タンパク質の量が不足し、発話と言語にとって重要な神経構造に異常を来したが[*73]、正常な染色体によって生産されるFOXP2タンパク質の量は、ほかの組織の発達に十分だったものと思われる。

FOXP2遺伝子が言語の発達にそれほど重要なら、それは人間に特異なものなのだろうか。これは複雑な問題であり、その複雑さが、遺伝子について語ること（遺伝学）と遺伝子の発現について語ること（ゲノム学）の間にある大きな違いを物語っている。多くの種類の哺乳類がFOXP2遺伝子を持っている。FOXP2によってコードされるタンパク質は、マウスと人間ではアミノ酸が三つ違うだけだ。その違いのうちの二つは、人間とチンパンジーの系統が分かれた後で起きたことがわかっている[*75]。かくして人間は、ユニークなFOXP2タンパク質を作るユニークなFOXP2遺伝子のバージョンを持っているわけだ。人間の遺伝子に起きた二つの変異が、タンパク質の結合特性を変えてしまったのだ[*76]。これはほかの遺伝子の発現に大きな影響を与えうる。この二つの突然変異は、過去二〇万年の間に起き[*75]、加速進化と正の淘汰を経てきたと推定される。突然変異が何をするにせよ、競争上有利な条件を提供したことは確かだ。それが起きたのが、おそらくは人間の話し言葉が出現した期間と重なる点は重大な意味を持つ。

これなのだろうか。これが、発話と言語をコードする遺伝子なのだろうか。ここで、別の比較研究について触れておこう。その研究によって、チンパンジーと比べると人間の皮質では異なったかたちで形質を発現する、九一の遺伝子が同定された。その九〇パーセントは「上方制御」されている。つまり、人間において発現のレベルが増加したということになる。[*77] こうした遺伝子はさまざまな機能を持っている。神経系の正常な発達に必要なものもあれば、ニューロンの信号と活動の増加に関係するものもあるし、エネルギー移送の増加をもたらすものや、未知の機能を持つものもある。おそらくFOXP2遺伝子の変異は、言語機能に至る経路における多くの変化のうちの一つだろうが、そこからさらに多くの疑問が生じる。この遺伝子は何をしているのだろうか。ほかのどの遺伝子に影響を与えるのだろうか。人間とチンパンジーの間の二つの変異の差異が、回路網や筋肉の機能の大きな変化をほんとうに引き起こしたのだろうか。もしそうだとしたら、どうやってそれを引き起こしたのだろうか。

そして、話はここで終わらない。ことによると世界で最も偉大な神経解剖学者パスコ・ラキックは、つい最近、発達中の人間の脳のさらに新しい特徴を紹介した。二〇〇六年夏、ラキックらは、ほかの細胞よりも前に現れ、局所的な神経組織の発生を引き起こす、新たな「先行細胞」について発表したのだ。[*78] そうした細胞がほかの動物に存在するという証拠は、これまでのところない。

結論

類人猿と人間の脳の唯一の違いは大きさ、すなわちニューロンの数だという考えを主張する、社会や科学の力は昔から今に至るまで圧倒的だった。とはいえ、目の前のデータを冷静に眺めてみれば、人間の脳がユニークな特徴をたくさん持っていることがはっきりする。現に科学の文献は、肉眼解剖学のレベルから細胞解剖学、分子構造にまで及ぶ事例で満ちている。つまり、人間の脳はユニークなのだという主張を展開するに当たって、確固たる基盤に立って議論を始められるのだ。私たちの脳は細部にわたって異なっている。ならば、私たちの心も異なっていて当然ではなかろうか。

2　デートの相手にチンパンジー？

舌がなければ脳にたいした価値はない。
――フランスのことわざ

動物や物を人間のように扱う

この世には、自分の犬や猫に（さらには古靴にまで）理屈なしの敬愛の情を持たない者などいない。私たちは日頃から動物や物を人間であるかのように扱い、それが揺るぎない現実であると思い込むようになる。また、動物や物にはある種の主体的能力があるかのように考え、こんなことを言う。「もちろん僕の犬は利口なんだ」「私の猫は人の心が読めるのよ」「うちの車は雪道でエンコしたことがない。路面の扱いを心得ているのさ」。そんな話は挙げていったらきりがない。

人間は自らと動物や物との間に一線を画すことに苦労してきた。中世には動物の裁判所があった。信じられないかもしれないが、動物を裁判にかけ、行動の責任をとらせていた。ヨーロッパでは八二四年から一八四五年まで、人間の法律を犯した動物は罪を免れることができなかった。たんに人間の平安を乱した場合も同じだった。一般の犯罪者と同様、動物も逮捕され投獄されて（人も動物も同じ監獄に入れられた）、起訴され、裁判を受けさせられた。裁判所が彼らに弁護士をつけ、その弁護士が裁判で代理を務め、彼らを弁護した。動物の弁護で有名になった弁護士も何人かいた。起訴された動物は、有罪になると罰せられた。罰は応報のものとなることが多く、動物たちは自分がやったのと同じ目に遭わされた。

小さな子供の顔面を傷つけ、両腕を引きちぎったあるブタ（当時、ブタは街中を自由に駆け回っていて、かなり攻撃的でもあった）は、顔をずたずたにされ、前脚を切り落とされ、絞首刑にされた。動物は危害を加えるので罰せられたのだ。だが、牛や馬のように高価な動物の場合、判決に手心が加えられたり、教会に身柄を委ねられたりすることもあった。獣姦の罪が発覚した場合は動物も相手の人間も死刑になった。家畜が何らかの損害を与え、有罪になると、所有者が監督不行き届きを理由に罰金を科せられた。動物に全責任があるのか、あるいはその所有者にも責任を負わせるべきなのかは、多少曖昧だったようだ。裁判手続きでは動物は人間と同じ扱いを受けたので、何であれ、極刑に処せられた動物の死体を食べるのは好ましからざることと見なされた（ただし、絞首刑になった牛をおいしいステーキにして味わった倹約家のフラマン人は例外だ）。動物は、自白するように拷問にかけられることもあった。自白しない場合（もちろん、誰も自白するとは思っていなかったのだが）、判決は軽くなることもあった。法律の遵守が大切だったためだ。人間の場合、拷問されて自白しないと、やはり判決を変えることができたのだから。さまざまな家畜が裁判にかけられた。乗り手を振り落としたり、荷車をひっくり返したりした馬、人を咬んだ犬、暴走したり、人をけがさせたり、角で突いたりした牛。なかでもいちばん多かったのはブタだ。これらの裁判は民事法廷で執り行なわれた。*1

動物をどう見るかをめぐって人間がなぜこれまで苦労してきたかは容易にわかる。すでに述べたように、人間の脳の、普遍的でしかもほぼ決定的な特徴は、動物や物を含めた他者の意図や感情、目的についてのモデルを自分の頭の中に反射的に構築することだ。私たちはそうせずにはいられないのだ。マサチューセッツ工科大学にあるロドニー・ブルックスの人工知能研究所を訪ね、彼の作った有名なロボット、「コグ」に会ったなら、この鋼鉄とワイヤーの大きな塊に何らかの主体的能力があると思うのにさほど時間はかからない。コグは首を回して、部屋の中を動く人を目で追うこともできる。そう、コグはただの物ではない。人並みだ。コグがそうなら、四輪駆動車ローヴァーもしかり、だろう。

獣医たちは、誰かを亡くしたときと同じ種類の悲しみのサイクルがペットを亡くしたときにも起きると言う。この世に残された人たちは、亡くなった人（あるいはペット）のモデルを心の中に抱き、そのモデルを安らかに眠らせるためのプロセスを経ざるをえない。

私は霊長類の動物の大々的な研究を手がけてきた。どの動物にもたちまち感情移入し、その性格、知能、協調性に気づいた。大がかりな神経外科手術が必要なことも多く、術後のケアにかなり手のかかるときもあった。いつもじつに厄介な思いをした。術後、動物が首尾良く生き延び、元気になると、動物への愛着はいっそう深まった。

四〇年ぐらい前にそんなふうに愛着を持つようになった動物のことを、今でも覚えている。モザンビークという名のメスのチンパンジーがいて、ビタミンが必要だったが、その配合液の味を嫌っていた。そこで私はサルの仲間の大好物、バナナを使うことにした。バナナの端にビタミン入りの液体を注射し、彼女がそれをむしゃむしゃ食べてくれたら、おいしいバナナといっしょにビタミンを摂取できると思ったからだ。一日目はうまくいった。これに味をしめ、二日目も同じように準備した。すると、モザンビークはバナナを手に取り、その両端をかわるがわる見つめ、片方の端から注射液が染み出しているのに気づき、バナナを二つに折り、べとべとしているほうの半分を床に投げ捨て、薬が入っていないほうの半分を食べた！　私は目を疑ったが、彼女を称賛せずにはいられなかった。

この話のどこが問題かと言えば、それは、すばらしい心的活動の証拠を目にしたのだという私の思いが、じつは、偶然の結果の深読みで、買いかぶりにすぎないかもしれない点だ。私はモザンビークともっと心の交流を持ちたいだろうか。さらに言えば、チンパンジーともっと時間を過ごしたいだろうか。こうした問いから本格的な疑問が生まれる。私たちとチンパンジーの共通点は何なのだろう。それをほんとうに知るためには、懸命な努力が必要となる。もちろん、裏を返せばこうも言える。あらゆるものに主体的な能力を持たせたいという気持ちこそ、私たちを人間たらしめているのだろうか。

チンパンジーとデートできる？

次の個人広告について考えてほしい。

たくましい男性との交際を求める活発な独身女性。年齢不問。こちらは遊び好きな若くてスタイルの良い美人。森の中のハイキング、あなたのピックアップトラック（革張り内装の最新型にしてね）でのドライブ、狩りやキャンプ旅行、地元の人たちとの交流が大好き。あなたに髪を撫でられながら暖かい熱帯の夜を過ごしたい。月明かりの下で、あなたの手から夕食を食べさせて。でも私の手から食べようとはしないで。自分の気持ちをいつも話したがるタイプの女の子ではないの。ただ上手に私の機嫌をとってくれれば、反応は見物よ。あなたが仕事から帰るときには、うちの玄関かお隣の前まで迎えに出るわ。生まれたままの姿で。キスしてちょうだい。私はあなたのものよ。友達も連れてきてね。555-××××に電話して、デイジーを呼んで。

あるいは、

知性ある男性との長いおつき合いを求める独身女性。若くスタイルの良い美人。ユーモアのセンスあり。ピアノ演奏、ジョギング、自家栽培の野菜で美味しい料理を作るのが大好き。森の中の長い散歩とおしゃべり、あなたのポルシェでのドライブ、フットボール観戦をしたい。あなたが狩りや魚釣りをしている間、キャンプファイヤーのそばで読書できるといい。博物館やコンサートやアートギャラリーに行くのが好き。あなたと二人きりで暖炉の前に寝転び、ぬくぬくと心地良い冬の夜を過ごしたい。美味しいレストランで、ロウソクの光のもとで夕食をとるときは、あなたの手から食べさせてほしい。言葉を選んで、上手に私の機嫌をとって、私の誕生日を忘れなければ、反応は見物よ。

さて、あなたならどちらの広告に惹かれるだろう。最初の広告は「都市伝説」参照ページの「snopes.com」で見かけるタイプかもしれない。実際は動物愛護協会の電話番号といっしょにアトランタの新聞に載っていたという話で、掲載後の二日間で六四三件の問い合わせがあったそうだ。デイジーはチンパンジーどころか、黒のラブラドルレトリーバーだった。動物愛護協会は広告掲載を否定している。

この二人のデート相手にはどんな違いがあるのだろう。最初の広告に返事を出し、ドアを開けたらチンパンジーが立っていたとしたら、あなたはどんな勘違いをしたことになるのだろう。チンパンジーとデートはできるだろうか。チンパンジーとあなたの間に何か共通点はあるのだろうか。

よく似たDNAでも大きな違い

私たちに最も近い親戚、チンパンジーと人間との間の肉体的な相違点と類似点は明白そのものだ。それでは、「最も近い親戚」と言うとき、私たちは正確には何を意味しているのだろう。人間の全DNAヌクレオチド配列の九八・六パーセントはチンパンジーのそれと同じであるとよく言われる。だがこの数字はずいぶん紛らわしい。これは、私たちの遺伝子の九八・六パーセントがチンパンジーと同じという意味ではないのだ。最新の見積もりによると、人間は三万～三万一〇〇〇個の遺伝子を持っている。ところが、これはあまり強調されないのだが、この約三万個の遺伝子は、全ゲノムの一・五パーセントを若干上回る程度を占めるにすぎず、ゲノムの残りはノンコーディング、つまり遺伝暗号をコードしない。[*2・3] したがってゲノムの大半は、その機能がほとんど知られないまま存在している。人間を構成するうえで重要な遺伝暗号をコードするのは、DNAのほんの一・五パーセントなのだから、その一・五パーセントのうちの九八・六パーセントが人間とチンパンジーで同じだと遺伝学者は言っているのだろうか。違う。そうではなく、問題は、人間とチンパンジーが共有している九八・六パーセント以外の、DNAのわずか一・四パーセントがこれほどの大きな違いを生みうるのか、ということだ。答えは明確だ。遺伝子（DNA配列）とその根本的機能の関係は単純ではない。それぞれの遺伝子はさまざまなかたちで発現し、その発現の違いが機能上の大幅な違いに反映される。

ここで、『ネイチャー』誌に掲載された、チンパンジーのある染色体の配列決定に関する研究報告の概要をご紹介しよう。

高度に発達した認知機能や二足歩行、複雑な言語の使用といった人間独自の特徴の獲得に関与した遺伝子の変化を絞り込むには、人間とチンパンジーのゲノムの比較研究が欠かせない。本稿では、チンパンジーの第二二染色体の高品質DNA配列、三三・三メガ塩基について報告する。この全配列と、これに相当する人間の第二一染色体とを比べると、第二一染色体の一・四四パーセントに単一塩基の置換があり、さらに六万八〇〇〇近い挿入や欠失が見られた。この違いは、ほとんどのタンパク質に変化を生じさせるのに十分である。実際、機能的に重要な遺伝子を含む二三一のコード配列の八三パーセントにアミノ酸配列レベルの違いが見られる。さらに私たちは、転移が起きた特定の亜科の系統間における拡大の違いを実証し、転移が人間とチンパンジーの進化に異なる影響を与えたことを示唆する。種分化の後のゲノム変化とその生物学的な帰結は、当初仮定されていたより複雑なようだ。[*4]

オランウータン、ゴリラ、チンパンジー、ボノボなどの大型類人猿と人間はすべて共通の祖先から進化した。後にオランウータンへと進化した系統は約一五〇〇万年前にその祖先から枝分かれした。ゴリラは一〇〇〇万年前に分かれた。五〇〇万〜七〇〇〇万年前のある時点まで、私たちはチンパンジーと祖先を共有していた。そのためチンパンジーは、現存する、私たちの最も近い親戚だと言われる。気候のせいにされることが多いのだが、何らかの理由で食物供給に変化が起きたらしく、共通の系統がさらに分裂した。一方の系統は熱帯雨林にとどまり、もう一方は疎林地帯へと出ていった。森にとどまったものから、その後チンパンジーが、やがてはボノボ（「ピグミーチンパンジー」とも呼ばれる。チンパンジーよりもほんの少し小型なだけなのだが）が誕生した。ボノボは約一五〇万〜三〇〇万年前にチンパンジーと共通の祖先から分かれた。彼らはアフリカ中部と西部を流れるザイール川南部の熱帯雨林に棲息している。そこにはゴリラはいないので、食べ物を奪い合わずに済む。一方、チンパンジーはザイール川北部の熱帯雨林にゴリラとともに棲息している。熱帯雨林はもともとチンパンジーの住処だったので、彼らは「保守的な種」と呼ばれる。

多くの変化に適応する必要がなかったため、進化の面から見ると私たちと共通の祖先から分かれて以来あまり変化していない。

熱帯雨林を去りサバンナへ出ていったものたちは、そのようなわけにはいかなかった。まったく異なる環境に適応しなければならず、そのため多くの変化を経た。初めのうち何度かつまずき、行き詰まりも経験したが、ついに彼らはホモ・サピエンスへと進化した。チンパンジーと共通の祖先から分かれた系統で生き残った唯一のヒト科の動物が人間だ。だが私たちへとたどり着く前には多くのヒト科の仲間がいた。例を挙げると、一九七四年にドナルド・ジョハンソンが発見したアウストラロピテクス・アファレンシスの化石、通称「ルーシー」は、人類学界に衝撃を与えた。ルーシーは脳が小さいのに二足歩行だったのだ。その当時までは、大きな脳が二足歩行につながったと考えられていた。

一九九二年に、カリフォルニア大学バークリー校のティム・ホワイトは、ヒト科の動物の化石として現在知られているうちで最古のものを発見した。アルディピテクス・ラミドゥスと呼ばれる二足歩行類人猿の化石だった。彼らは四四〇万～七〇〇万年前に棲息していたと考えられている。最近、またもやティム・ホワイトによってエチオピアで発見されたアウストラロピテクス・アナメンシスの化石は、四一〇万年前のもので、彼らがアルディピテクスの子孫でありルーシーの祖先だった可能性を示している。私たちの種、ヒト属の最初の仲間を含め、いくつかの異なる種がアウストラロピテクスから分かれた。しかし私たちの進化はルーシーから一本道をたどってきたわけではない。ヒト属とアウストラロピテクスの異なる種が同時に存在していた時代もあった。

人間ならではの肉体の変化とは？

何はともあれ、私たちは今ここにいる。そしてまたしても問題は私たちとチンパンジーの違いはどれほどか、ということになる。ゲノムの一・四パーセントという、一見わずかな違いが重大な意味を持つことがわかったので、私たちの種がほかと大きく異なる点もわかるかもしれない。

まず、二足歩行について考えてみよう。この歩行様式は人間独特のものなのだろうか。これにはオーストラリア人が首を横に振る。カンガルーがいるではないか、と。だから、人間が唯一の二足歩行動物ではないのだが、それでも二足歩行は、ヒト科の系統に一連の肉体的変化を引き起こし、私たちとチンパンジーを隔てることになった。私たちの足は、親指が他の指と向かい合わせではなくなり、直立したときに体重を支えられるように発達した。おかげでイタリアのデザイナーズ・ブランドの靴も履けるようになった。そんな靴を履く生き物は人間しかいない。チンパンジーの足の親指は今もなお、ほかの指と向かい合わせになっていて、手の親指と同じように動くので、木の枝をつかむのに便利だが、直立姿勢で体重を支えるのには向いていない。チンパンジーの脚は湾曲しているが、私たちは二足歩行するようになったので、両脚が真っ直ぐ伸びた。骨盤と腰の関節は、大きさ、形、結合角度が変わった。背骨は、チンパンジーは真っ直ぐなのに対して、S字形に湾曲した。脊髄が通る胸部の脊椎孔は広がり、脊髄が頭に入る部位は頭蓋の中心に向かって後部から前へ移動した。

メリーランド大学で笑いを研究しているロバート・プロヴァインは、実際、二足歩行が発話を力学的に可能にしたと考えている。四足歩行の類人猿は、走っているとき、前脚から伝わる地面の衝撃を胸郭が吸収するのに必要な強度を得るために、肺を十分に膨らませなければならない。二足歩行は呼吸のパターンと足取りとの関連を断ち切り、呼吸を柔軟に調節できるようにし、やがては話す能力をもたらした。[*5]

ほかにも発話を可能にする変化が起きた。首が長くなり、舌と咽頭が喉の奥に下がった。チンパンジーなどの類人猿は、鼻孔が直接肺につながっている。口から食道までの食物の通り道とは完全に分離している。つまり類人猿は食べ物を詰まらせてむせることはないが、私たちはそうなることがある。私たちは類人猿とは異なるユニークな仕組みを持ち、空気と食べ物は喉の奥の共通のルートを通る。人間は「喉頭蓋」と呼ばれる構造を発達させた。喉頭蓋は食べ物を飲み込むときには肺につながるルートを閉じ、呼吸するときには開く。その咽喉の構造、なかでも喉頭のおかげで、私たちは厖大な種類の音が出せる。食べ物を詰まらせて窒息死する危険が増すとはいえ、生存するうえで何らかの恩恵を得たのは間違いないだろう。その恩恵とは、コミュニケーション能力の増大なのだろうか。

親指のおかげ

直立歩行を始めると、両手が自由になって物を運ぶことができ、親指は特別な指になった。というより、私たちの親指はユニークになったのだ。チンパンジーもほかの指と向かい合わせにできる親指を持ってはいるが、私たちの親指のように可動域が広くない。そして、これがカギなのだ。私たちは、親指を小指側に向かって曲げること（尺側対立運動）ができるが、チンパンジーにはできない。つまり、私たちは、指の腹だけではなく、指先でも物をつまみ上げることができるのだ。さらに私たちの指先はずっと敏感で、一平方センチメートルにつき何千もの神経があって、脳に情報を送っている。そのため私たちは、すべての類人猿ばかりか、すべての生き物の中でも、最も繊細な運動調節を要する作業を行なう能力を得た。

現在の化石証拠に基づくと、私たちの手が地面を離れて新たな機能を始めたのは約二〇〇万年前、ホモ・ハビリスでのようだ。ホモ・ハビリスの化石は、これまでに知られているうちで最古の手製の道具とともに、一九六四年の初めにタンザニアのオルドヴァイ峡谷で発見された。これもまた、当時の人類学者にとっては衝撃だった。ホモ・ハビリスの脳が私たちの脳の約半分の大きさしかなく、道具を作るにはもっと大きな脳が必要だと考えられていたからだ。じつは、ほかの指に向かって曲がる親指のおかげで、私たちの祖先は、物をつかんで打ち合わせ、最初の道具を作ることができた。だが、人間だけが道具を使うのではないことを忘れてはならない。チンパンジーやカラスやイルカも、棒や草や海綿を道具として使うところを観察されている。とはいえ、彼らがマセラティばりのスポーツカーを作ったためしはない。それはあくまで人間にしかできない。

成長を続けるミエリン鞘

骨盤の大きさの変化もまた大きな影響をもたらした。産道は狭まり出産がはるかに困難になった。それも、脳が大きくなり、それに応じて頭も大きくなっていた、ちょうどそのときに。もし骨盤がもっと広かったら力学的に二足歩行は不可能だっただろう。霊長類の頭蓋骨は胎児のときは脳の上を滑るように動く何枚かの平らな丸い板のような形で、一体化するのは誕生後だ（赤ん坊の頭に柔らかい個所があり、触らないようにと注意されたことがあるかもしれない）。そのため頭蓋骨は重なり合って産道を通ることができる。人間の赤ん坊は他の類人猿の赤ん坊に比べ、非常に未熟なまま生まれる。他の類人猿と比べると、なんと一年分は未熟に生まれるのだ。だから人間の赤ん坊は自分では何もできず、長い間世話をしてもらわなければならない。頭蓋骨の平らな板が完全につながるのは三〇歳ぐらいになってからだ。脳は、生まれたときは成人のたった二三パーセントの大きさしかなく、成人に達するまで拡大し続ける。

私たちの脳の一部は生涯を通して成長を続けるらしいが、それは新しいニューロンが加わるからではなく、ニューロンを取り囲む髄鞘（ミエリン鞘）が成長を続けるからのようだ。ハーヴァード大学医学部で神経科学を専門とする精神医学の教授であり、ハーヴァード大学脳組織リソースセンターの所長を務めるフランシーン・ベネスは、髄鞘化が少なくとも脳の一部では五〇年以上続くことを確認した。[*6] 軸索（神経線維）の髄鞘化は細胞体からニューロンの末端部に向かう電気信号の伝達を増加させる。これらの軸索は、情動的行動を認知プロセスに統合するうえで何らかの役割を果たしていて、成人後ずっとそうした軸索の機能が「成長」し、成熟するのかもしれないとベネスは述べている。性別による違いもまた興味深い。六歳から二九歳までの女性のミエリン鞘は、同じ年齢の男性のミエリン鞘より多い。[(1)]

けっきょくのところ、私たちの肉体構造は重要だが、それがどのぐらい脳の発達に、ひいては人間らしさに影響を与えたかは、わかっていない。[(2)] だがここで先ほどのデートに話を戻そう。デート相手に関してその肉体（異性をめぐる競争を通して起きる進化「性淘汰」の領域では肉体は大問題だが）以外で私たちがほんとうに関心があるのは、相手をその気にさせる動機だ。共通点は何だろう。そして、埋めがたい溝は？ ここに、知性があり相手に関心も持っている若者がいる。では彼はチンパンジーとお似合いなのだろうか。

異なる種で思考はどのように異なるか？

デート相手の候補について考えてみると、いくつか重要な違いが出てくる。チンパンジーは話せないし、火を扱えるようにはならなかったので料理もできない。美術や音楽や文学といった文化を育んでこなかったし、とりわけ心が広いわけでもなく、一夫一婦制でもなく、食べ物を栽培することもない。だが彼女は強いパートナーには惹かれるし、地位も意識していて、雑食性だ。また、仲間づき合いや狩りを好み、よく食べ、パートナーと親密な関係を持ちたがる。こうした類似点と相違点を検討してみよう。

チンパンジーは私たちのような知能を少しでも持っているだろうか。人間の知能と動物の知能に違いはあるだろうか。この問題に関しては、まる一冊本が書けるだろうし、また実際、多くの人が書いている。そして、この分野では論議が渦巻いている。普通、知能の定義は人間の視点でなされる。たとえば、「知能とは、物事を抽象的に考え、概念や言語を理解し、学び、計画し、推論し、問題を解決する能力から成る、心の全般的な力」[*7]という具合だ。しかし、一つの種の知能と他の種の知能とをほんとうに比べることができるのだろうか。ドイツのマックス・プランク協会の元会長フーベルト・マルクルによる定義のほうが、もっと有用かもしれない。動物の知能とは「関連のないさまざまな情報を新たな方法で関連づけ、その結果を適応性のあるやり方で応用する能力」だと彼は言った。[*8]

ルイジアナ大学の認知力の進化研究グループと児童研究センターを率いるダニエル・J・ポヴィネリは、動物の知能に関して「異なる種の間で思考はどのように異なるのか」という疑問を投げかけ、この問題に取り組んでいる。[*9] この問いは次のように言い換えることもできる。ある種がうまく進化してきた環境で生存するのには、いったいどのような思考が必要だったのか。あなたは、異なる思考方法など想像できるだろうか。私たちが行なっている思考とは別の思考方法を想像するのは難しい。したがって、ほかの種の心的状態を想像するのは難しい。自分たちの種の心的状態を理解することすら難しいのだから。心理学者は人間と大型類人猿との間の心的な連続性を立証することで頭がいっぱいで、そのあまりに、両者の類似点ばかり探していることをポヴィネリは憂慮する。そして、「進化は現実のものであり、多様性を生む」と指摘している。[*10]「私たち自身の心を卑小化し、鈍化し、口数を少なくしたものが動物の心だと考え、彼らのほんとうの姿」を歪める代わりに、心的状態の多様性を見つめれば、もっと良い情報が得られるかもしれない。[*9] ボーダーコリーのトレーナー、ジョン・ホームズはこう言った。「犬は〝人間に近い〟のではない。そして、犬に対してそんな言い方ほど失礼なものはないだろう。犬は私たち人間にはできないこと、これまでもできなかったし、これからもけっしてできないことがたくさんできる」[11]。実際、違いこそが一つの種を特徴づけ、ユニークな存在にしているのだ。

そこで、チンパンジーの心的状態と行動を研究しようとすると、頭を抱えることになる。どうやって研究すればいいのか。野生のチンパンジーを観察することは可能だ。しかし、何日もさんざん苦労してやっと彼らの棲んでいるところにたどり着いたあげく、今度は蚊や湿気に悩まされながら、何日も彼らを追って観察しなくてはならない。あるいは、研究室で彼らを観察することもできる。しかし、チンパンジーの世話ができる人はほとんどいないし、実験用のチンパンジーは非常に少ないし、実験手段は限られているし、チンパンジーは実験室の環境に慣れるにつれて「知恵がついて」しまう。野生のチンパンジーを観察する科学者に言わせると、実験室はあまりにも人工的なので、チンパンジーは自然に振る舞わないし、実験者の影響を受けることもありうる。実験室の科学者は仮説を立てて予想し、可能なかぎりさまざまな条件を制御できる実験を計画し、その結果を記録し解釈する。彼らに言わせると、野外で観察する科学者は、行動が起きている状況を実験的に制御できないので、正確な因果関係を推測できない。またどちらの場合も、解釈が人間の目を通して行なわれるという難点がある。人間は自分の文化や政治見解、経歴、宗教、「心の理論」から影響を受けている。こうした限界があることを忘れずに、研究室と野外の両方から得られた証拠や観察結果を検証し、人間とチンパンジーの類似と差異を見ていくことにしよう。

類人猿は「心の理論（セオリー・オブ・マインド）」を持っている？

人間には生まれつき、他者が異なる願望、意図、信念、心的状態を持っていることを理解する能力がある。そして、他者の願望、意図、信念、心的状態がどんなものかについて、ある程度正確な「理論」を作る能力も持ち合わせている。1章ですでに紹介したデイヴィッド・プレマックは研究仲間ガイ・ウッドラフとともに、一九七八年、初めてその理論のことを、「心の理論」と呼んだ。それは独創的な洞察だった。言い換えると、それは行動を観察し、その行動を引き起こしている目には見えない心的状態を推測する能力だ。「心の理論」は子供が四〜五歳になるまでに自動的に完成する。二歳未満でもある程度発達している徴候がうかがえる。[*12・13] 知能指数（IQ）とは関連がないようだ。自閉症の子供や成人は「心の理論」に欠陥があり、他者の心的状態を推測する能力が弱いが、それ以外の認知能力は正常か、増進している。[*14・15] 他の動物の行動を見るとき、私たちの「心の理論」は二つの問題を起こす。一つは、動物の行動を見ると、「心の理論」によってその動物の中に人間の心的状態を投影するという罠にはまり、その結果、動物を人格化した不適切な結論に達してしまうこと。もう一つは、私たちの「心の理論」の能力を過大評価し、それを絶対基準として、ほかのすべてのものと比較し、人間はほかのあらゆる哺乳類とは完全に別個のものと考えてしまうことだ。では、人間だけが「心の理論」を持っているのだろうか。

チンパンジー研究では、これは大問題の一つだ。「心の理論」を持つことは私たちの能力の重要な要素であり、人間に独特のものだと言われてきた。他者が信念や願望や意図や要求を持っていることを理解すれば、社交性によるものであろうと、保身のためのものであろうと、私たちの振る舞いや反応に影響が出る。プレマックとウッドラフは「心の理論」という言葉を作り出したとき、チンパンジーもそれを持っているのかという疑問を抱いた。そのときから三〇年間、実験が続けられているが、研究室では満足のいく答えはいまだに得られていない。一九九八年にユニヴァーシティ・カレッジ・ロンドンのセシリア・M・ヘイズはそれ以前に行なわれた人間以外の霊長類に関する実験と観察をすべて再検討し、厳正に評価した。それらは、運動模倣（それまでしたことのない行動を自然発生的に模倣すること）、鏡に映った自己の認識、社会的関係、役割取得（他者の観点を取り入れる能力）、ごまかし、視点取得などを研究する実験だった（最後の視点取得とは、他者が何か見て、それについて何かを知ったことを、ある個体が理解できるか、つまり他者が何かを見たとき、自分がそれを見たときに得る情報を、その他者も得るという自覚が存在するのか、という疑問にかかわっている）。ヘイズは、人間以外の霊長類の行動が、「心の理論」の徴候として説明されていたケースのすべてで、偶然あるいは非心的なプロセスの産物として起きた可能性もあるという結論を下した。[*16] 彼女は、現行のやり方はチンパンジーが「心の理論」を持っているともいないとも証明していないと考えた。ただし、鏡による自己認識に関する彼女の主張は一般には受け入れられてはいない。その後、ポヴィネリと彼の研究仲間ジェニファー・ヴォンクもヘイズと同じ結論に達している。[*17]

しかし、これだけ多くの研究の命運がかかっている分野では単純なことなど一つもない。ドイツのライプツィヒにあるマックス・プランク進化人類学研究所のマイケル・トマセロらは異なる結論を下した。「チンパンジーは人間のように他者の心を理解しない（たとえば、彼らは信念というものを理解しない）のはまず確実だが、ある種の心理プロセス（たとえば、見ること）は理解できる」[*18]。トマセロらは、チンパンジーは少なくとも「心の理論」の何らかの構成要素は持っているのではないかと思っている。

もし私があなたの心的状態に関して何かの信念を抱き、あなたも私の心的状態に関して信念を抱いている場合、この状況は「志向意識水準（インテンショナリティ）の次元」で説明される（ここでは「インテンショナリティ：intensionality」は、もっぱら「心の理論」と関連した心的状態を意味するために使われており、その一種である「意図：intentionality」とは別物だ）。「私は知っている」というのは一次のインテンショナリティ。「あなたが知っているのを私は知っている」は二次のインテンショナリティ。「私が知っているのをあなたが知っているのを私は知っている」は三次のインテンショナリティ。「あなたが私にパリに行ってほしくて私もそうしたいのを私が知っているのをあなたが知っているのを私は知っている」は四次のインテンショナリティ。ほとんどの人は四次のインテンショナリティまでしか理解できないが、なかには五次、六次までついてこられる人もいる。そこで、先ほどの話をさらに発展させると「あなたが私にパリに行ってほしくて私もそうしたいけれどそうできないのをあなたが知っているのを私が知っているのをあなたが知っているのを私は知っている」(五次)、「あなたが私にパリに行ってほしくて私もそうしたいけれどそうできないのをあなたが知っているのに行くべき理由をいつまでも並べ立てているのを私が知っているのをあなたが知っているのを私が知っているのをあなたが知っているのを私は知っている」(六次)となる。ふう……やれやれ。前に述べたように、ほかの類人猿がどの程度、「心の理論」を持っているのかという問題をめぐる論争は、今なお激しく続いている。彼らが一次のインテンショナリティを持っていることは広く認められている。また、全員とは言わないが、多くの研究者が、巧みなごまかしを行なう動物は二次のインテンショナリティを持っていると信じている。ある動物がほかの動物をだますためには、その動物は必然的に、ほかの動物が何かを信じていると信じることになると、これらの研究者は考えている。リチャード・バーンとアンドリュー・ホワイトゥン(3)は、多種多様な観察研究をまとめることを通して、巧みなごまかしの実例は原猿類と新世界ザルにはめったに見られないが、社会性の点で進んだ旧世界ザルと類人猿、とくにチンパンジーの間ではよく見られることを示した。*19

すべての研究者が観察研究に満足しているわけではないが、彼らの多くは、人間以外の霊長類が二次のインテンショナリティを持っていることは認めている。トマセロの研究室の科学者は、過去数年間に行なった一連の実験で、チンパンジーがほかのチンパンジーに何が見え、何が見えていないかを知り、それに基づいて行動できることを示してきた。チンパンジーは自分より上位のチンパンジーから見えない餌は取ろうとするが、上位のチンパンジーから見える餌は取ろうとしない。下位のチンパンジーの中には、餌を得るために、待つ、隠れる、といった巧妙な策を弄するものさえいる。[*20] 見ることについてチンパンジーが何を理解しているのかは、5章でさらに詳しく検証しよう。トマセロはまた、チンパンジーが他者の意図について、具体的には、実験者が彼らに餌を与えられない場合と餌を与えたがらない場合の違いについて、何かしら理解していることも発見した。[*21] またチンパンジーは協力が必要な課題より競い合う課題のほうが得意だが、[*22] 協力が必要なときには、過去にその課題のとき協力的だったチンパンジーを選ぶ。[*23]

チンパンジーがうまくできなかったのは、四、五歳の子供ができる「虚偽の信念」課題だった。このテストは、これまで「心の理論」の完全な発達を示すために行なわれてきた。しかし最近では、「心の理論」の完全な発達の判定と呼ぶのがかなりの誇張であることがわかっている。イェール大学のポール・ブルームと、当時イギリスのコルチェスターにあるエセックス大学にいたティム・ジャーマンが指摘したように、「心の理論」には「虚偽の信念」課題では説明しきれないものがあり、また「虚偽の信念」課題には「心の理論」では説明しきれないものがあるのだ。[*24]

ではこの課題はいったいどのようなものなのだろう。これは従来、「サリーとアンのテスト」と呼ばれてきた。言葉を使わず、次のように行なう。サリーが食べ物のような報酬を外見がそっくりの二つの容器のうちの一つに隠す。アンはそれを見ているが、被験者（子供かチンパンジー）は見ていない。その後、アンは、被験者に見えるように、食べ物が入っていると思う容器に印をつける。子供（あるいはチンパンジー）は食べ物を手に入れるために容器を選ぶ。子供もチンパンジーもこれを上手にやってのける。次にサリーはまた、アンは見ているが被験者が見ていないときに、食べ物を隠す。それから被験者が見ている前でアンは部屋を出ていき、彼女がいない間に、サリーは二つの容器を入れ替える。やがてアンは部屋に戻り、食べ物が入っていると思う容器（もちろん食べ物は入ってはいない）に印をつける。子供は四、五歳になると、食べ物が入っているとアンが思う容器が入れ替えられていて、それをアンが知らないということを理解できるようになる。彼らはアンが「虚偽の信念」を持っているのを理解し、食べ物が入っている正しい容器、つまりアンが印をつけなかったほうの容器を選ぶ。ところが、チンパンジーと自閉症の子供はアンが「虚偽の信念」を持っていることがわからず、彼女が印をつけた容器を選んでしまう。[*25]

ここ二年ばかりの間に、研究者たちはこのテストは三歳未満の子供には難しすぎるという結論に達しつつある。もう少し易しい類似のテストや異なるタイプのテストを実施すると、一歳半〜二歳の子供でさえ、他者の行動を説明するために目標、知覚、信念といった心的状態に注目する。[26]

この課題は実際には何を示しているのだろう。三~五歳の間になぜこのように重要な境目があるのか。チンパンジーにはできないことができるようになるこの年齢の子供の脳では、何が起きているのだろう。

へたに口出ししないほうがいいかもしれない。さもないと口論に巻き込まれてしまうから。これに関しては大論争になっており、二つの解釈が議論されている。一つの解釈は、子供が成長するにしたがって、信念とはほんとうは何なのかを理解するうえで、概念の変化が起きるというものだ。子供は心的状態が論理的に理解できるようになり、[27]ことによると、領域を問わない理論形成のメカニズムを獲得するのかもしれない。[28]つまり理論が先で、そこから概念が導かれる。もう一つの解釈は、子供が成長するにつれ、確かな発達スケジュールに沿って生まれてくる、モジュール式の「心の理論」のメカニズムがある、というものだ。[29,30]

「モジュール」という言葉を持ち出すのは、やや時期尚早なのだが、この言葉はまもなく頻繁に出てくるようになるだろう。今のところは、「モジュール」のことを、私たちの考えや行動を決まった方向へ無意識のうちに導く、生まれながらに備わっているメカニズムだと考えてほしい。そのメカニズムのせいで私たちの注意は、信念や願望、虚偽といった心的状態に向かい、その時点で私たちはそれらについて学べる。[31,32]この解釈では、私たちはこうした概念を持って生まれてくることになる。概念が先で、その後、理論が形成されるというのだ。そのメカニズムによって子供は信念の状態をいくつか選択し、続いて第二の選択プロセス（モジュール式ではなく、知識、状況、経験に影響されうる）を通して、その信念の状態を生んだ根本的な心的状態を推論する。

たとえば先ほどの課題で、子供はアンを観察していて、アンが「うーん」と言ったりするような行動に注意を向ける。すると次のような選択が、ひょっこり現れる。「えーと、アンは印をつけた箱の中にはキャンディが入っていると思っているのかもしれない。そしてほんとうにキャンディは入っている。それとも、入っていないのに、入っていると思っているのかもしれない」。だが、ここに落とし穴がある。「えーと、彼女はキャンディが入っていると思っていて、ほんとうにキャンディは入っている」というのが初期設定された選択だ。この選択はつねに与えられ、たいていは選択され、普通は正しい。誰かが信じていることは普通真実だからだ。しかし誰かが間違ったことを信じていて、私たちがそれを知っている場合がある。そうした珍しい状況では、初期設定は選択しないほうがいい。この選択をしないで、「虚偽の信念」課題で成功するために、この選択は抑制しなければならない。そしてそこが問題なのだ。幼い子供と我らが友チンパンジーにとって非常に困難なことがそれ、つまり抑制だ。モジュール式の「心の理論」のメカニズムは、なぜ私たちが信念を他者に帰するのが上手になるのかも説明してくれる。ひとたび「抑制」を自分のものにしてしまうと、知識と経験が手を貸してくれるのだ。
トマセロはチンパンジーが十分な「心の理論」を持っているとは思っていないが、「物事の見かけよりも一歩内面に踏み込み、行動の意図的構造のようなものや知覚がそれに及ぼす影響を識別できるようにしてくれる社会的・認知的な概念的枠組み（スキーマ）を持っている」という仮説を立てている。[*33] ダニエル・ポヴィネリは、この結論に異を唱える。彼は、行動の類似性が心理の類似性を反映しているとは思っていない。彼が解釈し直した仮説によると、人間とそれ以外の霊長類が共通して持っている多くの社会的行動は、ヒト属が、二次のインテンショナリティの観点から行動を解釈する心理的手段を進化させる、はるか以前から見られたという。[*34]
チンパンジーと共通する意識に関する論争は続いている。共通点はあってもほんのわずかだとポヴィネリは言う。「データの肝心な点を見てみると、たとえチンパンジーが〝心の理論〟を持っていたとしても、私たちのものとは根本的に異なっているに違いないように思える」。これによってまた彼が最初に提示した疑問に戻ることになる。種によって思考はどう異なるのだろうか。
ポヴィネリはその疑問をもっと厳密に言い換えた。「チンパンジーの心的状態とはどのようなものなのか」。それは間違いなく熱帯雨林での暮らしにかかわっている。「チンパンジーの心的状態が、彼らの自然生態環境に最も関係の深い事柄に真っ先に向けられるのは理にかなっている。果樹の場所を覚え、捕食者がいないか目を光らせ、ボスのオスの動静をうかがう」。ここまではキャンプに連れていくのにふさわしいデート相手だと言えるだろう。ポヴィネリは続けてこう述べる。「人間とは対照的に、チンパンジーはもっぱら目に見える他者の特徴に依存して社会的概念を形成しているのではないか。もしそうならば、チンパンジーは他者にはその動作、表情、行動習慣以上のものがあると認識していないことになる」。つまり、「人間とチンパンジーが共有している能力のどれをとっても、この二つの種は共通の心理的構造を持ってはいるのだろう。とはいえ、人間は自らの種特有の一つあるいは複数の仕組みに頼ることによって、そうした心理的構造を強化するようだ[*9]」とポヴィネリは考えている。ほかの動物の「心の理論」も見ていくことにしよう。

未来のために計画を立てる能力というのも知性の一側面だ。やはりライプツィヒのマックス・プランク進化人類学研究所に所属するニコラス・マルケイヒーとジョゼップ・コールは、「心の理論」の研究のかたわら、ほかの大型類人猿が計画を立てられるかどうか調べた。そして、最近発表した研究では、五頭のボノボと五頭のオランウータンが将来使うのにふさわしい道具を取っておく能力を持っていることを発見したという[*35]。彼らは最初、動物たちに道具を使って実験室内の装置から報酬の食べ物を得ることを教えた。「そのあと、適切な道具二つと不適切な道具六つを実験室に置いた。だが餌の出る装置には動物たちが近づけないようにした。五分後、動物たちを実験室から待機室へ移し、動物たちが見ている前で、世話係が実験室に残された道具を全部片づけた。一時間後、動物たちを実験室に戻し、装置に近づけるようにした。したがって、問題解決のためには、動物たちは実験室にあった道具のうち適切なものを選び、それを待機室へ持っていき、一時間そこに取っておいて、実験室に戻るとき持ち帰らなければならなかった」。動物たちは七〇パーセントの割合で適切な道具を持っていった。待ち時間を一四時間にして同じ実験を行なうと、動物たちはまたしてもうまくやってのけた。マルケイヒーとコールは、「この実験結果は、大型類人猿が未来に備えて計画を立てる能力につながる技能が、現存するすべての大型類人猿に共通の祖先が生きていた、一四〇〇万年前に発達したことを示唆している」と結論づけた。もしかしたら私たちのデート相手のチンパンジーも、先を考えて予約をしたりするかもしれない。

人間の言語を操る

というわけで、デート相手のチンパンジーはあなたに関してたいした理論を持たないかもしれない。その結果、彼女といっしょにすることはすべて、いわば何の意図もないものと見なされてしまうだろう。もっとも、彼女は自分の心的状態を感じていて、それについてあなたに話したがるかもしれない。発話はもちろん、思考や感情、知覚などを、言葉を発することによって表現したり説明したりする能力であり行為だ。ところがチンパンジーは話せない。友人でコロンビア大学のスタンリー・シャクターがいつも嘆いていたのを思い出す。「ハーバート・テラス[4]はチンパンジーが話せないことを示しただけで有名になるとは、いったいどういうことだ？」。つまるところ、チンパンジーは話すために必要な音を正確に発音できるような肉体構造を持ち合わせていない。だから話すこと自体は不可能だ。だからといって、もちろんコミュニケーションができないということではない。

コミュニケーションとは、ごく簡単に言うと、発話、合図、書き言葉、行動によって情報を伝えることだ。動物のコミュニケーションの世界では、他の動物の現在あるいは未来の行動に影響を及ぼす、ある動物の何らかの行動というふうに、もっと限定的に定義される。ガラガラヘビがガラガラと音を立てるのは、異なる種の間のコミュニケーションの好例で、攻撃するぞという警告を表す。タイプは違うが、もちろん言語もコミュニケーションだ。その起源や能力ははるかに複雑で、その定義も同様だ。実際、言語の定義は言語学者によって年がら年中、修正されるので、チンパンジーに人間の言語を学ばせる研究をしている研究者は散々な目に遭っている。

類人猿には言語能力があると主張する、ジョージア州立大学の霊長類学者スー・サヴェージ・ランバウは不満をぶちまける。「言語学者は最初、チンパンジーが言語を覚えると言いたいのなら、象徴的な方法で合図を使わせてみなさいと言いました。そこでそのとおりにすると、今度はこう言うのです。いや、それは言語ではない、なぜなら統語法がない、と。そこで今度はチンパンジーが合図をいくつか組み合わせられることを証明しましたが、言語学者は、それは十分な統語法とは言えないとか、正しい統語法ではないとか文句をつけました。何をやってもけっして満足しないのでしょう」[*36]

そう、言語は、抽象的な記号とその記号を操作する文法（規則）の体系だ。たとえば、「ドッグ」「シィアン」「カーネ」はみな「犬」を意味する単語だ。どれも、その意味するもののようには聞こえない。たんに、異なる言語で「犬」を表すことになった音にすぎない。抽象的な記号だ。言語は話されたり、書かれたりする必要はない。手話のように身振りで表すことができる。複雑でたえず変化しているのは規則についての見解だ。それはどういう規則か、どこから生まれてきたのか、人間の言語をユニークなものにしている構成要素があるとすれば、それは何か。

統語法とは、文章中の単語の結合方法を支配する文章や語句の構成パターンだ。人間の言語は、無限に語句をつないで、以前に一度も使われたことのない新しい文章をいくらでも作ることができる。その言語を話す人なら、そうした文章を理解できる。なぜなら、単語はただでたらめに並んでいるわけではなく、階層的・帰納的にまとめてあるからだ。だから人間の言語を用いる相手となら、場所と時間を決めてデートの約束ができる。いつどうやってその場所に行けばいいのか教えられる。「正午に銀行のそばの美術館の前で会いましょう」は、「正午に美術館のそばの銀行の前で会いましょう」とは違う。また「の会い銀行に正午で美術館そばの前のましょう」という意味のない文とも違う。ではなぜこの文に意味がないのだろう。文法の規則に則っていないからだ。もし言語に統語法がなかったなら、みんな単語のでたらめな羅列になってしまう。おおざっぱな意味は伝わるかもしれないが、図らずもすっぽかされてしまうことになるのがおちだ。デートには向かない。

統語法はどのように発達したのだろうか。どの種も、言語を学ぶ能力を持っているかいないかのどちらかであり、この能力は自然淘汰という進化のプロセスを通して獲得されたものだ。もしある種が言語を学べるのなら、その種の個体は、象徴的表象と統語法の両方の感覚を生まれながらに持っている。もちろん、この説には異論があり、それには二通りある。まず、言語は持って生まれた能力ではなく、それを学ぶ能力は学んで身につくものだとする意見がある。これはなにも、特定の言語を学ぶことを言っているのではない。どんな言語の学習にも当てはまる。言い換えると、この見解によれば、個体は自然発生的に統語法や象徴的表象を使いはしないことになる。またそれとは別に、言語の進化に関して意見が異なる者もいる。「連続」説の信奉者である認知言語学者たちは、心的特徴は生物学的特徴と同じように自然淘汰の力に影響されると主張する。「不連続」説の信奉者は、行動や心的特徴の一部は、質的に、一つの種に独特のものであって、ほかの現存する種や過去の種と進化のプロセスを共有しないと主張する。マサチューセッツ工科大学の著名な言語学者ノーム・チョムスキーは、人間の言語はこの意味では「不連続」だと述べている。[*37]

思い出してほしい。私たちは人間のユニークな点を探し出そうとしているのだ。チョムスキー以外にも、ユニークな点のリストに私たちの言語能力を入れる者は多い。チンパンジーは言語でコミュニケーションできるだろうか。じつのところ、これは、類人猿は人間が教えた言語でコミュニケーションできるのかと問うことにほかならない。最初にチンパンジーに言葉を教えようとしたのは、当時カリフォルニア大学サンタバーバラ校にいたデイヴィッド・プレマックだ。なぜ知っているかというと、訓練を受けていたチンパンジーのオフィス（?）が私のオフィスの隣だったからだ。そのチンパンジーはサラという名前で、抜群に頭が良かった。事実、人間だったら、教授として終身在職権を与えられたかもしれないほどだ。

プレマックはペンシルヴェニア大学に移って研究を続けた。多くの学者があとに続いた。その中にはコロンビア大学のハーバート・テラスもいた。一九七九年、テラスは茶目っ気たっぷりにニム・チンプスキーと名づけたチンパンジーに手話を教える試みの結果を、懐疑的な目で報告した。ニムはさまざまな手真似に意味を結びつけ、「ちょうだい、オレンジ、私に、ちょうだい、食べる」といったような単純な思考を表現できた。しかし、教えてもらわなかったかたちで手真似を結びつけて新しい考えを作り出すことはできなかった。つまり統語法を理解できなかったのだ。テラスはまた、他の研究者が類人猿に言語を教える試みについて書いた報告も再検討し、同じ結論に達した。彼らは複雑な文章を考え出すことはできない、と。

こうなると、残るはゴリラのココ、つまり、ペニー・パターソンが手話を教えたと言われているゴリラだ。ココの能力を評価しようとすると、ある問題が浮上する。ココの調教師パターソンしか会話を通訳できないのだ。これでは彼女が客観的だとは言えない。イェール大学の言語学者スティーヴン・アンダーソンは、パターソン本人は体系的な記録をとっていると言うが、彼女以外は誰もそれを検証できない点や、一九八二年以降、ココに関する情報はすべて、大衆紙やインターネットでのココとのチャットを通したもので、パターソンがココの通訳・翻訳者を務めている点を批判している。[*36]

手話の通訳にはこのような曖昧さがつきまとうため、スー・サヴェージ・ランバウは絵文字を使うことにした。これなら曖昧ではない。[*38] 実際、サヴェージ・ランバウはなんとも興味をかき立てるデータと、思わぬ発見の才のあるボノボに恵まれた。彼女はコンピューターのキーボード上に配した、「レキシグラム」と呼ばれるグラフィック・デザインの人工的な記号システムを使った。

彼女はマタタという名のメスのボノボにキーボードの使い方を教えることから始めた。

実験者がレキシグラムのキーを押し、意図した物や行動を指し示す。するとコンピューターがその単語を発音し、キーのライトがつく。マタタにはカンジという赤ん坊がいて、当時、幼すぎて母親から引き離せなかったので、訓練中、マタタといっしょにいた。マタタはあまり出来の良い生徒ではなく、二年たってもたいしたことは学ばなかった。カンジが二歳半ぐらいになったとき、マタタが別の施設に移されると、俄然カンジがスポットライトの中に躍り出た。カンジは母親の訓練中、ただそばで見ているだけで、これと言った訓練を受けなかったのだが、キーボード上のレキシグラムのいくつかを体系的に使う方法を学んでいたのだ！

サヴェージ・ランバウは作戦を変えることにした。マタタにしたような訓練をする代わりに、キーボードを持ち歩き、日常の活動の間それを使った。するとカンジは何をやってのけたか？　なんと、絵や物やレキシグラムや話された言葉を一致させられるようになったのだ。自由にキーボードを操り、ほしい物を求め、行きたい場所を示す。どこへ行くつもりか告げることができ、それからそこへ行く。また、具体的な指示内容を一般化することができる。レキシグラムのパンを、あらゆる類のパンの意味で使う。タコスにまで使う。情報を含む言葉に耳を傾け、その新しい情報を使って、今していることを調整することもできる。「言語学者は最初、チンパンジーが言語を覚えると言いたいのなら、象徴的な方法で合図を使わせてみなさいと言いました」とサヴェージ・ランバウが言ったとき頭にあったのは、このことだった。そして彼女の言葉は正しい。カンジは象徴的な方法で合図を使ったのだから。

こうしたことをすべて考慮に入れても、依然として統語法の問題が残っている。スティーヴン・アンダーソンは言語産出（キーボード）と言語認識（話された言葉）の両面で評価する必要があることを指摘している。[*36] カンジはキーボードも身振りも使い、ときには両方を組み合わせて文章を作ることもあった。まずレキシグラムを使って「くすぐる」といった行為を特定し、続いて指し示す身振りでその行為の主体を特定する。つねにその順番は変わらない。たとえ初めにレキシグラムを使うために部屋の反対側まで行き、その後、主体を示すためにまた戻ってこなくてはならなくても、だ。これはカンジが勝手に作り出したルールだった。[(5)] アンダーソンは、それでもまだ統語法の定義を満たしてはいないと言う。統語法では、キーボードで打つ、身振りで示す、あるいは話す、書く、といった手段にはかかわりなく、単語のタイプ（名詞、動詞、前置詞など）、その意味、文中での役割（主語、述語、条件節など）がすべてコミュニケーションの意味を支えているからだ。

カリフォルニア大学ロサンゼルス校で子供の言語能力獲得の研究を行なっている言語学者のパトリシア・グリーンフィールドは、サヴェージ・ランバウのデータをすべて分析した結果、アンダーソンとは異なる意見に達した。彼女はカンジによる複数単語の組み合わせには統語法の構造があると考えている。[(6)] たとえば、カンジは語順を理解できる。「その子犬にヘビを噛ませろ」と「そのヘビに子犬を噛ませろ」との違いがわかるし、ぬいぐるみを使ってその二つの意味を表現してみせることもできる。姿の見えない調教師が声に出して指示する「ホットドッグをぎゅっと握れ」といった、あまり聞いたことのない文章にも七〇パーセントの確率で応じることができる。人間以外でこうした能力を示したのはカンジが初めてだ。

それでもアンダーソンは納得しない。彼は、文章の理解が前置詞のような「文法語」に左右される場合、カンジの成績が芳しくないことを指摘する。カンジは「in」「on」「next to」の区別がつかないし、「and」「that」「which」といった接続語句が理解できているかどうかも怪しい。だが、デート相手としてはありがたい点もある。カンジは、意味上の主語がどこにあるのか、あるいは、文末の前置詞がどこにつながるのかわからないようなややこしい文を使わないでくれる。現在のカンジは、目に見える物や行為を指す単語が理解できるレベルにある。アンダーソンは「カンジはレキシグラムと、耳にした単語のいくつかを、自分の頭の中にある複雑な概念の一部と結びつけられるが、文法的な機能しか持たない単語は、あっさり無視してしまう。そういう単語が役割を持つ文法を知らないからだ」と結論する。[*36] カンジは目覚ましい才能を示しているが、何年も学習しているにもかかわらず、その才能は未熟なものであることを忘れてはならない。

前章で見たとおり、人間の脳とほかの大型類人猿、とくにチンパンジーの脳の構造には類似点が多いが、私たちの脳のほうが大きく、接続性が高く、例のユニークなＦＯＸＰ２遺伝子もある。類人猿と共通の祖先から分岐して以来、私たちの肉体構造が大きく変化し、発声がしやすくなったこともすでに見てきた。共通の祖先から分かれたときにはすでに配線の一部ができていて、チンパンジーの系統はそれをある方法で利用したのに対し、ヒト科の系統は、数多くの変化を経験した結果、別の利用法を生み出したと考えるのが理にかなっているのではないだろうか。スー・サヴェージ・ランバウは次のように述べている。

「とはいえ、カンジが言語の特定の要素を持っていることの意味は非常に大きい。類人猿の脳は人間の三分の一にすぎないのだから、言語の要素がほんのいくつか見つかっただけでも、連続性の証拠と受け止めるべきだ」[7]

人間以外の霊長類は互いにコミュニケーションをしているのだろうか。ほかの種には自然に生まれた言語があるのだろうか。つまるところ、ポヴィネリが言うように、ほかの種は人間とではなく仲間とのコミュニケーション能力を進化させてきたのだ。サヴェージ・ランバウが指摘しているとおり、残念ながら私たちは、カンジが人間の言語について知っているほど、ボノボの言語については知らない。[*39]

コミュニケーション・言語・ミラーニューロン

前に約束したように、今度はほかのタイプのコミュニケーションを検証しよう。言語はコミュニケーションの一タイプにすぎず、どう見てもあやふやなところがある。森へ出かけ、どんな観察が行なわれてきたか見てみよう。同一種内コミュニケーションの最も有名な研究は、おそらく、ロバート・サイファースとドロシー・チェイニーがケニアのアンボセリ国立公園でベルベットモンキーを対象に行なったものだろう。彼らは、ベルベットモンキーが捕食者の種類に応じて警戒声（アラームコール）を変えることを発見した。ヘビ用、ヒョウ用、捕食性の鳥用といった具合に、いくつもアラームコールがあるのだ。[*40] ヘビ用のコールを聞くと、ベルベットモンキーは立ち上がって足もとを見る。ヒョウ用のコールではあわてて木立に逃げ込む。鳥用のコールでは、攻撃を受けやすい枝先から離れて木の幹に身を寄せる。最近まで動物の発声はもっぱら情動的なものと考えられていた。しかし、ベルベットモンキーはいつもアラームコールを出すわけではない。一匹だけのときはめったに声を上げないし、血縁といるときのほうが、そうでない仲間といるときよりも鳴き声を上げることが多い。アラームコールは自動的な情動反応ではないのだ。

情動的コミュニケーション・システムが、たとえ完全に情動に基づくものであっても、意味を持つ可能性はある（つまり、情動以外の情報を伝える）と述べたのは、またしてもデイヴィッド・プレマックだった。[*41]叫び声は、たとえ情動反応だとしても、他の情報も伝えうる。この考え方は二〇年間おおいに議論を呼んだが、サイファースとチェイニーはベルベットモンキーをさらに詳しく調査した後、彼に同意している。「合図を送る者と受け取る者は、コミュニケーションという事象の中で結びついてはいるものの、互いに別の個体として独立している。合図を送る者に声を上げさせるメカニズムが、その鳴き声から情報を引き出す聞き手の能力にいかなる制約を加えることもないからだ」。[*42]鳴き声は、情報を提供するためには具体的でなければならない。同じ鳴き声がいくつも違う理由で使われてはならないと彼らは説明する。それにその鳴き声は情報を与えるものでなければならない。したがって、ある特定の状況が生じたときにはいつでも使われる必要がある。[*43]情報が与えられ、理解されていることは明らかだ。これは、言語の進化のメカニズムを表していると言える。

しかし、サイファースとチェイニーが続いて指摘しているように、人間の言語の最も一般的な機能は、他者の知識や思考、信念、願望を変え、それによって彼らの行動に影響を与えることだが、動物の発声は何らかの変化を生むことはあっても、それは彼らの意図ではなく偶然であることを、ほとんどの証拠が示唆している。ベルベットモンキーは、他者の心的状態などというものは念頭にないようだ。たとえば、ベルベットモンキーの子供は、ハトをワシと間違えてアラームコールを発することがよくある。近くにいる大人のモンキーは空を見上げるが、ワシが見えないとアラームコールを発することはない。しかし、子供が最初にコールをし、それが本物のワシだと、大人も空を見上げて同様の声を上げることがあるが、いつもというわけではない。大人は、子供が正しいコールを発するたびにそれを認めてやっているのではなく、ただランダムに繰り返しているのだから、子供が無知で、今はまだ捕食者を見つける訓練をしているところだと知って行動してはいないようだ。[*42]

野生のチンパンジーについても同様のデータがある。彼らも、自分の居場所や食べ物のありかをほかの仲間に知らせるために鳴き声を調節したりしないようだ。[*44・45] 母親は迷子になった自分の赤ん坊の鳴き声を聞いても鳴き返さない。一方、実験室で訓練され、紐を引っ張ると報酬の食べ物がもらえることを覚えたチンパンジーは、ほかのチンパンジーにそれを教えられないことにポヴィネリが気づいた。つまり、人間以外の霊長類は、人間とは違い、ほかの動物が無知だったり情報を必要としたりしているのを察知して鳴き声を上げたりコミュニケーションを試みたりしないようだ。もしチンパンジーに「心の理論」があれば、母親はこう考えるかもしれない。「遠くで坊やの声が聞こえる。ママがどこにいるのかわからないのだわ。声を出してここにいるって教えなくちゃ」。そうは言っても、チンパンジーやほかの霊長類は、自分の呼び声が行動に及ぼす影響を認識しているのかもしれない。「ある鳴き声を上げると、仲間はみな木立に逃げ込む」。これは情報が伝わるというないではないか。

事実をけっして否定してはいない。それがたんに、鳴き声をあげる者の意図ではなかったかもしれないということだ。ではこれは、私たちのデート相手にとってはどういう意味を持つのだろう。チンパンジーの側から見た、声によるコミュニケーションはただ「すべて私のこと」になるのかもしれない。それを考えると、人間のデート相手とたいして変わらないではないか。

野生のチンパンジーは、視線や表情、姿勢、身振り、グルーミング（毛づくろい）、発声を組み合わせてコミュニケーションをするのが観察されている。それはカンジがレキシグラムと身振りを組み合わせて使うのと同じだ。こうしたコミュニケーションのモードはみな、言語の起源にまつわる興味深い疑問につながる。その答えはいまだに謎だ。言語はマイケル・コーバリスの唱える説のように手振りから進化したのだろうか。[46] あるいは、ジャコモ・リゾラッティとマイケル・アービブが仮定するように、手振りと表情の組み合わせからだろうか。[47] 発声だけから進化したのだろうか。それとも、ノーム・チョムスキーが想定する、人間の言語の「ビッグバン」説が正解なのだろうか。

人間の言語中枢は脳の左半球にある。左脳は右半身の動きを制御する。チンパンジーは、身振りによるコミュニケーションでは好んで右手を使い、発声を伴うときはそれが顕著になり、[48] 捕獲されたヒヒはおもに右手を使って身振りをするのが見られる。[49] 人間の手振りと言語が関連していることを示すおもしろい研究がたくさんある。ある研究では、先天的に目の不自由な一二人の被験者が話をするとき、健常者が話すのと同じような割合で同じような種類の身振りをすることが観察された。目の不自由な人たちは、やはり目の不自由な人に話すときでさえ身振りをするので、身振りが話すという行為に密接に結びついていることがうかがわれる。[*50] 孤立したコミュニティで暮らす先天的に耳の不自由な人々は、統語法を持つ、十分にコミュニケーション可能な独自の手話言語を発達させる。[*51]

オレゴン大学のヘレン・J・ネヴィルらは、機能的磁気共鳴画像法（ｆＭＲＩ）を使った研究で、人間の左脳にあって他者が話すのを聞くと活性化する、言語処理の二大領域、ブローカ野とウェルニッケ野の両方が、耳の不自由な人が手話の文を見ている間にも活性化することを立証した。しかし、耳の不自由な被験者が文字を読んだときにはこれらの領域は活性化しない。[*52] また、ブローカ野近くの前部領域に病変や損傷があると手話自体に支障を来すが、病変や損傷がもっと後方の場合は手話の理解に障害が起きることがわかっている。ネヴィルは、耳の不自由な被験者は健常者に比べ、右脳がより活性化していることにも気づいた。これは手話の空間的な側面のせいかもしれない。空間的な側面は、おもに脳の右半球の領分なのだ。チンパンジーが手振りをするときにも脳内で似たようなことが起きる。

さて、ここで話をイタリアに移そう。イタリアといえば手振りで有名な土地だ。美しい都市パルマで、ジャコモ・リゾラッティとレオナルド・フォガッシとヴィットリオ・ガレーゼは、一九九六年に、サルの脳の前運動皮質（F5野）で初めてミラーニューロンを発見した。このニューロンは、サルが手や口で物とかかわる動作を行なったときに発火する。また、サルがほかのサル（あるいは人間の実験者）が同じタイプの行為を行なっているのを目にしただけでも発火する。そのため「ミラーニューロン」と呼ばれている。その後、サルの脳のほかの部位（下頭頂小葉）でも見つかった。[53] サルの脳のF5野は、人間の脳のブローカ野と同じ起源を持つことが一般に認められている。[47] 人間のブローカ野は、発話と、先ほど見たように手話表現を司る領域だと考えられている。サルのF5野の背側部は、手の動きを司る領域で、[54,55] 腹側部は口と喉頭の動きを司る領域だ。[56,57] リゾラッティと南カリフォルニア大学脳情報研究所の所長マイケル・アービブは、ミラー・システムは話す能力の発達や、それ以前の、表情や手振りといった別の意図的コミュニケーション形式の発達の根本だったと述べている。[47] 人間にもこのようなミラーニューロンはあるのだろうか。あるという証拠はたくさん存在する。[58] 行動を観察しているときに活性化する人間の皮質野は、サルのそれと一致する。つまり、類人猿と人間に共通する、行為認識の基本的なメカニズムが存在するようだ。

　言語発達に関する彼らの見解は、次のようなものだ。個体が他者による行為を認識するのは、行為を観察したときのニューロンの発火パターンが、その行為を生み出すために生成されるパターンと似ているからだ。だから人間の言語能力を支える回路は、ブローカ野の前身が他者の行為を認識するメカニズムを持っていたために発達したのかもしれない。この認識能力がなければ、言語能力は進化しなかったはずだ。

なんだって？　リゾラッティらは、この仮説を唱えるのがどれほどの冒険かは心得ているが、彼らがどこにたどり着くか見るとしよう。これこそ神経科学なのだから。細胞レベルで何か興味深いものを見つけたら、それを行動にまで結びつける道を探るのだ。仮説を示すと、反証の矢玉が雨あられと注ぎ、穴だらけにされるか、あるいはそうならないかのどちらかだ。科学の多くの分野と同様に、気の弱い者や敏感すぎる者は手を出さないほうがいい。

さて、ベルベットモンキーでは、行為を認識することとコミュニケーションの意図を込めてメッセージを送ることとの間にギャップがあるのは、すでに見たとおりだ。人間の場合は、そうした意図はどのように発達したのだろう。普通、私たちはある行為を観察しているときや、ある行為を行なう用意をしているとき、前運動皮質が敏感になっている。行為を観察している者が、それを真似る運動行為をしてしまわないように抑制システムが働く。[*47] さもないと、私たちは他者の真似に明け暮れることになってしまうからだ。とはいえ、観察した行為が格別おもしろいと、その抑制が短時間中断し、観察者が不随意に反応してしまうことがある。それによって行為者と観察者の間に交流が起きる。行為者は観察者の反応を認識し、観察者は自分の反応が行為者から反応を引き出したことに気づく。もし観察者が自分のミラーニューロン系を制御できるのなら、随意に合図を送ることができ、それにより初歩の対話のようなものが始まる。ミラーニューロンの随意の制御は言語の始まりの基礎には欠かせない。実際に合図を送ったことに気づく能力と、それが反応を引き起こしたことを認識する能力は、同時に現れたとはかぎらない。とはいえ、どちらの能力も適応上の大きな利点を持っており、そのために選択されたのだろう。

リゾラッティらはどんな行為について言っているのだろうか。表情を作る行為だろうか。それとも身振りだろうか。F5野とブローカ野には、その両方を制御する神経構造があるのを思い出してほしい。リゾラッティとアービブは、話す能力の獲得に至る一連の事象を考え、個体間でコミュニケーションに使用された最初の動作は、口－顔面部によるものだったと推測している。ジェーン・グドールは長めのアイコンタクトは友好的な交流を伴うことがあると述べ、多くの表情のうちの一つについて説明している。「他と比べて非常に劇的な効果を持つ合図がある。それは歯をしっかり嚙み合わせて思いきりむき出す表情だ。この表情が突然現れると、ピンク色の歯茎に囲まれた真っ白い歯で顔全体がまるで二つに割れたように見える。それは思いがけない、ぎょっとするような刺激への反応としてしばしば声を伴わずに現れる。個体がこの恐ろしい表情ですっかり変わった顔を仲間たちの方に向けると、それを見たものはたいていたちまち恐怖の反応を示す[*59]」

サルや類人猿や人間は、今でもおもに口‐顔面部の動作を自然なコミュニケーション手段として使う。舌や唇を打ち鳴らすサルの動作は人間にも残っていて、音声生成で音節の形成に使われている。舌や唇を打ち鳴らす動作の後に発声が続いたのだろうか。リゾラッティとアービブはそうは考えていない。サルと類人猿の発声は閉鎖系であり、情報伝達を意図したものでないのを説明したことをご記憶だろうか（一〇六〜一〇七ページを参照のこと）。手振りのシステムは発声のシステムよりも多くの情報を伝えられたかもしれない。肉体構造の制約のある発声のシステムでは、相手をこわがらせる情動的な発声の威力を増す唯一の方法は、「もっとこわがれ」とばかりに、その声を大きくするだけだ。だが、手振りのシステムがあれば、情報を加えられる。鋭い叫び声でこわがるように伝え、手振りで大きなヘビがどこに潜んでいるかを伝える。このタイプの行動は、コートジヴォアールのチンパンジーである程度見られる。移動中や近くに棲むほかの群れに出会ったとき、彼らは叫びながらドラミングする。[*60]

いったん発声と身振りの組み合わせが実現すると、身振りで説明された物や出来事を、叫び声ではなく、「ウーッ」や「アーッ」という短い発声と結びつけることが可能になった。同じ発声が毎回同じ意味で使われると、原始的な語彙が生まれてくる。この新しい発声が話す能力に発達するには、情動に基づく従来の発声中枢だけではなくより巧みな制御システムが必要になる。Ｆ５野に似たシステム（すでにミラーニューロンや口‐喉頭部の動きの制御機能や第一次運動野とのつながりを持つシステム）がブローカ野へと発達する。効果的なコミュニケーション・システムは生存に有利だったので、最終的には、もっと複雑な発声やそうした発声に必要な肉体構造の形成を促す進化圧が働いていった。やがて手振りはその重要性を失い（ただし、イタリア人は除く）、言語の付属物になったが、必要となれば手話として今でも役に立つ。

ルイージ・バルジーニの著書『イタリア人』からの抜粋を見てみよう。

ふさわしい表情を伴う単純な身振りが、二、三語どころか、長い雄弁なスピーチに十分代わりうることがよくある。たとえば、こんな場合だ。二人の紳士がカフェで座っているところを想像していただきたい。一方が何かを長々と説明している……。「この、我々の大陸ヨーロッパ、古びた老いぼれのヨーロッパ、さまざまな国に分かれ、それぞれの国はさらに地方に分かれ、それぞれの国とそれぞれの地方は、自分たちの些細な暮らしを送りながら、わけのわからぬ方言を話し、自分たちの考えや偏見や欠点や憎悪を募らせている……。我々一人ひとりが隣人を打ち負かした思い出にほくそ笑み、隣人に打ち負かされたことを完全に忘れている。もし我々が一つに溶け合ってまとまったなら、人生はどんなに楽になるだろう。一つにまとまったヨーロッパに、昔ながらのキリスト教国に、シャルルマーニュの夢の、メッテルニヒの夢の、多くの偉人たちの夢の、ヨーロッパに。いいではないか。それはヒトラーの夢でもあった」

もう一方の紳士は、相手の紳士の顔を熱心に見つめながら辛抱強く彼の話を聞いている。そのうち、友人のとどまるところを知らぬ主張に、あるいは彼の底抜けの楽観主義にまるで圧倒されたかのように、テーブルからゆっくりと片手を上げる。真っ直ぐ垂直に頭の上まで。その間たった一声、ため息のように長く「はぁー」と言う。相手の顔からけっして目をそらさない。表情は落ち着いて若干の疲れと疑いをにじませる。その態度は次のような意味だ。「ねえ君、あまりに結論を急ぎすぎだよ。君の筋道はなんて複雑なんだ。君の希望は馬鹿ばかしいにもほどがある。世の中、昔からずっとこうだったことは、誰もが承知しているというのに。我々の問題のすばらしい解決法とやらが、さらに厄介な問題を次々に生み出してきたんだ。慣れ親しんだ問題よりもさらに深刻で耐えがたい問題を[*61]」

情動と無意識

私たちのデート相手に話を戻そう。これまでのところ、彼女は少し計画が立てられ、少しコミュニケーションができるが、私たちが使っているような話す能力や言語技能を持たず、おそらく抽象的なことは考えられず、たいていは自分の欲求だけしか伝えないことがわかった。では感情はどうなのだろう。情動は？

情動の研究は最近までは軽んじられていた。現在はニューヨーク大学にいるかつての私の教え子で抜群に有能なジョセフ・ルドゥーは、これには二つの理由があるという。一九五〇年代以降、辺縁系（大脳の多くの組織がある部位）が情動を生み出す役目を担っていると考えられていたが、その後、認知機能にかかわる脳の働きを研究する認知科学が出現し、その分野に研究が集中してしまった。ルドゥーは、辺縁系が情動を生み出すという発想は情動を司る具体的な脳回路を適切に説明していないと考えているが、哺乳類の進化プロセスで維持されてきた比較的未発達な回路が情動にかかわっているという見方には賛成だ。[*62]

また、情動の研究にはつねに主観性の問題がついて回っていた。一方、認知科学者は、意識的な知覚経験がどのように生まれるのかを示すことなく、外界からの刺激（たとえば、痛み）に脳がどう対処するかを示すことができた。ほとんどの認知プロセスは潜在意識下で起き、たとえ意識に上ることがあったとしても最終結果だけであることがわかっている。ルドゥーは続けて言う。「常識には反するが、意識されている感情は情動反応を生み出すのに必要とされない。なぜなら情動反応は、認知プロセス同様、無意識の処理メカニズムによるものだからだ」。人間の脳で無意識に機能する多くのシステムは、他の動物の脳でも同じように機能するので、自己の非意識的な領域は、異なる種の間でかなり重複している。[*63]

盛んに研究されている情動の一つが「恐れ」だ。ガラガラヘビのガラガラという音を聞いたり、草の中を滑るように動く姿を見たりしたら、あなたはどうなるだろう。感覚の入力信号が一種の中継基地である視床に入る。それからその信号が大脳皮質の処理領域へ送られ、続いて前頭皮質に転送される。そこでほかの、より高度な心的プロセスと統合され、意識の流れに組み込まれる。この時点で私たちは情報を意識し（ガラガラヘビがいる！）、行動を決定し（ガラガラヘビには毒がある。咬まれたくない。後ずさりしよう）、行動に移る（足がすくみませんように！）。これには多少時間がかかる。一、二秒かかることもあるかもしれない。だが、近道もあるからありがたい。扁桃体を経るルートだ。扁桃体は視床の下にあり、通り過ぎていく情報をすべてモニターしている。扁桃体は過去に危険と結びつけられていたパターンを感知すると脳幹に直接連絡し、脳幹は闘争・逃走反応を作動させ、警報を鳴らす。すると私たちはわけもわからないうちに後ろに飛び退いている。飛び退いてからへビではなかったのがわかったときには、これがなおさらはっきりする。この近道、つまり古くからある闘争・逃走反応は、ほかの哺乳類にも見られる。ほかの情動がどの程度までこのルートで共有されているかは、まだわかっていないが、今やこの分野も研究が盛んになっている。

どうやら私たちはチンパンジーのデート相手と、無意識の情動の少なくとも一部を共有しているだけではなさそうだ。野生動物の観察研究から、無意識の面では私たちは想像しているよりずっと類人猿に似ていることがわかってきている。それでは、野生の世界へ出かけよう。

父系制と攻撃性の起源

従来、科学者は、激しい暴力は人間特有のものと見なしていた。ところが一九七四年の一月七日、タンザニアのゴンベにあるジェーン・グドールの研究センターで上席フィールド・アシスタントを務めるヒラリ・マタマは、ゴンベ国立公園で、チンパンジーの一団が別の群れの縄張りに密かに侵入し、一匹で静かに餌を食べていたオスを殺すのを初めて目撃した。この襲撃グループは、その後三年間にわたって敵対グループの残りのオスを次々に殺していった。メスはどうなったのだろう。若いメスのうちの二匹が襲撃グループに鞍替えした。そのうちの一匹は、目の前で母親をそのグループに殴り殺された。ほかの四匹は姿を消した。さらに衝撃的なのは、その二つの群れがもとは一つの群れだったことだ。別の地域で別の観察者がさらに多くの観察結果を報告している。タンザニアのマハレ山塊国立公園で研究を続ける西田利貞のチーム（グドールのチーム以外では二〇年にわたってチンパンジーを研究している唯一のチーム）は、縄張りの境界を巡回しているチンパンジーがよそ者に乱暴な攻撃を仕掛けるところや、隣接する群れのオスどうしが激しく衝突するところを観察している。

最初にこうした出来事が観察されて以来、二つのチンパンジーの群れが他のチンパンジーによって完全に撲滅された。人間以外の霊長類を観察しているほかの研究者は、オスのゴリラと一部の種のサルが幼い子供を殺すところや、オスのチンパンジーやオランウータンがメスをレイプするところを目撃している。さらに多くの野外観察が報告されるにつれ、子殺しがあらゆる動物のさまざまな種の典型的な行動（鳥、魚、昆虫、齧歯類、霊長類に見られ、種によって殺す側もオス、メス、幼い子供とさまざまだ）ではあるけれど、大人を殺すことはめったにないことがわかってきた。

ハーヴァード大学の生物人類学の教授リチャード・ランガムは、人間の暴力、とくに男性の暴力のもとを、私たちの起源である類人猿に、もっと具体的に言えばチンパンジーと共通の祖先にたどれると信じている。ランガムは著書『男の凶暴性はどこからきたか』で、説得力のある主張を展開している。[*64] 彼は、自分の結論を裏づける最も有力な証拠は、人間とチンパンジーの社会の類似性だという。「父系制でオスどうしの団結の固い群れで生きる動物はほとんどいない。そうした社会ではメスは交尾のために近隣の群れに移動することで、ごく普通に近親交配の危険を減らしている。動物のうち二種だけが、オス主導による激しい縄張り侵犯のシステムを持ってそうした生き方をしていることが知られている。その二種は、近隣の群れを襲い、無防備な敵を見つけ、攻撃して殺すこともある。四〇〇

○の哺乳動物と一〇〇〇万以上のほかの動物の種の中で、こうした行動をするのは、チンパンジーと人間だけだ[8]」

ランガムの報告によると、チンパンジーが父権社会を持つことは観察研究によって確認されているという。オスが支配的で、縄張りを継承し、近隣のチンパンジーを襲って殺し、略奪を働く(餌場を横取りするだけでなく、メスも奪う)が、縄張りを失うと、逆に殺されることになる。しかしメスには有利な点もある。メスは征服者側に従うことにしさえすれば、もとの縄張りに残って餌を得ることが許される。オスは殺されるが、メスは生き延びて今までどおり子孫を残せる。そう、チンパンジーは父系制なのだ。では、人間はどうだろう。

ランガムは、民族誌の記録、今日の未開民族の研究、考古学上の発見を再検討し、フェミニスト団体が何と言おうと、人間社会は父系制であり、これまでもつねにそうだったことを示している(マイクロソフトのワードでこの原稿をタイプしているのだが、おもしろいことに、「patrilineal:父系制の」という単語を打つと、スペルチェックシステムによって綴り誤りのアンダーラインが引かれ、「matrilineal:母系制の」の誤りではないかと表示されてしまうのだ。「matrilineal」のほうは誤りだとしてアンダーラインが引かれることはけっしてない)。これまではこの父系制は文化的産物だとされてきたが、進化的フェミニズムの烙印が押された新しい研究分野では、父系制は生物学的な起源を持つと考えられている。

では殺戮目的の襲撃は？　同種間の攻撃性は他の動物ではめったに見られないため、人間とチンパンジーに共通の起源を持っているのではないかとランガムは主張する。人間の攻撃性は現代社会でもよく知られているが、彼の見るところ、現代の未開文化における暴力のパターンも、チンパンジーの暴力のパターンに類似しているという。その一例がヤノマミ族で、この二万人の集団は、アマゾン川流域の低地にある森林に住み、孤立した文化を持ち、その熾烈な争いで有名だ。彼らは農耕生活を営み、豊富な食料を収穫し、九〇人ばかりから成る村で暮らしている。男性は生まれた村にとどまり、女性は結婚して別の村へ移る。ヤノマミ族はたいてい財産ではなく女性をめぐって戦う。ヤノマミ族の男性の三〇パーセントは争いがもとで命を落とす。しかし、暴力的な襲撃者は見返りを得る。彼らは自らの社会でたたえられ、ほかの男性たちに比べて妻の数は二・五倍、子供の数は三倍だ。「ヤノマミ族の殺戮目的の襲撃は、襲撃者に遺伝的成功をもたらす」

「ヤノマミ族社会がチンパンジー社会と似ているのは、政治的に独立している点と、それをめぐって争うような物資はほとんど、金や貴重品にいたってはまったく持たず、食料の貯蔵もない点だ。このきわめて簡素な世界では、人間の戦争行為ではお馴染みのパターンの一部が影を潜める。全面対決は見られず、軍事同盟や捕獲物目当ての作戦や貯蔵物資の略奪もない。近隣の村に侵入して攻撃の機会をうかがい、敵を殺しすぐに逃げるだけだ[9]」。ゴンベ国立公園では、オスのチンパンジーの三〇パーセントが争いで命を落とす。これはヤノマミ族と同じ死亡率だ。ニューギニアの高地、オーストラリア、カラハリ砂漠のクン族など、ほかの未開民族の争いによる死亡率も似たようなものだ。ランガムの見るところ、狩猟採集社会も詳しく調べてみると、たいして変わらないという。

一握りの社会は長い間なんとか表立った戦争を避けてきた。現代ではスイスが最も良い例だ。しかし、ジョン・マクフィーが『スイスのコンコルド広場』に書いているように、「スイスには、侵略戦争を食い止めるために、鉄砲が火を噴く用意のない場所などほとんどない」のだ。スイスは人口に対する割合では世界最大規模の軍隊を維持し、徴兵制を施行し、主要な橋と道路に地雷を埋め、軍全体と一般市民の一部が一年以上暮らすのに十分な、医療物資、食料、水、用具などを山中に掘った洞窟に備蓄している。そのうえ、アルプス山脈によって周囲から隔てられている。[*65]

というわけで、人間とチンパンジーは父系制で、両者とも殺戮目的の襲撃の歴史を持つ。それに人間では、男性が女性よりも暴力的なことはよく知られている。世界中の暴力犯罪の統計データがそれを物語っている。だから、私たちの類似点を認め、なぜそうなったのか、ランガムの意見に耳を貸そう。煎じ詰めれば経済学の生態系版になる。それは「集団化のコスト」説と呼ばれ、基本的には群れの大きさは持っている資源による、というものだ。得られる食べ物の量が季節次第だったり、不安定だったりする環境では、群れの大きさは食料条件に応じて変化する。食べ物が豊富ならば大きくなり、乏しければ小さくなる。群れが移動をしなければならないか、どのぐらい遠くまで行かなければならないかも、食料条件による。豊富で安定した食料供給源が確保されている種は、その群れも安定することになる(一日中、のらくらと木の葉を食べているゴリラのように)。しかし進化して、木の実、果実、植物の根、動物の肉などのように、つねに手に入るとはかぎらない質の高い、見つけるのが困難なものを食べるようになった種もいる。この点、私たちはチンパンジーと同様だ。

ところが、ボノボは違う。チンパンジーと同じものも食べるが、ゴリラのように木の葉も多量に食べ、木の葉を取り合うゴリラのいないところに棲む。食べ物を見つけるために遠くまで行かなくて済む。なんとも気楽に暮らしている。人間やチンパンジーは、食べ物のタイプのせいで、オスが支配的になった。子連れで、その世話をしなければならないメスは、食べ物探しで後れをとる。オスと子供のいないメスはより遠くにより速く行けるので、最初に食べ物のあるところに到着でき、それからいっしょに時間を過ごせる。彼らはより大きな群れを作れる。群れの規模を変えながら食べ物を求めて移動する種は、その恩恵として柔軟性と、変化する環境に適応する能力を得るが、群れが小さくなると、その時点でもっと大きな群れから襲われやすくなるという泣き所もある。これを、ランガムは「徒党種(パーティー・ギャング)」と呼ぶ。連携の絆で結ばれ(オスがいっしょにうろつく)、集団の大きさがさまざまに変わる種ということだ。

子殺しをやってのける種もいるが、「徒党種」はなぜ同じように仲間を殺すなどということができるのか。その理由はやはり経済にある。殺すほうが安上がりなのだ。費用便益比が良い。子供を殺すときは、自分が傷つく危険性はまずない。だから費用は安くて済む。子供は食料となるし、子供の母親と交尾するチャンスも増える。メスは子供が死ぬと、乳の分泌が止まり、また排卵するようになるからだ。自分たちより弱い近隣の群れに攻撃を仕掛けるときは、やはり傷つく危険性は少ない。では、何の益があるのか。攻撃によって近隣の群れは弱まり、それはつねに将来のためになるし、食料供給源が増し、また交尾のチャンスが得られる。

しかしオスはなぜそんなに攻撃的なのだろう。性淘汰がオスを攻撃的にしたのだろうか。類人猿は犬のような大きな歯を持たないが、みな、こぶしで戦える。木々の間をぶら下がって移動するのに適応したため、肩の関節は回転するし、腕は長いし、手は拳骨を作れるので、敵にパンチを見舞って寄せつけないようにできる。手で武器もつかめる。チンパンジーが石や枝を投げることは知られている。成熟期になると人間も類人猿もオスは、肩の軟骨組織と筋肉が男性ホルモンのテストステロンの増加に反応するのにしたがって、上半身の筋肉組織が発達し、肩幅が広がる。だが、攻撃的になりうる身体能力を持っていても、強い動物がすべて攻撃的になるわけではない。

脳には何が起きているのだろう。動物は情動や衝動を制御できないというのはわかるが、人間は冷静に物事を筋道立てて考えることによって自らの攻撃性を制御できないのだろうか。じつは、問題はそれほど単純ではなかった。南カリフォルニア大学神経学部の学部長アントニオ・ダマシオは、前頭前皮質の腹側内側部の特定部位に損傷を受けた患者たちを調査した[10]。彼らはイニシアチブに欠け、決断力がなく、情動も乏しい。ある患者の知的能力や社会的感受性、道徳観念を詳しく検査すると正常な結果が得られた。彼は仮説に基づく問題に適切な解答を考え、その結果を予想できるのだが、けっして決断を下せなかった。ダマシオは次のように結論した。この患者や同類の患者が決断を下せないのは、選択肢に情動的な重要性を結びつけられないからだ、理性だけでは決断できない、理性は選択肢を列挙するが、選択するのは情動なのだ、と[*66]。これについては後の章でまた取り上げることにする。ここで押さえておきたいのは、私たち人間は自分が情動抜きで決断を下せると考えたがるが、じつは情動はすべての決断で何らかの役目を果たしているという点だ。

もし情動が行動を最終的に決めているとすれば、人間とチンパンジーの攻撃性を引き起こす情動はプライドだとランガムは結論する。全盛期のチンパンジーのオスは、何をするにしても自分の地位に基づくと彼は言う。朝はいつ起きるか、誰と移動するか、誰のグルーミングをするか、誰と食べ物を分け合うかなど、あらゆる決断が地位に従って下される。すべての行為の目的はボスになることだ。だが、その地位に就くのは難しいため、攻撃性が生まれる。人間にしても同じようなものだ。ランガムは、サミュエル・ジョンソンが一八世紀に言った言葉を引用している。「二人の人間をいっしょにすると、半時間もしないうちに、一方がもう一方に対して明確に優位に立つ」。現代も同じだ。男は高価な腕時計や車、家、女を手に入れ、エリート意識の高い団体に所属して、自分の地位をひけらかす。

ランガムは、「高い地位を獲得したオスが、社会的な成功によってより多くの子孫を残すことを、何世代とも知れぬほど長きにわたって繰り返すうちに」プライドが「発達した」という説を提唱する。[11] プライドは性淘汰の遺産というわけだ。マット・リドレーは、著書『赤の女王――性とヒトの進化』の女性の性質に関する章で、次のように結論している。「人間は狩猟採集民だったときから遺伝子は変化しておらず、現代の男性の心の奥深くには、男性狩猟採集民の単純な法則が残っている。一生懸命に力を獲得し、その力を使って女性を惹きつけ、跡継ぎを産ませる、一生懸命に富を獲得し、その富を使って他人の妻を買い、庶子を産ませる、というものだ。それは、貴重な魚や蜂蜜と引き換えに、隣人の魅力的な妻と束の間の関係を持つ男に始まり、モデルを自分のメルセデスに誘い込むポピュラー歌手へと続いている」[*67]

このように、男たちもチンパンジーたちも、物理的に攻撃性を発揮するように体ができているし、高い地位の獲得を目指すように情動が準備されている。これは単独行動するオランウータンについても同じだが、人間とチンパンジーには社会性がある。プライドは社会的な攻撃性の原因にもなる。チーム、宗教、男性あるいは女性、企業、国など、どんな集団も熱心な信奉者を持ちうる。だが、それはなぜだろう。合理的な熟考の結果だろうか、あるいは昔の類人猿の脳から引き継いだ生得反応なのだろうか。

社会心理学者は、集団への忠誠心や集団どうしの敵愾心が、ごく順当にすんなり出現することを示した。出現のプロセスは「自分たち」と「彼ら」という、集団間の線引きから始まる。それは、「内集団・外集団バイアス」と呼ばれ、普遍的で根絶不可能だ。フランス語を話すカナダ人対英語を話すカナダ人、警察対FBI、アメリカン・フットボールのブロンコス・ファン対それ以外の人、ストーンズ・ファン対ビートルズ・ファン……。これは集団間の抗争の長い歴史を持つ種では当然予測できることだ。ダーウィンはこう書いている。「愛国、忠誠、服従、勇気、同情などの精神を非常に豊富に持ち合わせているので、いつでも互いに助け合い、共通の利益のために自分自身を犠牲にする用意のある構成員が多くいる部族は、他のほとんどの部族に勝利するだろう。それが自然淘汰なのだ[12]」。彼はこれを、連帯のための自然淘汰から道徳性が生まれうることを示すために書いた。ランガムもまた、集団内の忠誠に基づく道徳性が進化の歴史の中で有効に働いたと主張している。集団は、そうした道徳性があったほうが効果的に攻撃性を高められたからだ。

結論

家系図を眺めると、楽しいことばかりとはかぎらないが、一見不可解な行動の謎がいくつも解ける場合がある。多くのカップルが、未来のパートナーの家系を無視したことを後悔する羽目になる。私たちのデート相手のチンパンジーには、人間と共通の祖先がいる。両者の系統は多くの点で隔たってしまったが、それでも、リチャード・ランガムが指摘したように、今でも共有する特徴は多い。この章では、私たちの体の構造が大きく変わり、それに端を発する変化によって人間独特の性質が数多く生まれたことを見てきた。二足歩行によって手が自由に使えるようになり、呼吸法も変わった。内側に曲がり、他の指と向かい合わせにできる親指を持ったため、ほかのどの種よりも繊細な運動協調性が発達した。ユニークな喉頭のおかげで、話すときに使う無数の音を出せるようになった。ミラーニューロン系は、他の種に見られるよりはるかに広範囲に及んでいるし、言語だけではなくじつに多くの領域にかかわっていることはいずれ見ていく。私たちの脳内ではほかにも変化が起きている。そのおかげで私たちは、他者が思考や信念や願望を持っていることをチンパンジーよりもずっとよく理解できる。こうした違いに基づき、次の章に進んで何がわかるか見てみることにしよう。カンジと過ごす一日はとてもおもしろいとは思うが、長い目で見たらもっと教養があったほうがいい。デート相手はやはりホモ・サピエンスにしよう。

第Ⅱ部 ともに生き抜くために

3　脳と社会と嘘

他人と脳を磨き合うのは良いことだ。
――ミシェル・ド・モンテーニュ

社会行動の生物学的起源

想像してみよう。休暇中、旅先であなたの娘が激しい腹痛を訴える。我慢強い娘がここまで痛がるのだから、そうとう悪いに違いない。妻と娘を連れて病院の救急外来に行くと、当直の一面識もない外科医がほんのちょっと診察しただけで、今すぐ虫垂切除の手術が必要だと言う。あなたは高校時代の友人がこの町で医者をしているのを思い出す。電話をかけると奇跡的に連絡がつき、お嬢さんを診たのはしっかりした医者だから大丈夫だと保証してくれる。話は決まり、その外科医はあなたの新たな仲間となる。古くからの協力関係が回復し、新しい協力関係が形成され、手術は成功する――ちなみにその後、このできての束の間の関係は途切れる。これが社会的な心の働きだ。

想像してみよう。あなたは一人では行かないような、かなり危険な場所のガイドつき旅行への参加を申し込んだ。初日の朝、ほかの参加者たちとガイドに会う。見知らぬ顔を見渡しながら、いったい俺は何を考えていたんだと呆れる。しかし二日後あなたは、ほんの四八時間前に知り合ったばかりの人を信頼して、狭くて曲がりくねった道をよじ登っている。その後、赤の他人に等しい人とお昼を食べながら興味深い会話を交わし、その夜は小さなグループに夕食に誘われる。週の終わりには、あなたが参加したツアーのメンバーはいくつかのグループに分かれ、その中にさらにいくつかのグループができている。グループ構成はめまぐるしく入れ替わる。絆が結ばれたりほどけたりするにあたって社会的な心がフル回転し、とりわけ、人間どうしの駆け引きという現象がはっきり見える。

社会集団や協力関係の形成や再編は、私たちが日頃からやっていることだ。これが全体像なのだが、私も含めて多くの実験科学者は、全体像の中の細部に焦点を当ててきた。私たちは、おそらく生得の基本的な認知技能であろうものを理解しようと骨を折ってきた。分類したり、大量のものを取り扱ったり、ばらばらの感覚入力を包括的に知覚される感覚にまとめたりするのを可能にしている技能だ。だが私たちは、人間の脳がいちばん得意とすること、脳が作られた本来の目的と思われることには焦点を当ててこなかった。すなわち、社会的に考えるということだ。

万事は社会的プロセスに尽きる。私たちは人間や動物や物事を分類する術には長けているが、三角や四角や赤や青という観点では考えない。私は犬を連れて通りを歩いている人を見て、「うん、頭は円で胴体は三角、おや、これはどうだ、四本の長方形の手足、いや、円筒形と言うべきだろうな、それに、ほら、一〇本の円筒形の指がついている……さて、次は犬だ」などと考えたりはしない。実際のところ、私たちは周囲に大勢の人がいる中で進化し、協力の価値や非協力のリスクなどを査定できるように、大きな集団の中で社会的行動をモニターするまでに脳の容量を発達させた。私たちは群れるのが好きな生き物であり、孤独な世捨て人でも、たんなる知覚力のあるデータ評価者でもないというこの事実に目覚めるとき、突然、新しい疑問が湧き起こる。もし私たちがそれほど社会的なら、その社会性はどのように生じたのか。どこから来たのか。祖先も社会的だったのだろうか。どうして自然淘汰が集団協力につながりうるのか。自然淘汰は個人の認知的形質だけを選択するように働くのか。それとも、集団行動にも同じように働くのだろうか。

この核心となる疑問はチャールズ・ダーウィンの心を捉えた。彼は適者生存という考えを打ち出す一方で、一見したところ矛盾する事実に十分気づいていた。多くの生き物が集団の生存のためには自らの適応度を犠牲にするのだ。ハチや鳥の世界ではこのようなことがしょっちゅう起きている。そのため、この現象から、自然淘汰は集団全体に働いているに違いないという見解が生まれた。たしかに、そのようなメカニズムは人間の社会的・倫理的行動が出現するための土台として役立ったかもしれない。

そこへ優れた進化生物学者ジョージ・ウィリアムズが登場して、集団淘汰説を葬り去った（しばらくの間だけだが）。あるインタビューでウィリアムズは、「自然淘汰は個体レベルで最も効果的に働く。そして、そこから生じる適応は、集団の利益のためというよりも、同じ集団に属す他の個体との競争において各個体のためになるものと言える」[*1]という考えを述べた。自然淘汰は、突如出現しては消え去る社会的プロセスや社会的規範に働くメカニズムではない。個体の淘汰も、種の絶滅を防止するように生物が適応するわけではないことを意味している。生物は我が身の滅亡だけをうまく免れようとするというのだ。ウィリアムズによる「適応主義」のパラダイムは、過去四〇年間にわたって進化生物学の考え方を支配してきた。

オックスフォード大学で「科学啓蒙のためのチャールズ・シモニー教授職」にある進化生物学者リチャード・ドーキンスは、ウィリアムズの分析を拠り所とし、それをさらに進め、利己的遺伝子という考えの先駆者となった。自然淘汰は遺伝子にのみ働くという考えを読むと、利他主義や、集団を立てるほかの考え方のいっさいは副次的なものだと言いたくなるかもしれない。この種の考えを嫌う者が多かったのは想像に難くない。その中には、著名な古生物学者で進化生物学者のスティーヴン・J・グールドもいた。グールドは、自然淘汰は遺伝子にのみ働くという、この考え方の核心を成す信念を「ダーウィン原理主義」と呼んだ。

ドーキンスは、ウィリアム・ハミルトンが一九六〇年代初期にロンドン・スクール・オヴ・エコノミクスとユニヴァーシティ・カレッジ・ロンドンで挙げた業績も拠り所にした。ハミルトンは利他主義の進化論的観点を確立していた。ハミルトンは血縁淘汰について研究し、人間が利他主義を選ぶのには共有する遺伝子のモデルを使った論理的根拠があることを、簡単な数式（$C<R\times B$ただし、Cは行為者にかかるコスト、Rは行為者と受益者の間の近親度、Bは受益者が受ける利益）によって示すことができた。[*2] これは、利己的な競争行為には限定的な抑制が働くことと、限定的な自己犠牲の可能性があることを意味した。血縁関係が十分に近い相手を助けることは、遺伝的に有意義となる。彼はさらに続けて、そのような行為が社会的進化の一般的な生物学的原理を支えていると述べた。ようするにハミルトンは、ダーウィンと利己的遺伝子論者たちの両方に、利他主義の問題を理解するための統一的な方法を与えたのだった。彼は、適応度が行為者以外の個体にどう働くかを解明した。これは「ハミルトンの原理」として知られるようになった。すばらしい説だ。

とはいえ、進化の担い手としての集団淘汰の役割を誰もが喜んで否定しているわけではない。ドーキンスやウィリアムズなど集団淘汰説に批判的な者たちは、自然淘汰は原理上、集団に働きうることを認めながらも、個体レベルでの淘汰圧は集団レベルでの淘汰圧よりつねに強いという立場をとっている。むろん、すべての進化生物学者がこれに賛成というわけではない。デイヴィッド・スローン・ウィルソンとエドワード・O・ウィルソンは、集団淘汰説の盛衰史を振り返り、この説を支持し、それが進化の力として理論的に妥当であることを裏づける新たな実証的証拠が、ここ四〇年の研究で示されたと結論している。「問題は、社会集団が適応上の単位として機能するためには、その集団を構成する個体がお互いのために行動しなければならない点だ。ところが、集団に有利なこの種の行動は、社会集団内の相対的適応度を最大にすることはめったにない。ダーウィンが提示した解決策は、自然淘汰は生物学的階層の複数のレベルで起きるというものだった。利己的個体は集団内で利他的な個体を打ち負かすかもしれないが、内部が利他的な集団が利己的な集団を打ち負かす。これが多階層淘汰理論として知られるようになったものの基本的論理だ[*3]」。デイヴィッド・スローン・ウィルソンは、集団淘汰は重要な進化の力であるだけでなく、ときには支配的な進化の力にもなりうると言っている。オンラインマガジン「eSkeptic」に寄せた手紙に、彼は次のように書いている。「進化は小さな突然変異による変化で起きるだけではなく、社会集団や、多種の生物から成る群集の統合が進んで、それ自体がより高次の有機体になることによっても起きているのがわかった[(1)]」

これはそうとう異論のある見解だが、進化生物学者たちに好きにやり合わせておけばいい。私たちは、人間の社会行動には生物学的起源があるという事実を押さえておくだけで十分だ。

人間の社会的な心を生み出す働きをしている深遠な生物学的力については、私たちがいかにして現在に至ったかを考察するうちに明らかになるだろう。それよりもっと興味をかき立てられるのは、現在私たちをこれほど激しく悩ませている社会的関係はすべて、もともとは捕食者に食べられるのを避けるために選択された行動の副産物にすぎないという可能性だ。自然淘汰は私たちに、生き延びるために集団生活をするよう命じた。いったん集団生活を始めたら、私たちは、周囲の物（そのほとんどは仲間の人間に関係している）にたえず忙しく対処する解釈能力を駆使して、「意味がある」うえに「うまく操れる」社会的関係を構築する。そのような人間の社会的関係が私たちの心的生活の中心、いや、多くの場合、私たちの生命の存在理由（レゾンデートル）にさえなっているが、すべては私たちが社会集団に身を置く真の理由ほど重要ではないプロセスによって生み出されたものだ。私たちは今、四六時中他人のことばかり考えている。それは、私たちがそのように作られているからだ。他人が一人もいなければ、そして他者との協力関係や連合体がなければ、私たちは死ぬ。後で見るとおり、初期の人間にとって、それは真実だった。現代の私たちにとっても、やはり真実だ。

もしこの地上にあなた一人しかいないとしたら、何を考えるだろう。次の食べ物のことだろうか。しかし、誰が食べ物を手に入れる手助けをしてくれるだろうかとか、その食べ物を誰と分け合おうかとか考えることはないはずだ。どうやったら自分が食べ物にされてしまうのを避けられるかと考えるかもしれないが、捕食者を見張る手伝いをしてくれる者は誰もいない。

私たちは根っから社会的だ。その事実は動かしがたい。私たちの大きな脳は何よりも社会的な問題に対処するためにあるのであり、見たり、感じたり、熱力学の第二法則について熟考したりするためにあるわけではない。私たちは誰でも、これらの個人的で、より心理的な行為をすることができる。自分たちの人格について豊かな理論を発展させることができるが、そうするのは社会的な世界で機能しているからこそであり、すべてはそこに起因する。生き延びて繁栄するためには、私たちは社会的にならざるをえなかったというのが真相だ。そこで、私たちがいかにして現在に至ったかを理解するには、進化生物学の再検討が必要になる。そして、利他主義のような諸現象を含む私たちの現在の社会的能力の生物学的基盤を理解するためには、進化の仕組みをおさらいしておく必要がある。

二度と行かないレストランでなぜチップを置くのか？

チャールズ・ダーウィンとアルフレッド・ウォレス[2]は二人とも、種は潜在的に高い繁殖力を持っており、個体数は急激に増加するはずだが、現実にはそうならないと述べている。たまに起きる変動を別にすると、個体数は安定を保つ。つまるところ、天然資源には限りがあり、安定した環境の中では不変だ[3]。したがって、資源によって維持できる以上の個体が生まれ、結果として資源の争奪戦が起きる。ダーウィンとウォレスは、それぞれの種の内部では集団内の個体は一様ではないとも述べている。二つの個体がまったく同じということはなく、変わりうる形質の多くが受け継がれる。二人は、生存の可能性はランダムではなく、遺伝で伝えられる特徴によってさまざまだという結論を下した。自然淘汰の法則によれば、どんな特徴であれ、競争的な環境の中で選択されるには、個体に生存上の利点を提供しなければならない。その利点は、生き延びる子孫の多さというかたちで現れる必要がある。その特徴のおかげで、個体は食べ物を見つけやすくなるかもしれない（そうすれば頑健になり、より長い期間にわたって、より多くの子孫を残せる）。配偶者獲得のときに優位に立てるかもしれない（そうすれば、より多くの子孫を残せる）。あるいは、捕食動物の撃退が上手になるかもしれない（そうすれば、より長く生き、より多くの子孫を残せる）。これらの特徴は個体の遺伝子の中でコードされ、次の世代に引き継がれる。こうして、繁殖率を上げるような行動をコードする遺伝子は、集団の中で優勢になっていく。

競争圧力は気候や地勢や、同種や異種の他の動物に影響を受ける。気候や、火山の爆発のように気候にも影響を及ぼす地勢の変化は、食物資源が豊富になったり乏しくなったりするような変化を引き起こす可能性もある。種の内部では、食物資源や生殖の相手をめぐって社会的競争が起きる。食物争奪戦に対処するために、種によって違うかたちの進化が起きてきた。分け合う種もあり、そうしない種もある。

自説についてダーウィンが頭を悩ませた問題の一つが、利他的行動だった。個体が物や機会などを分け合おうとするのは理屈に合わない。何であれ、自分の繁殖の成功を犠牲にしてまで他の個体に与え、その繁殖を助けるのはおかしいではないか。ところが、これは集団生活をする種に頻繁に起きている。すでに述べたように、ウィリアム・ハミルトンは一九六四年、この行動を説明する血縁淘汰という説を考え出した。もし、利益を受ける個体が利益を与える個体と遺伝的につながっていたら、利他的行動は進化しうる。親は子供たちのために自分を犠牲にする。子供はDNAの五〇パーセントを自分と共有しているし、兄弟もそうだ。孫や姪や甥たちは、二五パーセントを共有している。近親者が生き残って繁殖するのを助ければ、やはり自分の遺伝子を次世代に渡すことになる。遺伝子を渡せさえすれば、どんなやり方でもかまわない。

とはいえ、血縁淘汰によってすべての利他行動が説明できるわけではない。なぜ、友人の役に立とうとする者がいるのだろうか。この疑問に対する答えを初めて見つけ出したのは、ラトガーズ大学の人類学教授ロバート・トリヴァーズだった。もし、ある個体が血縁関係のない個体に恩恵を施し、いずれお返しがあると確信しているなら、それは生存に有利に働きうる。[*4] もちろんこれには、いくつかの前提が必要だ。一つは、一方の個体が、もう一方の個体が誰かをはっきり認識し、かつ恩恵を施された事実を記憶する能力を持っていること。また、お返しの機会があると見込めるほど両者が密接に接触して生活していること。さらに、彼らは恩恵のコストを値踏みし、同等の価値のお返しを受け取れるようでなければならない。これは「互恵的利他主義」と呼ばれ、動物の世界にはほとんど存在しない。(4)

厄介なのは、ある個体が恩恵を施してから相手の個体がそれにお返しをするまでに、時間の開きがあることだ。時間の開きがあるとごまかしをする余地が出る。もし相手の個体が信用できないなら、その個体と協力しても利益にはならないし、協力体制の可能性も揺らぐ。互恵的利他主義を実践している種は、ごまかしをする者を突き止めるメカニズムも持っている。*5 そうでなければ互恵的利他の行為が存続することはなかっただろう。結果的に、厳格なダーウィン主義も互恵的利他主義のような現象を説明するのに役立つ。エンロン社の破綻騒動のときは、「金を追え」が合い言葉だった。生物学では、遺伝子を追え、だ。

だが、さらなる疑問が一つ残る。二度と行かないレストランでなぜチップを置くのかという、昔ながらの疑問だ。この疑問は後で検討するとしよう。それは集団淘汰によって説明しなければならないかもしれない。

親の投資をめぐって

繁殖競争での成功率を高める適応がある。典型的な例がクジャクの尾羽だ。常識的に考えれば、巨大な尾羽を引きずって歩くのは面倒以外の何物でもない。どうしてそれが適応になるというのだ。とはいうものの、大きな尾羽を持ちながら生き残れる鳥はみな、配偶者として魅力的に違いない。強くて健康で狡猾。あの大きな尾羽は広告業界仕込みの効果的な宣伝となり、より多くのメスを惹き寄せることで十分採算がとれる。大きな尾羽を持つクジャクはより多くの子孫を残す。

クジャクの尾羽は「性淘汰」にとっては有利に働く。性淘汰とは、配偶者選択と繁殖に伴う社会的ダイナミクスを表す用語だ。この尾羽のようなものを「適応度指標」という。個体にとって適応度指標のコストが高いほど、信頼度も高い。大きな尾羽を引きずり歩き、それを維持するために、クジャクは多大なエネルギーを費やす。偽造はできない。だから信頼できる適応度指標になる。シボレーなら資金ゼロで信用がなくても、低額の月賦払いで買えるだろう。シボレーの新車を持った男性は、適応度指標を偽造した可能性がある。しかし、ランボルギーニならそうはいかない。高価なうえに高度なメンテナンスが必要な車なので、十分な信用がなくては買えないから、持ち主の資産の信頼できる指標になる。つまりランボルギーニは立派な適応度指標だが、シボレーは違う。

トリヴァーズのおかげで、性淘汰の根底にある行動は、すべて親の投資をめぐって展開することもわかった。「親の投資」とは「ある子の生存機会を増加させるために、親がほかの子に投資する能力を犠牲にして与える、あらゆる投資」のことだ。[*6] どの種でも、潜在的繁殖率が高いほうの性は、できるだけ多くの機会に交尾することに余念がなく（できるだけ多くの遺伝子を次世代に伝えるため）、潜在的繁殖率が低いほうの性は自分の数少ない子孫が確実に生存できるよう、親として世話することに強い関心を示す。[*7] 哺乳類の九五パーセントで、交尾と子育てに注ぐ努力に関して雌雄に大きな違いがある。[*8] メスは、妊娠や幼い子供の世話（授乳）のせいで繁殖活動ができる時間が限られる。[*9] オスについては、周知のとおりだ。彼らはいつでも即座に繁殖行為ができる。

親として高い投資を行ない、潜在的繁殖能力が低いほうの性（普通はメス）は、配偶者選択にうるさい傾向がある。[*10] 判断を誤れば損失が大きい（適応度の低い子供が生まれ、その子供は子孫を残せないかもしれない）。メスによる配偶者の選択は、オスの体（クジャクの尾羽）、行動、社会的進化に影響を与えてきた。それが配偶者を得るためのオスどうしの競争とメスどうしの競争の両方を激化させている。性淘汰は「止めどもない（ランナウェイ）性淘汰」につながりうる。これは、選択された遺伝子も選択を行ない、正のフィードバック・ループが始まるという意味だ。これがどういうものか、簡単な例を挙げてみよう。

耳の短いウサギの群れがいるとしよう。ほかのさまざまな特徴と同じで、耳の長さは変わりうるし、遺伝する。オスのウサギはほとんど「親の投資」をしない。いつでも機会さえあれば、相手を選ばず交尾する。さて、ウサギたちはみな耳が短いが、レックスの耳はほかのウサギたちより少し長い。何かの理由で、二匹のメスウサギが長い耳が好きになるように進化した。そこで二匹はレックスを配偶者に選んだ。生まれた子供たちは長い耳を持ち、しかも長い耳を好む。違う形質（長い耳と、長い耳を好む性質）の遺伝子が同じ個体に行き着いたとき、それらの形質は遺伝的に相関関係を持つようになる。正のフィードバック・ループの成立だ。長い耳を好むメスが増えれば増えるほど、オスにもメスにも、長い耳が好きであると同時に耳の長いウサギが増えていく。こうしてランナウェイ淘汰が起きる。

食べ物と社会集団が脳を大きくした

私たちが社会性を持つ方向に移行していく第三の要因は、あくなき成長を続ける私たちの大きな脳を養う必要に由来するようだ。狩りをし、群居し、隠れ、食料を集めることは、すべて私たちの社会的本能につながり、最終的には私たちの優位を招く。現在、ミズーリ大学の心理学教授を務めるデイヴィッド・ギアリーは、ある手法を使って脳の大きさを比較した。彼はさまざまなヒト科の動物の「大脳化指数（EQ）」[5]と呼ばれるものを概算し、それを現代人のEQに対するパーセンテージで表したのだ。[6]彼は、ヒト科の動物が進化する間に、相対的脳サイズの増加が絶え間なく続いたことを明らかにした。[*11]この増加は何が原因だったのだろうか。

従来の説では、生態上の諸問題と問題解決が脳の変化をもたらしたことになっている。

古人類学者でカリフォルニア大学ロサンゼルス校の精神医学の名誉教授ハリー・ジェリソンは、過去六五〇〇万年にわたって、捕食者と餌食の脳の大きさが抜きつ抜かれつしながら増加してきたと述べた。[*12] 人間は狩り（捕食）に道具を使うので、道具を作って使うことで脳が大きくなったと考えられていた。しかし、この説は事実に合わなかった。コロラド大学の人類学者トマス・ウィンはこう言っている。「人間の脳、すなわち知性の座と思われる器官の進化の大部分は、高度な技術の存在を示す証拠が現れる以前にすでに起きていた。したがって、技術そのものが、この人間の能力の目覚ましい進化において中心的な役割を果たしたわけではなさそうだ」[*13]。これは、脳を大きくした初期の原動力は生態環境ではなかったということではない。ただ、道具の使用がそうではなかったのだ。

大きな脳はコストがかかり、小さな脳より多くのエネルギー（食物）を必要とする。また、初期のヒト科の動物は実際に狩りや食料探しの手際が良くなり、おかげでより広い生態環境を占有できたという証拠がある。[(7)] 人類学者のジョン・トゥービーとアーヴァン・ドゥヴォーは、狩りは人間の進化にとってきわめて重要だったと主張している。スティーヴン・ピンカーが述べているとおり、「カギとなるのは、心は狩りのために何ができるかではなく、狩りは心のために何ができるかと問うことだ」[*14]。狩りにできることは肉の供給だ。肉は申し分のないタンパク質源で、食い意地の張った脳にとってすばらしいエネルギー源になる。ピンカーの指摘によれば、哺乳類の世界では肉食動物のほうが相対的脳サイズが大きい。

すでにお馴染みのチンパンジー研究者リチャード・ランガムは、肉を食べるだけでは十分ではなく、効果的に食べなければならなかったと考えている。チンパンジーの食べ物にはサルの肉が約三〇パーセント含まれているが、これはたいへん硬く、長時間噛んでいなければならないので、摂取カロリーの面で肉の持つ利点は、それを食べるのにかかる時間によって相殺されてしまう。同じ時間をかけて植物を食べても、同じだけのカロリーが得られただろう。ランガムは長い時間を費やしてチンパンジーの行動を観察しただけでなく、その食べ物の試食もしたが、あまり感心しなかった。硬くて筋張っていて、とても噛めたものではなかった。彼には、チンパンジーの食べ物（生の果物、葉、イモ、サルの肉）を食べている類人猿が、代謝的に高コストの大きな脳に十分供給できるだけのカロリーをどうやって蓄積できるのか、理解できなかった。チンパンジーは起きている時間のほぼ半分を、噛むことに費やす。ときどき短い休憩を挟み、その間に胃袋は空になるが、広範囲の狩りに出かけるだけの時間はない。どう見ても、一日のうちに十分なカロリーを摂取できるだけの時間はなかった。

別の謎もあった。チンパンジーは、初期のアウストラロピテクスやホモ・ハビリスと同様、大きな歯と頑丈な顎を持っている。しかし、ホモ・エレクトスは違う。ホモ・エレクトスの顎や歯はもっと小さかったが、脳は先輩格のホモ・ハビリスの二倍の大きさがあった。あんな貧弱な歯や顎で何を食べ、脳を増大させ続けるためのカロリーを得ていたのだろう。しかも、ホモ・エレクトスは胸郭と腹部も小さかった。これは、彼らの消化管がホモ・ハビリスのものほど大きくなかったことを意味している。事実、現代人の消化管は同じ大きさの大型類人猿なら持っていたと推測される長さより六〇パーセントも短い。

あるときランガムは火を見つめていて、すばらしい考えを思いついた。あの初期の人間たちは、バーベキューを食べていたのだ![15] 調理した食べ物には生の食べ物より優れた点がいくつかある。[16] 現にカロリーが高いし、軟らかい。だから噛むのに多くの時間とエネルギーを費やす必要がない。高カロリーで、手間も暇もかからない(現代のファーストフードのコンセプトと似ていなくもない)。実際のところ、食べ物が軟らかくなればなるほど、成長のために使えるカロリーは増える。それは食べたり消化したりするのに使うエネルギーが減るからだ。[17,18] これまでに見つかっている火の使用の最古の証拠は五〇万年前のものなので、この説に反対する人類学者もいるが、火の登場はもっとずっと昔、一六〇万年前、ちょうどホモ・エレクトスが姿を現した頃までさかのぼれるのではないかという手がかりが浮上してきている。ランガムは、ホモ・サピエンスは加熱調理した食べ物を食べるように生物学的に適応していると述べている。[15] 彼は、食物を加熱調理することでカロリーが増え、摂取時間が減り、脳の増大が進んだ、そしてそのおかげで狩りや社会化のためにもっと時間がとれるようになったと考えている。

しかし、脳が増大するかどうかは脳内の脂肪酸次第だと考える者もいる。長鎖不飽和脂肪酸のドコサヘキサエン酸（DHA）は、過去一〇〇万〜二〇〇万年間に、ヒト科の動物の大脳皮質が拡張するのに必要とされた。北ロンドン大学脳栄養化学研究所のマイケル・クローフォードらは、食物中の前駆物質（アルファ−リノレン酸、略してLNA）からのDHAの生合成は比較的効率が悪いので、人間の脳の増大にはすでに形成されたDHAの供給源が大量に必要だったと考えている。[19] 最も豊富なDHAの供給源は海洋食物連鎖だが、サバンナの環境ではきわめて乏しい。熱帯の淡水魚介類は、ほかに知られているどの食物源と比べても、長鎖不飽和脂肪酸を含む脂質の比率が人間の脳に近い。クローフォードは、ホモ・サピエンスはサバンナでは進化しえず、水辺に棲み、岸沿いで食物採集をしたと結論する。[20] こうして摂取された栄養は脳と知性を増大させることに貢献し、おかげで私たちの祖先は、より効率よく食物採集や漁ができたというわけだ。[21]

しかし、エモリー大学の人類学者ブライス・カールソンとジョン・キングストンは納得していない。彼らは生化学がそんなことを意味しているとは考えない。クローフォードの見解の重要な前提、すなわち、大脳化した脳の成長と成熟にはLNAからのDHAの生合成は効率が悪いばかりか十分でないという前提には、しっかりした裏づけがないと指摘している。実際の証拠はその逆で、数多くの陸上生態系内にある、より広範な供給源から得られるLNAを摂取すれば、現代人も、おそらく私たちの祖先も通常のかたちで脳を発達させ、維持するに十分足りることを示しているという[*22]。

疎林地帯、サバンナ、草原地帯などの、より開けた土地に出ていくことにより、初期のヒト科の動物たちは、狩りの獲物にできる動物が増えただけでなく、自らが捕食動物に狙われることも多くなった。大きな脳を発達させる一大要因は、彼らが寄り集まって社会集団を作ったことであり、そのおかげで狩りや採集の効率が上がり、他の捕食動物たちからも身を守れるようになったという説が優勢になってきている[*23]。

捕食動物を出し抜くには、二つの方法がある。一つは相手より大きくなることであり、もう一つは大きな集団に入ることだ（ゲイリー・ラーセンの風刺漫画『あちら側（*The Far Side*）』には、第三の方法が示されている。自分より足の遅い仲間さえいればいい）。集団内の個体数が増えれば増えるほど、見張りの目も多くなる。捕食動物たちには、そのスピードや獲物の殺し方によってそれぞれ攻撃の及ぶ範囲が決まっている。捕食動物を見つけて、その範囲外にいれば安全だ。また、危ないときに助けに来てくれる仲間がいれば、捕食動物も攻撃しにくくなる。群れを成す動物たちが相互協力システムを持っているという話は聞かないが、社会性のある霊長類は持っている。団結した個体は生存率が高かった。というわけで、話は社会集団に行き着く。

このように、三つの絡み合った要因が引き金になって私たちを社会的な心に向かわせた。

自然淘汰、性淘汰、成長を続ける脳を養うためにもっと多くの食べ物を必要とした結果の三つだ。いったん社会的能力が人間の脳構造の一部になると、ほかの力も解き放たれ、次々に脳の増大に貢献していった。

社会脳仮説

アメリカで教育を受け、現在はイギリスのウィンチェスター大学にいる行動生物学者アリソン・ジョリーは一九六六年、キツネザルの社会行動に関する論文を次のように結んだ。「霊長類の社会生活は霊長類の知能が進化する背景を供給した」[*24]。一九七六年、ニコラス・ハンフリーも(ジョリーの論文は知らなかったが)同じように、「私は、霊長類の高度な知的能力は社会生活の複雑性に対する適応として進化してきたと主張する」という結論に至っている。[*25]彼の意見では、他者の行動を予見し、巧みに操る能力が、生存上の利点となり、心的複雑さの増加につながったという。こうした主張やその他二、三の論文に基づいて、「マキャヴェリ的知能説」という仮説が産声を上げた。

この仮説を最初に提唱したのは、スコットランドのセント・アンドルーズ大学のリチャード・バーンとアンドリュー・ホワイトゥンで、彼らは霊長類と非霊長類の違いは社会的技能の複雑さだと述べた。複雑に結びついた社会集団で暮らすことは自然界に対応するより骨の折れることであり、この社会生活で必要とされる認知能力のせいで脳の大きさと機能の増加が選択されたというわけだ。[*26]「ほとんどサルと類人猿は長続きする集団で暮らすので、同種の仲間が資源の入手をめぐるおもな競争相手になる。この状況は、競争のコストを、他者を巧みに扱う戦術を使って埋め合わせられる個体に有利に働く。そして、巧みに扱えるかどうかは、幅広い社会的知識の有無にかかっている。競争で優位に立てるかどうかは集団内の他者の能力次第なので、〝軍拡競争〟が起きて社会的技能が高まるが、脳組織の代謝のコストが高くなることによってやがて平衡に至る」[*23]。かわいそうなマキャヴェリ。彼は最高の社会学者だったかもしれないが、その名は軽蔑的な意味合いを帯びたため、「マキャヴェリ的知能説」という名称まで抹消されてしまった。この仮説は現在「社会脳仮説」と呼ばれている。

増大する脳の大きさについて、社会脳仮説に関連した別の仮説を唱えたのが、ミシガン大学の動物学教授リチャード・アレグザンダーだ。彼は集団内よりむしろ集団間の競争に焦点を合わせ、ヒト科の動物にとっては、同じヒト科のほかの集団が主要な捕食者になったのではないかと主張した。そうなった結果、戦略の考案や武器の発明という軍拡競争が起きた。「人間は何か特異なかたちで生態学的に群を抜き、事実上、自らに対する自然界の最大の敵対勢力になった。人間の精神と社会的行動における進化上の変化に関しては、それが顕著だった」[*27]

社会集団の大きさと脳の大きさ

大きな脳には何らかのタイプの社会的構成要素があるという説に対して、とりわけ明確に支持を打ち出したのは、リヴァプール大学のじつに聡明な人類学者ロビン・ダンバーだった。どのタイプの霊長類も、同じ種のほかのものたちと同じぐらいの大きさの社会集団を持つ傾向がある。ダンバーは、霊長類と類人猿で脳の大きさと社会集団の大きさの相関関係を証明し、二つの異なる、しかし並列する尺度を発見した。一方は類人猿の、もう一方は霊長類の尺度だ。どちらを見ても、大脳新皮質が大きければ大きいほど、社会集団も大きくなっている。しかし、類人猿はほかの霊長類と比べると、同じ集団の大きさに対してより大きな大脳新皮質を必要とした。[*28] 類人猿の脳のほうが、社会的関係を維持するために懸命に働かなければならないらしい。

しかし、なぜ社会集団の大きさには限度があるのだろう。私たちの認知能力と何か関係があるのだろうか。ダンバーは、社会集団の大きさに限界を設けている可能性のある五つの認知能力を挙げている。視覚情報を解釈して他者を認識する能力、顔を記憶する能力、誰と誰が関係しているかを記憶する能力、情動的情報を処理する能力、複数の関係に関する情報を操作する能力だ。彼は、集団の大きさに対する制限の根底にあるのは、この最後の認知技能、すなわち社会問題を処理する能力だと主張する。彼は、視覚野が成長していないのに大脳新皮質は成長を続けてきたので、視覚は問題にならないようだと言う。記憶力も問題ではない。人間は認知が必要と予想される集団のサイズより多くの顔を記憶できる。情動も問題ではないようだ。実際のところ、脳の情動中枢は縮小してきている。ダンバーによれば、社会集団の大きさを限定しているのは、情報と社会的関係を操作し調整する能力だという。人間は限られた量の操作や関係しかこなせないのだ。

社会的技能と社会の複雑さを計測する方法を見つけるのは難しかった。現在のところ、社会行動の五つの異なる側面と霊長類の大脳新皮質の大きさの相関関係が証明されている。最初に確認されたのは社会集団の大きさだった。[*29・30] そのほかは、以下のとおり。

・グルーミングをする小集団の大きさ——一匹の動物が毛づくろいなどのグルーミングを含む密接な関係を同時に維持できる個体の数。[*31]
・オスの配偶者獲得戦略で必要とされる社会的技能の程度——これは個々のオスの地位と力の優位性が低くても、社会的技能によって埋め合わされるらしいということだ。つまり、すてきな女の子を手に入れるのにボスである必要はない。魅力でも手に入れることができる。[*32]
・戦術的ごまかしの頻度——社会集団の中で力を使わず他者を巧みに操る能力。[*23]

・社会的遊びの頻度。[*33]

ダンバーは脳の大きさとの相関関係が証明できる生態学的指標も探した。食べ物に占める果物の割合、行動圏の広さ、一日の行動距離、食物の獲得法。これらと大脳新皮質の間には何の相関関係もなかった。彼は社会集団が拡大する原因として最も可能性が高いのは、捕食者による危害の恐れという生態学的な問題であり、拡大を続ける社会集団の中での生活のプレッシャーや複雑さが脳を増大させたと結論づけた。[*34] では私たちは、ひとえに自分たちが「ごちそう」にされたくなかったから、これほど大きな脳を持つようになったというのだろうか。先ほどの社会行動の五つの様相を見て、そのうちに人間に独特のものがあるかどうかを検証してみよう。

一五〇人という集団サイズ

観察からわかっているチンパンジーの社会集団の大きさは五五匹であるのに対して、ダンバーが人間の大脳新皮質の大きさから割り出した社会集団の大きさは一五〇人だ。どうしてこんなことがありうるのだろう。今、私たちの多くが大都市で暮らし、そうした都市には人口が何百万にも達するものもたくさんあるというのに。しかし、考えてみよう。これらの人のほとんどとは、交流を持つ理由さえない。思い出してほしい。私たちの祖先は狩猟採集生活をしており、定住が始まるのは、約一万年前に農耕が発達してからだ。今日、狩猟採集部族の典型的な規模は、一年に一度伝統行事のために集結する同族の集団の場合、一五〇人だ。これは昔ながらの農村社会の構成員数や、今日、クリスマスカードをやり取りする相手として個人のアドレス帳に書き込まれた人数でもある。[*35]

組織階層なしで統制できる人数も一五〇〜二〇〇人であることがわかっている。軍隊でも、これが個人の忠誠心と一対一の触れ合いで秩序を維持する基本的な人数だ。ダンバーは、それが現代の企業を形式張らずに運営できる人数の上限だと述べている。[*36] それが、一個人が動静を追うことのできる人数の限界であり、社会的関係を持ち、喜んで助けてあげようとする人数の上限だ。

うわさ話は、社会的グルーミング

うわさ話は評判が悪いが、うわさ話の研究者たちは、それが広く行なわれているのを発見しただけでなく、[*37] 有益であり、私たちが社会で生きていく方法を学ぶ道であることにも気づいた。ダンバーは、人間のうわさ話は他の霊長類の社会的グルーミングに相当すると考えている（そして、グルーミングをする集団の規模は相対的脳サイズと相関関係にあることを思い出してほしい）。グルーミングは霊長類が費やす時間の多くを占める。グルーミングに最も多くの時間を使う霊長類はチンパンジーで、最長二〇パーセントの時間、これをやる。[38]ヒト科の動物が進化する間の一時点で、集団が大きくなり始め、個体は集団の中で関係を維持するためにグルーミングしなければならない相手が増えていった。やがてグルーミングの時間は食べ物あさりに必要な時間にまで食い込むようになった。これが言語が発達し始めた時点だと、ダンバーは主張する。[39]もし言語がグルーミングの代用として始まったのなら、食べ物を探したり移動したり食べたりといった、ほかのことをしながら「グルーミングする」、つまりうわさ話に興じることもできただろう。こうして私たちは、口を食べ物でいっぱいにしたまま話すようになったのかもしれない。

　しかし、言語は諸刃の剣にもなりうる。言語の長所は、一度に何人もの相手にグルーミングが可能で（ずっと効率が良い）、より広いネットワークで情報をやり取りできること。短所は、ごまかされるかもしれないこと。身体的グルーミングの場合、個体は上質で個人的な時間を注ぎ込む。そこにごまかしはありえない。言葉の場合は新しい要素が加わる。「嘘つき」だ。今ではないときのことについて話せるので、話が真実かどうかはなかなか確かめられない。また、身体的グルーミングは一つの集団内の全員が、その目で見て確認できるところで行なわれるが、うわさ話はこっそり行なうことができ、その真実性はあまり問題にされない。しかしこの問題で、言葉に助けられることもありうる。ある特定の個人に前にひどい目に遭わされた友人が、警告してくれることもあるかもしれない。社会集団が大きくなり、拡散するにつれて、誰が人をだましたりただ乗りしたりするのか把握しておくのは難しくなる。うわさ話は、一つには、不届き者を抑え込む手段として進化したのかもしれない。[*40・41]

人間は起きている時間の平均八〇パーセントを他者といっしょに過ごしていることが、さまざまな研究によってわかった。私たちは毎日平均して六〜一二時間を、たいていは知り合いと一対一で、会話して過ごしている。[*42] そうと知って驚く人もいないだろう。ロンドン・スクール・オヴ・エコノミクスの社会心理学者ニコラス・エムラーは、会話の内容について研究し、八〇〜九〇パーセントは名前を挙げた周知の人物に関するもの、つまり世間話だということを突き止めた。一般的な話題は、芸術、文学、宗教、政治などに関する個人的な意見が含まれるかもしれないが、全体から見ればほんのわずかにすぎない。これはスーパーでの立ち話だけでなく、大学のキャンパスや会社の昼食会での会話にも当てはまる。昼食をとりながらの大物たちの会議の席上では世の中の諸問題が討議・解決されていると思いきや、実際は、その時間の九〇パーセントを占めているのは、ボブのゴルフの開始時間とか、ビルの新しいポルシェとか、新しい秘書などの話題だ。もし、この統計値が誇張されていると思うなら、これまであなたがさんざん漏れ聞いた迷惑な携帯電話の会話のことを考えてほしい。誰かが隣のテーブルやレジの列で、アリストテレスや量子力学、バルザックについて話しているのを耳にしたことがあるだろうか。

ほかの研究から、会話の中身の三分の二は自分に関する打ち明け話であることがわかっている。そのうち一一パーセントは心の状態（「女房の母親ときたら、もう頭にくるよ」）とか体（「あの脂肪吸引をぜひやりたいわ」）に関するもの。残りは好み（「おかしいのはわかってるけど、ほんとにロサンゼルスが好きなんだ」）や予定（「金曜から運動を始めるつもりよ」）、そして、いちばん多いのが、やったこと（「昨日、あいつをクビにした」）。実際、やったことは他人に関する会話の最大のカテゴリーだ。[42] うわさ話は社会の中で多くの目的に役立っている。うわさ話の相手との関係を発展させ、[43] 特別なグループに属して受け入れられたいという欲求を満たし、[37] 情報を聞き出し、[44] 評判をとり（良いものも悪いものも）、[43] 社会的規範を維持強化し、[45] 他者との比較を通じて各自が自己評価できるようにする。そのおかげで集団内の地位を高められるかもしれないし、たんに気晴らしになるだけかもしれない。[46] うわさ話のおかげで人々は自分の意見を言ったり、助言を求めたり、同意や不同意を表したりできる。

幸福について研究しているヴァージニア大学の心理学者ジョナサン・ハイトは、「うわさ話は警官であり教師である。うわさ話なくしては、無秩序と無知だらけになる」と書いている。[47] うわさ話に興じるのは女性に限らない。もっとも、男性は「情報交換」とか「ネットワーク作り」とか呼びたがるが。男性が女性よりうわさ話に時間を使わないのは、女性が同席している場合だけだ。そのときは約一五～二〇パーセントの時間、より高尚な話題が話し合われる。男性と女性のうわさ話の唯一の違いは、男性は三分の二の時間を自分自身のことを話すのに使う（「それでその魚を釣り上げたら、間違いなく一〇キロ以上あったよ！」）が、女性は自分のことを話すのには三分の一の時間しか使わず、他人のことにもっと興味を示す（「それでこの前、彼女に会ったら、間違いなく一〇キロ以上太ってたわよ！」）点だ。[*48]

会話の中身のほかに、ダンバーは、会話に加わる人数は無制限に増えず、たいてい、約四人止まりになることも発見した。最近出席したパーティーを思い出してみてほしい。人々はさまざまな話の輪に加わったりそこから外れたりするが、いったん四人を超えると、二つの会話グループに分かれる傾向が確実に見られる。ダンバーは、これは偶然かもしれないとしながらも、チンパンジーのグルーミングとの相関関係を示唆している。四人で会話する場合、話しているのは一人だけで、ほかの三人は聞いている。チンパンジー用語で言えば、グルーミングされている。チンパンジーは一対一でしかグルーミングできない。そして彼らの社会集団の大きさの上限は五五匹だ。もし私たちが、会話グループの大きさに示されているように、一度に三人のグルーミングができたら、その場合三人のグルーミング相手に五五を掛けると、一六五になる、これはダンバーが人間の大脳新皮質の大きさから計算した社会集団の大きさに近い。

だましの駆け引き

うわさ話に加わっているときには、情報交換をするだけでなく、情報操作や詐欺をしていることもあるかもしれない。話し相手の近況を本心から知りたくて話しているわけではないので、本質的には相手をだましている可能性もある。つまり自分の目的のために情報を手に入れようとしているだけなのかもしれない。交換する話題をもっと増やすために、何かをでっち上げさえするかもしれない。だが、この二つには違いがある。まず情報交換から始めよう。すでに触れたように、互恵的な情報交換が成立するためには、誰がごまかしをするかはっきりしていなくてはならない。さもなければ、けっきょく、ごまかしによってコストを支払うことなく得をする者がはびこり、互恵的な情報交換は続かない。

人間の集団の間には文化的な違いがあるが、万人共通の行動も数多く見られる。[*49] すでに見たように、それらの行動の中にはチンパンジーと共通の祖先やその先にまで源をたどれるものもあり、また、質的に違うものもある。進化心理学という分野は、記憶、知覚、言語のような心的特質を適応、つまり自然淘汰や性淘汰が生み出したものとして説明しようとする。進化心理学者は、生物学者が生物学的なメカニズムを見るのと同じように、心理学的なメカニズムを見ている。

進化心理学の見解では、認知は心臓や肝臓や免疫系と同じように、遺伝的基盤のある機能的な構造を持ち、自然淘汰や性淘汰によって進化してきたことになる。ほかの器官や組織と同じく、これらの心理的適応は一つの種全体に行き渡り、生存と繁殖の可能性を高める。視覚、恐れ、記憶、運動制御のように、この考えがほぼ容認されているものもある。それ以外に関しては異論もあるが、言語の習得、近親相姦の忌避、ごまかしをする者の看破、どちらかの性に固有の配偶者獲得戦略などは認められる方向にある。進化心理学者たちは、脳は少なくとも部分的にはモジュールで構成されていると説明する。これらのモジュールはそれぞれ、生来の機能的目的のうち選択されたものを発達させてきた。この分野の先駆けの一人、レダ・コスミデスは、これらの機能の調査について次のように述べている。

進化心理学者が「心」というとき、それは人間の脳の中で具体的な形を与えられた一揃いの情報処理装置を意味する。それがすべての意識的・無意識的心的活動を行ない、すべての行動を生み出す。心を研究するうえで、進化心理学者が従来のやり方を超えられるのは、彼らが調査において、見過ごされることの多い事実を活用するからだ。その事実とは、人間の心を形作っているプログラムは、狩猟採集生活をしていた私たちの祖先が直面した適応上の問題を解決するために、自然淘汰によって設計されたということだ。そこで進化心理学者は、狩猟、採集、求愛、血縁どうしの協力、相互防衛のための連合体、捕食者の回避などの問題を解決するべく巧みに設計されたプログラムを探し求めることになる。きっと私たちの心は、現代の世界で重要であろうがなかろうが、これらの問題をうまく解決できるようなプログラムを持っているはずだ。[*50]

進化という観点から私たちの行動や能力を見るのには、とても実際的な理由がある。コスミダスは、こう指摘する。

これらのプログラムを理解することにより、私たちは進化的に新奇な状況に、より効果的に対処する方法を学ぶことができる。たとえば、狩猟採集生活者が蓋然性や危険性について入手できる情報は、実際の出来事にどの程度の頻度で遭遇するかだけだったことを考えてみよう。私たちの「石器時代の心」は、頻度のデータを入手してうまく推論するよう設計されたプログラムを持っているようだ。これをもとに進化心理学者たちは、統計に関する現代の複雑なデータをもっとうまく伝える方法を開発している。

たとえば乳房X線撮影検査で陽性になったとしよう。実際に乳癌にかかっている可能性はどの程度なのだろうか。関連するデータをパーセントで提示する典型的なやり方は、とてもわかりにくい。もし、ランダムに選ばれた女性の一パーセントに乳癌があり、全員が検査で陽性になるが、陰性の人が誤って陽性と判断される確率が三パーセントあると言われたら、ほとんどの人は乳房X線撮影で陽性になった者の九七パーセントは乳癌だと誤解する。しかし絶対頻度、つまり狩猟採集生活者にとっての生態学上有効な情報形式で同じ情報を与えてみよう。女性一〇〇〇人ごとに一〇人が乳癌にかかっており、検査で陽性反応が出る。三〇人は陽性反応が出るが、乳癌ではない。したがって、女性一〇〇〇人ごとに四〇人は陽性になるが、このうち一〇人しか乳癌ではない。この形式なら、もし乳房X線撮影検査で陽性の反応が出ても、実際に乳癌である可能性はわずか四分の一、二五パーセントであって、九七パーセントではないことがよくわかる。[*50]

ごまかしを見破る能力

コスミデスはまた、人間の心には社会的交換という状況でごまかしをする人物を発見するために設計された、特別なモジュールがあることを実証する実験を考え出した。彼女はウェイソン・テスト[(8)]を使っている。このテストは、「もしPならば、Qである」という条件付きルールに違反している可能性のあるものを見つけ出させるというものだ。このテストのさまざまな変形版が考案され、人間が認知機能を社会的交換に合うよう特殊化させてきたかどうかを確かめるために使われている。さっそくやってみよう。

テーブルの上に四枚のカードがある。どのカードにも片面にはアルファベットが、もう片面には数字が書かれている。今、R、Q、4、9が見えている。次のルールが正しいか間違っているかを証明するために必要なカードだけをめくりなさい。「もしカードの片側にRが書かれていれば、反対側には4が書かれている」。おわかりだろうか。あなたの答えは?

答えは「Rのカードと9のカードをめくる」だ。よろしい、では次に行こう。

四人がテーブルについている。一人目は一六歳、二人目は二一歳、三人目はコーラを飲んでいて、四人目はビールを飲んでいる。法律では二一歳以上でなければ飲酒はできない。酒場の用心棒は法律違反者がいないのを確かめるために、誰を調べればいいだろうか。こちらのほうが簡単だろう。答えは「一六歳の人物とビールを飲んでいる人物を調べる」だ。

コスミデスが調べると、最初の質問で悪戦苦闘する人が多いことがわかった。正解者はわずか五～三〇パーセントしかいない。ところがこれに対し、二つ目の質問では六五～八〇パーセントが正解する。最初に実験したスタンフォード大学だけでなく、フランスからエクアドルのアマゾン地域に住むシウィアル族まで、世界中でそうなる。大人だけでなく三歳の子供でも同じだ。社会的交換の場でごまかしをする者を見つけよという設問だと、人々はつねに簡単に答えを見つける。ところが論理的な問題のような設問だと解きづらくなる。[*51]

コスミデスは、さまざまな文化や年齢層でさらに多くの実験を重ね、次の事実も発見した。すなわち、ごまかしを見破る能力は幼少期に発達し、経験や慣れに関係なく機能する。また、人間はごまかしには気づくが、故意でない違反には気づかない。コスミデスは、このようなごまかしを見破る能力は人間の普遍的な性質の一要素であり、条件付きで援助の手を差し伸べるための、進化の観点から見て安定した戦略を生み出すべく、自然淘汰によって設計されたのではないかと考えている。

これには神経解剖学上の証拠さえある。R・Mという患者から得られたものだ。彼は脳に局所的な損傷を受け、ごまかしを見破る能力に支障を来したが、社会的交換に関係なければ、同様の課題を完全に正常に推論できる。[*52] コスミデスはこう言っている。「私たちは人間として、品物やサービスを交換することでお互いに助け合えるという事実を当然のことだと思っている。しかしほとんどの動物はこの種の行為に従事することができない。それを可能にするプログラムが欠けているのだ。このような人間の認知能力は、動物界における協力の原動力のうちでも有数のものだと私には思える」[*50]

社会的交換の中でごまかしを見破れるのは、私たちだけではない。限られてはいるがフサオマキザルにもこの能力があることが、サラ・ブロスナンとフランス・ドゥ・ヴァールが行なった実験によって明らかにされている。[*53] しかし、ほかの動物たちの互恵的な交換は、ごくおおざっぱなものだ。人間は与える量と得る量を同じにしようとする。だいたい同じでは満足しない。ハーヴァード大学のマーク・ハウザーは、人間の数学的能力は社会的交換システムの出現とともに発達したと考えているほどだ。[*54]

ごまかす者をごまかす

私たちはごまかしを見破るシステムをごまかせるだろうか。トロント大学の心理学者ダン・チアップの研究によると、たぶん無理ということになる。彼は、社会契約という状況では、私たちは協力者よりごまかしをする者を覚えるほうが大事だと考え、ごまかしをする者を長く見て顔をよく覚え、彼らに関する社会契約の情報を記憶にとどめる可能性が高いことを明らかにした。[*55]

ごまかしを見つけたら、二通りの対処法がある。避けるか、罰するかだ。あっさり避けるほうが簡単ではないだろうか。罰するのは手間も暇もかかる。それで何が得られるだろう。最近、コーネル大学のパット・バークリーは実験室で何度も対戦するゲームを使った研究をし、ごまかしをした者に罰を与えるプレーヤーは信用と尊敬を勝ち取り、みんなのためを思っていると見なされることを明らかにした。このように評判が高まれば（ご記憶だろうか、評判は性淘汰の適応度指標だ）、罰し手になるコストが埋め合わせられるという利点がある。これはひょっとしたら、利他的行為の心理メカニズムがどうやって進化したかの説明になるかもしれない。[*56]競争相手の株が上がるようなことはしないほうがいい。何という幸運だろう。あなたは思いがけず、同僚のドンがレース場で垢抜けたブロンド美人といっしょにいるのを目撃した。彼が休日に何をしているのかは、みんなの好奇心の的だ。当然、そのちょっとしたニュースは会社でホットな話題になるはずだが、それと引き換えに同僚が教えてくれることが真実かどうか、はたしてわかるだろうか。ごまかしが見破れるのなら、嘘も見破れるのだろうか。そうではなさそうだ。表情とボディ・ランゲージが読み取れないとわからない。しかし、それを指摘してくれてありがたい。なぜなら、これから意図的なごまかしの話をしようと思っていたところだから。

ごまかしの達人

傷ついたふりをして捕食者の注意を惹き、巣から遠ざけるフエチドリ[*57]のように、ごまかしは動物界全体で知られているが、意図的なごまかしをするのは大型類人猿に限られるかもしれない[*58]。なかでも人間は、ごまかしの達人だ。朝、女性が(自分をより美しく、あるいはより若く見せるために)化粧をし、(自分の匂いを隠すために)香水をつけるときに始まり、いたるところで見られる。女性は太古の昔から宝石を身に着け、髪を染め、化粧をしてきた。ルーブル美術館の古代エジプト部門をぶらついてみれば、すぐにわかる。男性もやはり、ごまかしと無縁ではない。デオドラントで体臭を隠したり、頭の薄くなったところに(それで欺ける人がいるとでも言うように)乏しい髪の毛を梳かしつけたり、かつらを載せたりして、ローンでやっと買った車に向かう。

あなたは嘘のない世界を想像できるだろうか。それは恐ろしいものになるだろう。「やあ、調子はどうだい」という問いに対する答えを、あなたはほんとうに聞きたいだろうか。あるいは「あなたが太った二キロ分のお肉は、みんな顎の周りについてるみたいね」と言われたいだろうか。嘘は就職の面接で自分を売り込むとき（「はい、そのやり方は知っています」）や、初対面の人と言葉を交わすとき（「こちらがお嬢さんですか？　かわいいですね！」とは言っても、俳優でコメディアンのロドニー・デンジャーフィールドのように「トラがなんで自分の子を食っちまうのかわかるぜ[*59]」とは言わない）に使われる。嘘は恋人候補に会うときにも使われる（「もちろん、私は生まれつきのブロンドよ[*60]」）。

私たちはお互いに嘘をつき合うだけではない。自分自身にも嘘をつく。高校生の一〇〇パーセントが他人とうまくやっていく自分の能力は平均以上と評価するのも（数学的にありえない）、大学教授の九三パーセントが自分の働きぶりは平均以上だと評価するのも、自己欺瞞にほかならない[*61]。あるいは、「運動はたっぷりしています」とか「うちの子に限ってそんなことはしません」などはどうだろう。上手に嘘をつきたければ、自分が嘘をついているのを知らなかったり、あるいは精神病質者の場合のように、気にしなかったりするほうがうまくいく。じつは、子供たちは親から嘘をつくように教えられる（「おばあちゃんに、この半ズボンが大好きだって言いなさいね」とか「サミーにデブって言っちゃいけません」

とか）。それに教師からも（「ジョーは頭が悪いと思うのはかまわないが、口に出して言ってはいけないよ」）。

誰かが嘘をついているのが、どうしたらわかるだろう。私たちはほんとうに知りたいだろうか。また、どうして自分に嘘をつくのだろう。

嘘つきを見つけるのが苦手なわけ

うわさ話をしていて、聞いたばかりの情報がほんとうかどうか確かめたいと思ったら、私たちは相手の表情も読む。顔知覚は人間の視覚技能の中ではおそらく最も発達したものであり、社会的相互行為で明らかに主要な役割を果たしている。顔知覚には人間の脳内で機能特化した系が介在していると長い間考えられていたが、今では、脳内の異なる部位がそれぞれ異なるタイプの顔知覚に介在しているのがわかっている。相手が誰なのかを知覚する経路は、動きや表情を知覚する経路とは違うのだ。

赤ん坊は生まれてまもないときから、何よりも顔を見たがる。[*62] 生後七か月を過ぎると特定の表情に正しく反応し始める。[*63] その後、顔知覚は社会的相互行為を円滑に進めるために厖大な情報を供給する。人間は相手が誰なのか、その背景、年齢、性別、そのときの気分、関心の度合い、意図などに関する情報を、顔の外見から入手できる。相手が何を見ているかに気づいて、それを調べることもできるし、唇の動きを読み取れば話がわかりやすくもなる。[*64]

顔を識別できるのは私たちだけではない。チンパンジーやアカゲザルにもできる。[*64] 以前観察されていたのとは反対に、近年の解剖によって、チンパンジーと人間は顔の構造はほとんど同じで、[*65] あらゆる種類の表情を持っていることがわかった。エモリー大学のリサ・パーはいくつかの研究を行ない、チンパンジーが写真の顔の表情と情動に訴えるビデオの場面を一致させられることを立証した。[*66] すると私たちは、うわさ話と社会的交換の二つの構成要素、つまり応対している相手を認識する能力と、表情から情動を読み取る能力を、チンパンジーと共有していることになる。しかしそれが嘘つきを見分けるのに役に立つのだろうか。じつは、ごまかしと結びつく顔と体の動きは多種多様で、ここで再びあのマキャヴェリの話に戻ってくる。

表情の研究にかけては、カリフォルニア大学サンフランシスコ校のポール・エクマンの右に出る者はいない。研究を始めた頃の彼は独りぼっちだった。なぜなら、ほかの誰もが（もちろんダーウィンと、それからデュシェンヌ・ドゥ・ブーローニュという一八世紀のフランスの神経学者は除いて）このテーマを避けてきたからだ。エクマンは何年も調査を重ねた後、表情が世界共通であることを明らかにし、[*67] 特定の情動には特定の表情があることも立証した。誰かが嘘をついているとき、その成否にかかっている利害が大きければ大きいほど、抱いている情動（不安や恐れなど）は増す。[*68] これらの情動は顔[*69]や声の調子[*70]に漏れ出る。真の自己欺瞞の利点の一つはここにある。もし、自分が嘘をついていることを知らなければ、表情から嘘が露見することはない。

エクマンは嘘つきを見破る能力を研究したが、結果は惨憺たるものだ。ほとんどの人は、たとえ自分では上手だと思っていても（ここでまた自分をだましている）、嘘を見破るのはあまり上手ではない。まぐれ当たり程度の確率でしか嘘を見破れない。しかしエクマンは、これが得意な職種を見つけた。財務省の秘密検察局員、いわゆるシークレット・サービス・エージェントが最高で、次に心理療法のセラピストが優れている。彼がテストした一万二〇〇〇人のうち、生まれつき嘘を見破るのがうまい人はわずか二〇人だった！[*71] 表情の読み取りに伴う一つの問題は、情動は読み取れても、その情動の原因まで理解できるとは限らないので、誤って解釈してしまうことだ（これについては、後の章でさらに紹介する）。たとえば、相手がびくびくしているのに気づいて、それは彼が嘘をついていて、気づかれるのを恐れているせいだと思うかもしれないが、彼がおびえているのは、じつは嘘をついてもいないのに嘘つき呼ばわりされているので、身の潔白を信じてもらえないのではないかと思っているせいかもしれない。

もちろん、すべてのごまかしが邪悪なわけではない。私たちはよく、失礼にならないように、喜んでもいないのにうれしそうなふりをする。じつは魚は吐きそうなほど嫌いなのに、出された魚料理をほめる。あるいは、以前に何度も聞いたことのある下手なジョークに笑ったりもする。こういうものは、大きな影響のない人畜無害な嘘だ。

私たちは表情を意のままにすることを覚えるが、エクマンは、情動を隠そうとすることから生じる微細な表情を発見した。ほとんどの人にはそれがわからないが、見つけ方は習得できる。作られた表情もなかなか見分けがつきにくい。たとえば、作り笑いはどうだろう。本物の笑いにはおもに二種類の筋肉が関係する。唇の両端を引き上げる大頬骨筋と、両頬を引き上げ目尻に皺を作ると同時に眉の端を引き下げる外側の眼輪筋だ。眼輪筋は意識的に動かすことはできないので、作り笑いをするときは、眉の端は下がらないが、大頬骨筋を思いきり収縮させて頰を押し上げ、カラスの足跡を作ることはできる。

もし私たちが、社会的交換の中でごまかしをする者を突き止めるのが上手なら、なぜ嘘つきを見つけるのは苦手なのだろう。嘘は集団の中で横行するようになったのだから、看破のメカニズムが発達してもよかったのではないか。エクマンはいくつかの説を提示している。第一に、私たちが進化した環境では、嘘をつく機会はあまりなかったので、嘘はそれほど広まっていなかった。人々は集団を作り、何一つ包み隠さず暮らしていた。プライバシーがないので嘘を見破られる可能性が高かっただろうし、物腰からの判断に頼るより行動を直接観察することで嘘が発見されていたのだろう。第二に、嘘が露見すれば評判が落ちたのだろう。今日、私たちの環境は一変した。嘘をつく機会にあふれ、私たちは密室で暮らしている。悪評から逃れることもできる。もっともそれには、仕事や住む町や国、配偶者を変えるといった犠牲が伴うかもしれないが。また進化は、物腰から嘘を見破る能力を与えてはくれなかった。では、もし私たちがその力を生まれながらに持っていないとしたら、なぜ見破る方法を習得しなかったのだろう。それは親たちが、性的行為やその他諸々のことを隠すための作り話のような、自分たちの嘘を、見破らないよう、私たちに教えるからかもしれない。また私たちは、相手を信用せずに疑っていたら、人間関係を作り上げたり維持したりするのが難しくなるから、嘘つきを捕まえないほうが望ましいと思っているのかもしれない。あるいは真実を知らないほうが都合が良いので、だまされたがっているのかもしれない。真実のおかげで自由の身になるかもしれないが、それは四人の子供を抱えて無収入での自由かもしれない。だが、礼儀上の配慮という場合も多い。相手はそれ以上話すつもりがないのだし、こちらも、与えられた以上の情報を盗み取ったりはしない、というわけだ。

はたまたそれは、言語の問題かもしれない。人間の歴史の中では新しく進化したものだから。言語の理解や解釈は、多くの認知的エネルギーを使う意識的プロセスだ。もし私たちが相手の話の内容に集中し、見た目や声の調子を意識しなければ、探知能力は低下するかもしれない。ギャヴィン・ディー・ベッカーは、著書『暴力から逃れるための15章』[*72]の中で、彼が「なぜだかわからないが知っている」と定義する現象を信用するようにと助言している。彼は暴力行為予知の専門家で、暴力の犠牲者のほとんどは、気づかないうちに警告を受け取っていることを発見した。私たちは社会的訓練を通して、ごまかしを見破らないように教わったのだろうか。私たちは、現実に見えているものを再解釈しているのだろうか。やらなければならない研究はまだまだある。

自分に嘘をつく

自分に嘘をつくと、逆効果になりはしないだろうか。俗に言うように、自分を信用できなければ、誰を信用できるだろう。社会的交換でごまかしを見破る私たちの能力をご記憶だろうか。ごまかしに対する警戒を怠らず、力を合わせれば報われる。しかし、ほんとうに協力する必要はない。協力しているように見えるだけでいい。必要なのは良い評判だ。ほんとうに評判どおりでなくてもいい。

つまり、偽善者になれというのか？　偽善者など、見るだけではらわたが煮えくり返る。まあ、ちょっと落ち着いて。誰もが偽善者だ（もちろん私は別だが）。どう見ても、内側より外側から見るほうが簡単そうだ。つい先ほど学んだように、これをうまくやってのけるには、自分をだましているのを意識的に知らないほうがいい。なぜなら、知らないほうが不安にならないし、嘘が露見する可能性も減るからだ。

カンザス大学のダン・バトソンは一連の実験を行ない、かなり衝撃的な結果を得た。[*73・74] 被験者の学生たちは自分ともう一人の学生（実際は存在しない）にそれぞれ違う仕事を割り当てる機会を与えられた。一方の仕事のほうが魅力的だった（くじの券をもらえるチャンスがある）。もう一方の仕事は、くじの券をもらえるチャンスがないうえに退屈だという説明があった。学生たちは、もう一人の参加者は仕事は無作為に割り振られると思っていると告げられた。彼らはまた、ほとんどの学生は仕事を決めるいちばん公平な方法はコイン投げだと考えていると言われ、本人が望めば投げられるようにコインが与えられた。実験後、事実上すべての参加者が、もう一人の参加者に良い仕事を割り当てるほうがより道徳的だ、あるいは、コイン投げをするほうがより道徳的だと言った。それにもかかわらず、コインを投げたのは半数程度だった。コインを投げなかった者のうち八〇〜九〇パーセントは良い仕事を自分に割り振った。確率の法則に反して、コインを投げた者についても同じ結果が出た。コインを投げた学生は全員（結果をごまかした者でさえ）、自分はコインを投げなかった者より道徳的だと考えていた。

この結果は厖大な数の研究で確かめられた。コインを投げるときに裏表を判別しやすくするためにラベルが貼られた場合でさえ、同じ結果が得られた。参加者の中には公平に見えるようにコインを投げておきながら、やはり、結果を無視して自分に良い仕事を割り振ることによって利己主義に走る者もいた。それでもたんにコインを投げたというだけでそうしなかった者より自分は道徳的だと考えていた！　これは道徳的偽善と呼ばれる。この結果は、どちらにするか決めた後、もう一人の参加者にどうやって決めたかを伝えなければならないと言われたときでも同じだった。一度投げて思いどおりの結果が出なかったら、もう一度コインを投げ、その結果で決めたと報告する者が多かった（七五パーセント）。しかし、良い仕事を自分に割り当てた者の割合はやはり同じだった。バトソンはこう述べている。「道徳的偽善行為を行なったときの自分自身への利益は明らかだ。利己的行為の物質的報酬を獲得し、そのうえ正直で道徳的だと人から見られ自分でもそう思うという社会的報酬と自己報酬が得られるのだ」

さまざまな道徳的責任テストで高得点をとった参加者にはコインを投げる者が多かったが、そのうちで良いほうの仕事を自分に割り当てた者は、得点の低かった者に比べて少なくはなかった。したがって、人一倍道徳的責任感を持っている者が人一倍道徳的誠実さを持っていることにはならず、むしろ彼らは人一倍偽善的だったのだ！　彼らは見かけはいかにも道徳的（コインを投げる）だったが、実際に人並み以上に道徳的（コイン投げの結果どおりに仕事の割り当てを決める）ではなかった。

唯一、参加者たちがコイン投げをしてごまかしをしなかった（しかも全員が）のは、鏡の前に座って決めたときだった。自分が明言した公正さの道徳的規準とコイン投げの結果を不正に無視することの間の矛盾を正視しなければならないのは、どうやら重荷だったようだ。道徳的に見えたければ、実際に道徳的でなければならなかった。私たちにはもっと鏡が必要かもしれない。増大する肥満問題の解消にも役立つかもしれないし。

さて、このように私たちは自分に嘘をつき、他人の嘘を見破るのに苦労する。うわさ話をするにはあまり好都合ではない。ポール・エクマンの嘘つきの突き止め方に関する講義を聞く必要があるかもしれない[9]が、とりあえず、少なくとも眉の端に気をつけていれば、嘘をついても同僚にうまく見破られないだろう。職場での大きな利害関係のせいでいつも以上に神経質にならないかぎりは。

最も雄弁な者が女性の気を惹いた？

ニューメキシコ大学の進化心理学者ジェフリー・ミラーは言葉の問題を抱えている。いや、彼の言語能力に問題はない。彼が関心を寄せているのは、なぜ言語は進化したのかという問題だ。発話のほとんどは、話し手から聞き手に有用な情報を伝えているように見えるし、発話には時間とエネルギーというコストがかかる。これは利他的な行為に思われる。他の個体に良い情報を与えることによってどんな適応上の利益が得られるのだろうか。リチャード・ドーキンスとジョン・クレブズのもともとの主張を振り返って、ミラーはこう述べている。「進化では、利他的な食料分配が起きにくいのと同じように、利他的な情報分配も起きにくい。したがって、動物の合図のほとんどは、ほかの動物の行動を操作して利益を得るために進化したに違いない」[*75]。そして、ほかの動物たちは、それを無視するように進化してきた。なぜなら、操ろうとする者の言うことを聞いても引き合わなかったからだ。聞いた者たちは子孫を残さなかった。

信用される合図も少ないながらある。それは当てになる。「私には毒がありますよ」「私のほうが足が速いんだから」「馬鹿なことは考えるなよ。俺はお前より強い」といった類のものだ。それから、「ヒョウがいるぞ!」というような血縁の仲間からの警告があるし、「お嬢さん、僕の尾羽を見たことあるかい?」のような適応度指標もある。ミラーは、ごまかす動機があるかぎり、ごまかし以外の種類の情報を伝達する合図に都合の良い進化が起きていることを示す確かなモデルは存在しないと結論づけている。そして、競争のあるところには、つねにごまかしの動機も存在する。人間の言語は、聞き手がいなかった時間や場所について語れるため、ごまかしの温床になる。たとえば、「昨日釣ったマスは六六センチもあったよ」「丘の向こうの木にガゼルの足を残しておいてあげたよ。え、何だって、なかった? きっとあのライオンの仕業だな」「私じゃないわ、車を使ったのは。おばあちゃんがお店まで行ってきただけよ」という具合だ。それによく使われる「昨日は遅くまで残業していてね」というのもある。

いったいどうやって信頼できる情報の共有が進化できたのだろう。話し手は情報を分け合うことによって必ずしも自分の利益を失うわけではない。それどころか、情報の共有は血縁淘汰と互恵的利他主義を通して利益になりえた。ミラーは、これはおおかた正しく、おそらくそのため言語が最初に出現したのだろうことは認めてはいるが、人々の実際の行動を見ると、それは血縁関係と互恵主義のモデルの予測にあまりうまく適合しない。言語は、もし情報として見るなら、話し手より聞き手に大きな利益をもたらすから、私たちは他人の話を聞きたがり、自らはあまり話したがらないように進化してしかるべきではないか。のべつ幕なしにしゃべったり、自分の話に没頭したり、予定を一五分も超過してだらだら話し続けたりする相手に腹を立てる代わりに、じっと座って私たちの話に熱心に耳を傾け、自分のことは話そうとしない人たちにいらだつはずだ。ところが、誰もが口を利きたがり、会話の際はたいてい、他人の話を聞くより、自分が次に何を話そうかということばかり考えている。いつ、誰が発言していいかを定めるための手順を示す本が書かれているほどだ。私たちは、現在持っているような、言語を話す精妙な能力と、より原始的な聴覚器官ではなく、できるかぎりの情報を集めるために巨大な耳と、ごく原始的な発声器官を進化させるべきだった。

ミラーはこの難題に取り組み、言語の複雑さは言葉での求愛のために進化したという説を提示している。この説は、男女による雄弁なおしゃべりに性的な褒美を与えることによって利他主義の問題を解決している。「言語の複雑さは、止めどもない性(ランナウェイ)淘汰と、明確に述べられた考えを好む心的傾向と、適応度指標の影響とが組み合わさって進化した可能性の貢献度はほんの一〇パーセント程度ではないかと言っている。

これに関連する理論を人類学者のロビンズ・バーリングが示している。彼は、狩りや交易、道具作りには初歩的な言語形態があれば十分だったのに、なぜもっと複雑な言語形態が出現したのか不思議に思った。そして、言語が最初に出現した後、しだいに複雑化したのは、男性の雄弁家たちが社会的地位をめぐって争った結果ではないかと主張する。最も雄弁な者が繁殖上の利点を獲得したというのだ。彼はこの利点の証拠を、ヤノマミ族からインドや古代ギリシアに至るまでのさまざまな社会から列挙している。この仮説はおもにリーダーシップの問題に向けられているが、「私たちは断然最高の言葉を、恋人を獲得するために必要としている」と彼は結論している。[76]

ちょっと待った。大きな脳は女性の気を惹くためにあると言うのか？　それは、フランス男がいちばん大きな脳を持っているという意味か？

そうかもしれない。鋸を出してくれ。これから一つ調べてみないと。

人間の求愛行動がどんなものか考えてみよう。もしあなたが、誰かととりとめのない会話をしているときには、相手はせいぜい、わずかに疑う程度だろう。しかし、求愛の場合は利害得失が大きい。もし成功したら、子孫という利益が還元されるかもしれない。聞き手はあらゆる面でとても口うるさくなるので、あなたは奥の手を出さなければならない。

彼女は無意識に、それが意味を成すか、自分が理解し信じているものと一致するか、とにもかくにも興味深いか斬新か、そして知性、教養、社会的手腕、地位、知識、独創性、ユーモアのセンス、個性、品位があるように思えるかどうかを値踏みしていくだろう。いきなり「レッドソックスをどう思う?」などと訊くような手は彼女には通用しない。映画『恋はデジャ・ブ』でビル・マーレイが女性を口説き落とすのにどれだけかかったかを思い出してほしい。

言葉での求愛は一対一での出会いに限られてはいない。演説も、知的評価を高めるものの例に漏れず、魅力と地位の宣伝になる。ミラーが言うように、「言語は心を公の場にさらす。そこでは進化の歴史上初めて、異性の選択においてはっきりと相手の心を見ることができた」[*75]。

これには少し混乱させられる。もし男たちがそれほど話し上手なら、どうして彼らは意思の疎通が下手だと言われるのだろう。それに、もし男が言葉での求愛能力次第で選ばれるのなら、どうしておしゃべりだと言われるのは女たちなのだろう。しかし、ご記憶だろうか。言葉での求愛は双方向的なもので、適応度指標と見なされている。つまり、生存のための資源争奪戦に使うことのできる時間やエネルギーという観点に立つと、それは難しいし損失になるということだ。いったん配偶者を得れば、男性がコストのかかるパフォーマンスを続けるのは割に合わない。彼はしゃべりまくる代わりに二言三言口を利くだけでやっていけるだろう。ただし、セックスを拒まれれば話は別で、そのときは美辞麗句が復活するかもしれない。しかし女性は、言葉での求愛を続ける動機を持っている。なぜなら、配偶者を身近にとどめて、子供たちの世話を手伝わせたいからだ。

社会的遊びと脳のサイズの関係は？

この答えを出すのは難しい。社会的遊びの目的は何だろう。たくさんのエネルギーと時間を使うが、それは何を達成するためだろう。誰にもこの疑問の答えはよくわからないが、検討されている考えはたくさんある。一般には、ほとんどの動物の子供が遊ぶのは練習のためだと考えられている。忍び寄り、追いかけ、逃げる練習、肉体を鍛え上げ[77,78]、運動技能や認知技能を発達させ[79]、戦闘技能を磨き[80,81]、バランスを失ったりつまずいて転んだりというような突然の衝撃から立ち直ることに肉体的に熟練し、緊張に満ちた状況に対処することに、情動的にもっと熟達する方法というわけだ[82]。群れて遊ぶ子猫たちを思い浮かべるといい。しかし、ボノボとチンパンジーの遊び行動を研究してきたピサ大学のエリザベッタ・パラージの見るところ、遊びに関する仮説は目前の利益より長期間の利益に焦点を合わせすぎてきており、そのせいで遊びの持つ適応上の重要性のいくつかが理解を妨げられているかもしれないという。この考えはとくに、大人の遊び行動に当てはまる。遊び行動は子供の動物で最も一般的だが、チンパンジー、ボノボ、人間などの多くの種では、大人も遊ぶ。

しかし、いったいなぜか。大人はもう練習の必要はないのに、なぜ遊ぶのだろう。パラージはフランスのサンテニャン・スール・シェールのボーヴァル動物園にいるチンパンジーの群れ（一〇頭の成体と九頭の子供）を研究し、チンパンジーは食事時間の直前に最も多くお互いのグルーミングをするが、それだけでなく、食事時間の直前には大人も子供もいっしょになって最もよく遊ぶことを発見した。[*83] チンパンジーは競争心が旺盛なので、餌の時間には緊張感でいっぱいになる。グルーミングの刺激はベータ・エンドルフィンの分泌を促す。[*84・85] グルーミングと遊びは、攻撃性を抑制し、寛容さを増大させる、つまり、緊張が高まる時間帯に紛争管理へ寄与するとパラージは考えている。これは長期的利益というより目前の利益であり、子供にも大人にも有益だろう。

人間はチンパンジーやボノボより社会的遊びを発展させている。大人の遊びについて、性淘汰の権威ジェフリー・ミラーも仮説を提唱している。彼は、年齢が上がるとともに増える遊びのコストは、若さ、エネルギー、繁殖力、適応度の、信頼できる指標になると言う。「おや、彼はあの元気な娘に目をつけて、急にまたウインドサーフィンやテニスを始めた。まるでティーンエイジャーのようだな」。実際、ミラーによれば、肉体的適応度を見せるための新しい方法を考え出し、それを味わう能力は、人間ならではのものだそうだ。

この行為は別名スポーツという。心と肉体的強靭さの交差点だ。[*75] これも普遍的な特性で、すべての文化にスポーツがある。ほかの動物と同様、人間の男性は女性より闘争的なスポーツをする。競争者がお互いに殺し合うのを防ぎ、誰が勝者かを決めるため、スポーツにはルールが考え出された。もっとも、サッカーの試合の観戦中にはそんなことは思いもよらないかもしれないが。賞金は近年の発想だ。昔は見返りは勝者の地位だけだったが、それで十分だった。スポーツでの勝利は信頼できる適応度指標であり、その報いは、すばらしい配偶者を惹き寄せることだ。

結論

非常に社会的になることこそ、人間の人間たる所以だ。多くの動物がある程度までの社会組織を持っているが、私たちのようにそれを満喫しているものはほかにない。脳が大きくなるにつれて、私たちの社会集団も大きくなった。集団で暮らし、協力するうちに、何かが私たちの興味を他者に向けさせた。リチャード・ランガムは、霊長類の生活でそのような大きな転換を容易にしたものとして、加熱調理の役割に関する魅惑的な説を唱えている。ほかには、捕食者の撃退や食べ物探しの必要性といった考え方もある。原因が何であれ、私たちのより高度な知的技能は、新たに発展した社会的必要性への適応として生じたと、今では主張する研究者もいる。社会的であることを理解するのは人間というものを理解するための基本だ。

社会集団の重要性はこれでよく理解できたので、自然淘汰が個体ばかりか集団にも働くかどうかをめぐって持ち上がっている議論を見るのも容易になった。これは複雑に入り組んだ議論で、それぞれの側についてだけでなく、問題にうまく折り合いをつけて双方を包含する仮説にまとめようという試みの中でも、言うことはたくさんある。これらの問題にやがてどんなふうに決着がつき、どんなふうに全員が同意しようと、私たちはこうして大きな脳を持ち、社会集団の中で暮らし、その恩恵をこうむっている。人間の社会的性質がたんに自らに関する認知理論にではなく、私たちの生物学的基盤に深く根差していることをしっかり認識して先に進めば、私たち人間に備わっているそれ以外のものが、私たちを導き、社会の迷路を抜けていくのを助けてくれていることがわかってくるだろう。

4　内なる道徳の羅針盤（モラル・コンパス）

あなたって、ウサギの道徳心と、ナメクジの品性と、カモノハシの脳みそしかないのね。

――シビル・シェパード（一九八五年、テレビ番組『こちらブルームーン探偵社』のマディー役での台詞）

人はなぜ基本的に善良なのか？

火星人が地球にやって来て、あなたといっしょに夜のテレビニュースを見たとしよう。何杯マティーニをごちそうしたところで、地球人が生まれつき凶暴でも、不道徳でも、でたらめでもないと信じてはもらえないだろう。ニュースは際限なく続く。まずは、地元の事件から――ひき逃げ、スーパーでの強盗殺人、家庭内暴力、小役人の汚職……。続いて世界の事件へ――イラクで起きたアメリカ人斬首事件、アメリカによる報復爆撃、アフリカ大陸の飢餓、エイズ禍、不法入国者の窮状……。「なんてこった」と火星人は言うかもしれない。「地球人というのは、しょうもない連中だ」。はたして、ほんとうにそうなのだろうか。

地球上にはおよそ六〇億の人がいて、まあ仲良くやっている。しかし、すべての人がうまくやっているだろうか。悪人の類は全体のわずか一パーセントと仮定しても、六〇〇〇万人にのぼる。これはたいへんな数には違いないが、悪人の割合が五パーセントだと考えると、世界中でざっと三億人もの悪党がいる勘定になる。夜のニュースの種はいたるところに転がっているし、私たちは人類が享受している幸せより抱えている問題になぜか興味をそそられる。

とはいえ驚いたことに、私たちの少なくとも九五パーセントはなんとか互いに折り合いをつけており、日常生活で遭遇するさまざまな難局を乗り切るための何らかの共通メカニズムを備えている。以前、娘と二人で北京に行ったとき脇道に入ったことがある。天安門広場の周辺の広々とした並木道に案内され、すべては壮大で整然としていると感じていた。ところが、地元の店で買い物を楽しもうと脇道に入ったとたん、衝撃を受けた。どちらを見ても人、人、人で、背丈にしても振る舞いにしても二人だけ周りから浮いていたのだ。しかし、人は順応が速いと見えて、数分後には二人は人の流れとその場の雰囲気に溶け込んでいたので、私はあらためて驚いた。通りを横切るといった簡単なことから買い物に至るまで、あらゆることが難なく自然にこなせた。以前、ニューヨークのキャナル通りで買い物をしたときのほうが、よほどぎこちないやり取りをした記憶がある。

種全体として見れば、私たちは殺人やごまかし、盗み、虐待などを嫌う。災難や緊急事態のときは、困っている人のために一肌も二肌も脱ぐ。それどころか、公園警備員(パークレンジャー)ら、捜索や救助に従事する人は、英雄的行為に走らず、人命救助のためとはいえ不用意に危険を冒さないよう、わざわざ訓練を受ける必要があるほどだ。兵士は煽り立てられ、我を忘れなければ人を殺せない。軍隊の飲酒は、心の痛みを和らげるためではなく、そもそものような痛みを感じさせないためにある。さもなければ、残忍な行為はできないからだ。では、人間はなぜ基本的には善良なのだろうか。

人間は、自分たちを理性ある存在と思いたがる。何か問題が生じたら、種々の解決策やその賛否を並べ立て、それぞれ検討して最善策を見つける。つまるところ、理性こそが私たちを「獣(けだもの)状態」と隔てているのだから。しかし私たちがある解決策を選ぶのは、それが最も合理的な策だからだろうか。あなたが自分の選択肢を説明していると、友人がこう尋ねるのはなぜなのか。「直観では、どうなの?」

私たちは道徳的な判断を求められたとき、理性的な自己が前に出てきて決断を下すのだろうか。あるいは、まず直観的な自己が判断し、合理的な自己があとから理由をつけるのか。私たちは合理的な決断を下すための道徳律を持ち合わせているのだろうか。もしそうならば、それはどこからくるのか。それは内から直観的に生まれるのか。それとも外から意識的に得られるのか。私たちには標準的な道徳本能が生まれながらに備わっているのか。

あるいは、それは後から身につくものだろうか。

世界に名だたる哲学者たちが、これらの問題について何世紀にもわたって議論を戦わせてきた。プラトンとカントは、有徳の行為の陰には意識ある理性があると信じていた。ヒュームは、人間は物事の善悪を瞬時に情動的に感じ取ると考えた。最近まで私たちは、確たる証拠もないままにこれらの主張について、ああでもない、こうでもないと議論するしかなかった。だが時代は変わった。現代の研究技術をもってすれば、これらの問題の多くに答えることができる。以下、人間の直観的自己についてさらに詳しく調べるとともに、それが道徳的判断に及ぼす影響についても見ていこう。じつは私たちには生得の倫理プログラムが選択されて組み込まれていることや、それらのプログラムが何を対象とするのかもわかるだろう。また、社会的な世界がこうしたプログラムをどのように方向づけ、文化によってはその一部を美徳に変えたり、そうしなかったりすることも明らかになるはずだ。

生得の倫理プログラム

まず、一つ道徳的なジレンマを考えてほしい。道徳的判断が直観的に行なわれることを実証するために、研究者が作った物語だ。3章にすでに登場した、ヴァージニア大学の才気あふれる心理学者ジョナサン・ハイトは、学生にこんな穏やかならぬ話をして聞かせる。

ジュリーとマークという姉弟がいて、大学の夏休みに、いっしょにフランスを旅していた。ある晩、海辺のロッジに二人きりで泊まった。ものは試し、セックスするのも一興ということになった。少なくとも、それまでにない経験ができる。もともとジュリーは避妊薬を飲んでいたが、念のためマークもコンドームを使った。二人とも楽しんだが、もう二度としないと決め、その晩のことは特別の秘密にした。そのおかげで、二人はなおさら親密になった。[*1]

それからハイトは学生たちに訊く。二人が肉体関係を持つのはかまわないのか。この話は聞く者の本能と道徳的直観を総動員するように仕立てられている。たいていの学生は二人の行為は間違っていると考え、不快感を示す。ハイトは実験の前からこの反応を予期していた。しかし、もっと事の本質に迫り、私たち誰もが判断の拠り所としているものがあるのなら、それを知りたいと考えていた。そこで学生にさらに問いかける。「じゃあ、そのわけを聞かせてくれ。君たちの合理的な脳はどう言っているかな」。答えの多くは予期したとおりだった。近親相姦では奇形児が生まれる、あるいは互いの気持ちが傷つくというのだ。だが、ご記憶のように、二人は二重に避妊手段を講じている。だから、奇形児が生まれる心配はない。それに、二人は気持ちが傷つくどころか、前より親密さを増したことになっている。ハイトによると、大半の学生は最後にはこう言うことになるという。「わかりません。説明はできないのですが、ただ、いけないことだというのはわかるんです」。しかし、それがいけないことだとしても、そのわけを説明できないのだとしたら、それは合理的な判断だろうか、それとも直観的な判断なのだろうか。私たちは、近親相姦は奇形につながりうるから道徳的に誤っているという道理を両親や文化や宗教に吹き込まれたのか。あるいは、それは合理的論証によって覆すのが難しい生得の知識なのか。

　近親相姦のタブーはどこからきたのだろう。それは前章で取り上げた全人類に共通するものの一つだ。このタブーはどの文化にも見られる。エドヴァルド・ヴェステルマルクは一八九一年にその起源を解き明かした。人間は血縁関係にある者を外見などで反射的には見分けられないため、近親相姦を防ぐ先天的メカニズムを発達させたのだという。このメカニズムのために、人は幼年時代に長い時間を共有した人との性行為に関心がなくなったりそれを嫌悪したりするようになる。[*2] このメカニズムはたいていうまく働く。この説によれば、人は血のつながりのある兄弟姉妹だけでなく、幼友達や、幼児期をいっしょに過ごした、親の結婚相手の子供とは結婚しないと予測できる。

　この予測を裏書きするのがイスラエルのキブツだ。[*3] キブツでは、血のつながりのない子供たちがいっしょに育てられる。彼らは生涯変わらぬ友情を育むが、結婚することはめったにない。昔、台湾の一部で行なわれていた「新婦仔（シンプア）」と呼ばれる婚姻制度もこの説を支持する。この制度の下では、女の子は将来嫁ぐことが決まっている相手の家で幼児期から育てられる。こうして結ばれた夫婦には子が生まれないことがよくあった。結婚相手に性的魅力を感じないからだ。[*4]

ハワイ大学の進化心理学者デブラ・リーバーマンは、さらに詳しく調べた。[*5]彼女は、近親相姦や互恵的利他主義と関連する血縁関係の認識に興味を持ったばかりか、個人的な近親相姦のタブー(「私の兄弟姉妹との性行為はいけないことだ」)が、一般的なタブー(「誰にとっても近親相姦はいけないことだ」)となった経緯も知りたいと考えた。こうした感覚は親や社会から学ぶものなのだろうか。あるいは自然に自分の中から湧いてくるのだろうか。リーバーマンは被験者たちに家族に関するアンケートに答えてもらった後、近親相姦、児童の性的虐待、薬物使用、殺人など、第三者による一九種の行為を示し、道徳的に間違っていると思われる程度にしたがって順位をつけてもらった。すると、被験者が近親相姦を不道徳と判断する率をかなりの精度で予測する要因が一つだけあることがわかった。それは幼児期から青少年期にかけて異性の兄弟姉妹と同じ屋根の下で過ごした年数だった。異性の兄弟姉妹と同じ家に住んだ年数が長い被験者ほど、第三者による近親相姦をより道徳的に罪深いと考えた。血のつながりは関係なかった(兄弟姉妹が養子でも親の結婚相手の子供でも結果は同じだった)。さらに両親や被験者本人、仲間の性行動に対する態度にも、性的指向にも、親の婚姻期間の長さにも関係はなかった。

なぜこの点が本章のテーマにとって重要かというと、一般に、近親相姦を忌み嫌う道徳観が、社会や親から学習した教えや、兄弟姉妹との血縁の濃さによって強まるわけではないからだ。それはその人が兄弟姉妹（血のつながりの有無は無関係）と同じ家で過ごした子供時代の長さによってのみ強まる。親や友人、宗教の指導者に教えられた合理的な行動や態度ではない。もし理性が関係しているのだとすれば、タブーは養子の兄弟姉妹や親の結婚相手の子供には及ばないはずだ。それは、近親繁殖や劣性遺伝子の発現によって健常でない子供が生まれるのを防ぐのに多くの場合有効なので、選択されて残った形質だと言える。生まれつき私たちに備わっているものなのだ。

しかし、私たちの意識ある合理的な脳は、こうした背景を知らない。私たちの意識ある脳は「知る必要がある」という基準で機能する。兄弟姉妹が性行為をしており、それが間違っていることさえ知っていればいい。「どうしてそれがいけないのか」と問われると、話はおもしろくなる。ここにきて、あなたは「解釈装置」、すなわち意識的な推論システムを働かせる。近親相姦のタブーについて最近文献をあさったのでもないかぎり、あなたの「解釈装置」は答えを知らない。だが心配はない。いずれにしても答えはいくらでも脳の中からあふれ出てくるのだから。

以上は、私がこれまでしてきた研究に関連している。私は、脳の左右の半球を連絡する器官（脳梁）を医学的理由で切断された人たちについて研究してきた。脳梁を切断すると、右脳は言語中枢（たいてい左脳にある）から分離されるので、左脳と連絡がとれないだけでなく、ほかの誰とも意思を通じ合えない。ただし、特別な装置を使えば、たとえば、「バナナをつかめ」といった視覚的指令を片方の目に与えて右脳に行動するように命ずることはできる。右脳は体の左半分の動きを制御するので、左手がバナナをつかむ。そこでその人にバナナをつかんだわけを訊くと、左脳にある言語中枢が答えようとするが、右脳はそうせよと指令を受けたことを言語中枢に伝えられないため、言語中枢はなぜ左手がバナナをつかんだのか見当もつかない。しかし、左脳は左手が実際にバナナをつかんでいる視覚入力を受け取る。では、左脳は「いや、わかりません」と答えるだろうか。とんでもない！　左脳は「バナナが好きだから」とか「お腹が空いていたから」とか「床に落ちそうだったから」とか答えるのだ。私はこれを「解釈装置モジュール」と呼ぶ。直観的判断が自動的に下され、説明を求められたら、この解釈装置が作動し、もっともな説明を与えて帳尻を合わせるのだ。

私たちが直観的に理解すると思われる要因には、社会的交換における意図もある。たまたま相手の好意に応えそこなっても、それはごまかしとは見なされないが、わざと応えない場合には、見逃されない。社会的交換の話の中でそうした行動が意図的にとられた場合には、三、四歳児でも「いけないこと」だと考える。ただし、たまたまそうなっただけの場合には、この限りではない。[*6] チンパンジーは意図を判断できる。誰かが自分のために食べ物を取ろうとしているのに手が届かない場合は腹を立てないが、手が届くのに取ってくれない場合には怒る。[*7] オーストラリアのクイーンズランド州タウンズヴィルにあるジェイムズ・クック大学の心理学講師ローレンス・フィディックの調査によれば、社会的交換でごまかしを見つけるときには、私たちは偶然のものより、意図的なもののほうを高い確率で見つけるが、犬と接触のある人は狂犬病の予防注射を受けなければならないといった予防的な規約の場合には、意図的にごまかす者もたまたまごまかしてしまった者も同じ割合で見つけるという。[*8] これはフィディックの予想どおりだった。彼は、脳にはもともと二つの生得の回路が別個にあり、社会的交換の回路では、たまたま相手が自分の好意に応えなかったのには気づかないほうがよく、予防用の回路では、ごまかしにはすべて気づくことが望ましくなっていると考えていたからだ。もし脳が完全に論理的だったとしたら、意図とはかかわりなく、どちらの場合にもごまかしをする者に同じ割合で気づくはずだ。

万事が合理的とはかぎらない

すべてが合理的・意識的な決定であるわけではないことを裏づける証拠は、一九世紀にヴァーモント州に住んでいたフィニアス・ゲイジという人物に起源をたどることができる。

ゲイジは鉄道建設の現場監督で、勤勉かつ有能、人当たりも良く、礼儀正しいうえに人望も篤かった。一八四八年九月のある朝、彼はいつものように仕事に出かけた。その日自分が絵に描いたような悲劇に見舞われ、やがて神経外傷を生き延びた最も有名な人物となるとはつゆ知らずに。その朝は、線路の敷設の妨げになる岩を爆破する予定になっていた。岩に穴を開け、爆薬を仕込む。導火線を仕掛けて砂をかぶせ、長い鉄棒で突き固めたうえで起爆する段取りだった。あいにくゲイジは注意が散漫になっていたらしい。彼は砂をかぶせる前に鉄棒で爆薬を突き固めた。爆薬が炸裂し、鉄棒がゲイジの頭めがけて飛んできた。そして左頰から眼窩に入り、前頭葉を通って頭蓋骨の外に飛び出し、彼の二五メートルほど後方に落ちた。

鉄棒はけっして短くはなかった。およそ一・一メートルの長さがあり、重さは六キログラム余り。一端の直径が約三センチメートル、もう一方は端から三〇センチメートルあたりから先細りになり、先端の直径は六ミリメートルほどだった。実物はハーヴァード大学のワーレン解剖博物館で見られる。信じがたいことだが、ゲイジはほんの一五分ばかり意識を失った後は、筋道を立てて明瞭に話すことができた。翌日には、痛みもないと地元紙は伝えた。[*9] ジョン・マーティン・ハーロウ医師の治療の甲斐あって、彼はけがとそれに伴う感染を生き抜き、二か月後には、ヴァーモント州レバノンの自宅に戻れた。体力を回復するにはさらに時間がかかったが。

これだけでも驚くべき話だが、彼が有名になったのはそのせいではない。フィニアス・ゲイジはまるで人が変わってしまったのだ。記憶力や思考能力は元のままだったが、愛想の良さはすっかり影を潜めた。「今の彼は気まぐれで、不遜で、恐ろしく下品です。周りの人に敬意を払うことはほとんどありません。すぐに腹を立てるし、頑固なくせに移り気で優柔不断です。自分で決めておいた計画にまったく手をつけられません。友人たちは〝あいつはもうゲイジじゃない〟と言っています」[*10]。彼は世間に通用しない人間になった。脳の一部が傷ついたために、記憶力や思考能力には影響がなかったにもかかわらず、こうした性格上の変化が起きてしまったのだ。

最近になって、アントニオ・ダマシオらが、同様の脳損傷を受けた「ゲイジと同じような」患者たち（爆薬を突き固める鉄棒ではなく、手術や別の種類の外傷が原因だったが）について調べたところ、全員に共通点があった。人柄が変わってしまい、世間に受け入れられるように振る舞う能力がなくなっていたのだ。エリオットという最初の患者は[*11]、前頭葉の腫瘍を切除する手術を受けていた。手術前、彼は信頼できる夫であり、父親であり、従業員だった。数か月後、彼の人生は悲惨そのものになっていた。せつかれないとベッドから起き出せないし、職場では時間の管理ができない。近い将来についても遠い将来についても計画を立てられず、金銭感覚はでたらめで、家族にも見放された。何人かの医師に診てはもらったものの、診断はつかなかった。どの検査も脳が正常に働いていることを示していたからだ。知能テストでは標準以上の点数をとり、問題を出されると、周到な解決策をいくつも示すことができた。感覚や運動の技能は以前と変わりはなかったし、通常の記憶や発話、言語にも変化は見られなかった。ただし、ダマシオは彼が情動に乏しいのに気づいた。エリオットは一次的情動も社会的情動もひどく損なわれていた。

エリオットはもはや社会人としてはやっていけなかった。適切な決断を下せなかった。ダマシオはその理由が情動の欠如にあると考えた。彼の仮説によれば、私たちが決断する前、選択肢を思いついた時点で情動が呼び覚まされる。それがネガティブな情動であれば、理性が分析を始める前にその選択肢は考慮の対象から外される。意思決定では情動が主要な役割を果たしており、完全に合理的な脳は完璧な脳ではないというのだ。こうした研究結果のおかげで、情動が意思決定プロセスに与える影響が大幅に再評価されることになった。人は合理的な考えをどれほどたくさん思いつけたとしても、決断に当たっては情動を必要とし、それは道徳的ジレンマに関する決断についても同じであることがわかったのだ。

ネガティブな情動に影響されるわけ

私たちは一日中、何かしら決断を下している。「もう起きるか、それとも、もう少し寝ていようか」「今日は何を着ようか」「朝食に何を食べようか」「今、運動しようか。それとも後にするか」。あまりに頻繁に決断するため、自分では気づかないほどだ。職場へ車を走らせる間、アクセルやブレーキ、場合によってはクラッチをいつ踏むか決めている。始業時間に間に合うように、車の速度や道順を調整し、ラジオのダイヤルを回し、ときには携帯電話で話しているかもしれない。考えてみると、興味をそそられるし恐ろしくもある——脳がいちどきに意識できるのは一つのことに限られているのだ。残りの判断はどれも自動的に行なわれている。

自動プロセスには二つのタイプがある。自動車の運転は第一のタイプの例で、自動的になるまで時間をかけて学習された、意図的（職場へ車で行くという意図がある）で目的指向（始業に間に合うようにたどり着くという目的がある）のプロセスだ。ピアノを弾いたり自転車に乗ったりするのもこの部類に入る。第二のタイプは、知覚された事象が意識に上る前に受ける処理だ。私たちは見る、聞く、匂いを嗅ぐ、触るなどの行為によって刺激を知覚し、知覚したことに意識ある心が気づく前に脳が処理を行なう。これには努力も意図も自覚も必要としない。この自動プロセスは、あらゆる知覚を、ネガティブ（この部屋は白い、私は白が嫌いだ）からポジティブ（この部屋は明るい色合いだ、私は明るい色合いが好きだ）にわたる尺度に照らし、決定を一方（このレストランは何か気に入らない……ほかを当たろう）か、他方（このレストランは良さそうだ、ここで食べよう）に傾かせる。こうした自動プロセスは、進化のうえで重要な「接近すべきか、回避すべきか」という問題に答える手助けをしてくれている。この働きは「情動プライミング」〔訳注：プライミングとは、先行する刺激が後続する刺激の処理に無意識的な促進効果を与えること〕と呼ばれ、あなたの行動に影響を与える。もし、どうして最初のレストランで食事しなかったのかと尋ねたら、あなたは理由を挙げるだろう。しかし、答えは「白い部屋は嫌な感じがする」ではなく、「いや、あまりすてきなレストランには思えなかったから」のようなものになるはずだ。

ニューヨーク大学のジョン・バージは、被験者をコンピューター画面の前に座らせ、単語を画面に短時間、表示した。被験者には、悪い印象の単語（たとえば、「吐く」や「暴君」）を見たら右手でキーを叩き、良い印象の単語（たとえば、「庭」や「愛」）を見たら左手でキーを叩くよう指示した。被験者は知らなかったが、彼らが判断する単語の前にバージは別の単語を一〇〇分の一秒間、画面に映し出していた（短すぎて人間には意識的に認識できない）。するとどうなったかというと、被験者にも認識できる悪い印象の単語の前にやはり悪い印象の単語を瞬間的に表示したとき、被験者はそうしなかった場合より短時間で反応した。悪い印象の単語の後に好印象の単語を表示したときは、キーを叩くのが遅くなった。潜在意識に働きかけるマイナスの印象を拭い去るのに時間がかかったからだ。[*12] バージは後に別の実験結果を報告した。被験者に不作法な行動を指す単語を見せ、見終わったら、別室で話し込んでいる人たちに告げるよう指示すると、話し込んでいる人の会話に被験者が割って入る率は、情動プライミングを受けていない場合（全体の三八パーセント）

よりも高く（六六パーセント）、前もって丁寧な単語を見せられた場合は低かった[*13]（一六パーセント）。

エラー管理理論によると、私たちには損害が少ない選択肢を選ぶバイアスがあるという[*14]。進化の視点に立てば、生き残った者はネガティブな合図により速く、つまり自動的に反応した者だったということになり、ネガティブ優先のバイアスが当然選択されたと思われる。何と言っても、けがや病気や死亡につながるようなものをすばやく見つけるほうが、実がたわわになった木を見て反応するより大事だ。そんな木は必ずまたあるだろうが、あのライオンに殺されてしまったら見つけようもない。そう、人間は実際、ネガティブ優先のバイアスを持っているのだ。たっぷりと。私たちはたくさんの無表情な顔の中から、幸せそうな顔より怒った顔を目ざとく見つける[*15]。ゴキブリや虫が一匹入っていただけで、美味しそうな料理も台無しになるが、虫を積み上げてその上に美味しそうな料理を載せたところで、虫を食べる気にはならない。それに、きわめて背徳的な行為は消し去りがたいネガティブな効果を持つ。心理学専攻の学部生が次のような質問を受けた。人を一人殺してしまったとして、その償いに毎回身の危険を冒してまでも一人ずつ人の命を救うとする。何人救ったら罪を償ったと言えるのか。答えの中央値は二五人だった[*16]。

こうしたネガティブ優先のバイアスを立証・検討してきた、ペンシルヴェニア大学のポール・ロージンとエドワード・ロイズマンは、この傾向は日常、普遍的に見られるという。

ネガティブ優先の刺激を受けると、血圧が上がり、心臓が送り出す血液の量や心拍数も増える[*17]。私たちはどうしてもネガティブな刺激に注意がいってしまう（新聞は悪い出来事を報道することで成り立っている）。人は他者のポジティブな情動よりネガティブな情動を読み取るほうが得意だ。ネガティブ優先のバイアスは、私たちの気分や他者に対する印象の抱き方を左右し、完全主義を募らせ（稀覯本も小さな染み一つでその価値が下がる）、道徳的判断に影響を与える。そのうえ、私たちにはネガティブな情動のほうがたくさんあり、快感より苦痛を表す語彙のほうが多いほどだ[*16]。

ロージンとロイズマンは、ネガティブ優先のバイアスが持つ適応上の意味合いには次の四つの要素がかかわっていると述べている。

(1)ネガティブな出来事は強力だ。死ぬこともある。
(2)ネガティブな出来事は複雑だ。逃げるべきか、戦うべきか、立ち止まるべきか、はたまた隠れるべきか。
(3)ネガティブな出来事は突然起きうる。ヘビだ！　ライオンだ！　そんなときはただちに対処しなければならない。すばやい自動プロセスが選択されたのももっともだ。
(4)ネガティブな出来事は伝染しうる——腐敗した食べ物、死体、病人。

情動について論じたときにすでに見たように、外から入ってくる情報はまず視床に送られ、感覚処理を司る領域を経て前頭皮質に至る。しかし、扁桃体を経由する近道があり、扁桃体は過去に経験した危険と結びつくパターンに反応する。扁桃体は運動系に影響を与えるだけでなく、思考をも変えうる。危険な（ネガティブな）入力情報に対する恐れや嫌悪感、怒りといったすばやい情動反応は、あなたが次の情動をどう処理するかに影響を与える。注意はネガティブな刺激に集中される。あなたはモッツァレラチーズが新鮮だとか、バジルの香りがすばらしいとか、トマトが真っ赤に熟れていて美味しそうだとか考えてはいられない。頭にあることと言えば、「ああ、いやだ。脂ぎった髪の毛がピザにくっついている。こんなもの食べないぞ。いや、もうこんなレストランには二度と来るものか」。これがネガティブ優先のバイアスだ。

ネガティブな刺激に対する緊急度の高い反応には及ばないものの、私たちにポジティブな影響を与えるものもある。その一つが無意識の物真似だ。バージとターニャ・チャートランドの実験によれば、私たちは赤の他人と共同作業をするとき、相手が自分のやり方に合わせてくれたほうが、その人物を好む可能性が高まり、相互のやり取りも円滑になるという。また、被験者は、あとで自分では気づくことなしに、共同作業をした人の真似をしがちだという。[*18] バージとチャートランドは、自動的な物真似が好感を呼び、社会的相互行為を促進するという仮説を立てた。初対面のとき、人は相手に対して何かしら印象を持つ。この第一印象はたいてい、長い間その人と接し、相手を観察した後の印象とほとんど変わらない。[*19] 実際、初対面の人の性格について別々の人が驚くほど似通った意見を持ち、その意見は当人の自己評価と驚異的なまでの一致を見せる。[*20]

新生児も物真似をする。母親が舌を突き出すと自分も舌を突き出し、母親が笑顔を見せると自分も笑顔を見せ、母親の表情をなぞる。これに通じるポジティブな効果として、私たちが好意を抱く人の意見に同意する傾向が挙げられる[*21]（友人が隣人は嫌な奴だと言うと、あなたは同意しがちだ）。ただし、相手の意見がすでに自分が知っている事実と矛盾する場合はこの限りではない（その隣人をよく知っていて、好人物だと考えている場合）。体の位置や姿勢さえも無意識に私たちのバイアスに影響を与える。腕を曲げている（受け入れている）ときのほうが、伸ばしている（突き放している）ときより新しい刺激に好印象を持つ。[*22] ある研究で被験者の半分は示された単語が好ましいときにレバーを手前に引き、好ましくないときは押しやるように指示され、残りの半分は逆の操作をするように指示された。すると、好ましい単語を示した場合は、レバーを引く被験者グループのほうが速く反応した。次に、どんな単語にもレバーを引くように指示した場合と押すように指示した場合についても実験してみた。すると、レバーを押すグループでは、好ましくない単語を見たときのほうが速い反応を示した。逆に、レバーを引くグループの反応は好ましい単語のほうが速かった[*23]。私たちの下す決断はすべて「接近」か「回避」かの選択に基づいており、道徳的判断も例外ではない。良いものには近づき、悪いものからは身を遠ざけるのだ。これらの決断はバイアス・メカニズムの影響下にあり、そのメカニズム自体は、私たちが標準装備して生まれてくる情動を引き出しうる。

道徳的判断の神経生物学

ここで、いわゆる「トロッコ問題」を考えてみよう。

トロッコが五人の作業員に向かって暴走している。このままだと、五人は死ぬ運命にある。彼らを助ける唯一の方法は、スイッチを押してポイントを切り替え、トロッコの進路を変えることだ。だがスイッチを押すと、五人は助かるが別の一人が犠牲になる。この人を犠牲にしても五人を救うべきだろうか。

あなたがたいていの人と同じなら、「イエス」と答えるだろう。一人より五人を救うほうがいい。

では、次の状況ではどうだろう。

今度もトロッコが暴走し、作業員五人の命は風前の灯だ。あなたはトロッコと五人の間で線路上に渡された橋の上に立ち、隣には見ず知らずの太った人がいる。その人を線路に突き落とせばトロッコは止まる。その人は死ぬけれど、五人の命は助かる。さて、あなたはその見知らぬ人を線路に落として五人を助けるべきだろうか。[*24]

たいていの人はこの問いには「ノー」と答える。この二つのシナリオで人数は同じなのに、なぜ答えが違ってしまうのか。あなたの解釈装置は、今度は何と言っているだろう。哲学から神経学に転向したハーヴァード大学のジョシュア・グリーンは、最初のシナリオが間接的だからだと考える。この場合はスイッチを押すだけで、実際に誰かに手を触れるわけではない。ところが二番目のシナリオは直接的だ。あなたは赤の他人とはいえ、人を橋から突き落とさなければならない。グリーンは、この問題を考えるに当たり、私たちが進化の途上で置かれていた環境に目を向けた。私たちの祖先は小さな社会集団を作って暮らしていた。その中では、誰もがお互いを見知っていて、相互のかかわりは情動に支配され、すべて自ら手を下すかたちでなされた。だとすれば、私たちがそうした個人的行為の道徳的ジレンマに対する生得の情動的反応を進化させてきたのも自然な流れと言える。その反応は生き残って子孫を残すために選択されたのだ。実際、グリーンが機能的磁気共鳴画像法（ｆＭＲＩ）を使って、前述のジレンマに遭遇したときに活動する脳の領域を観察したところ、自ら手を下す個人的なジレンマの場合、情動や社会的認知を司る脳の部位に活動の増加が見られた。非個人的なジレンマは古代の環境にはなかったため、その種のジレンマに遭遇しても、脳は初期設定された反応パターンを持ち合わせておらず、意識ある思考を実際に行なわざるをえなくなる。こうした非個人的ジレンマの場合、抽象的推論や問題解決にかかわる脳の領域に活動の増加が見られた。[*25]

しかしマーク・ハウザーは、これらのジレンマにはほかにあまりに多くの要因が絡んでいるので、「個人的」対「非個人的」の問題に単純化するのには無理があると考える。得られた結果は、哲学原理によっても説明できる。より大きな善を達成する副産物として害悪を引き起こすのは許されても、その善を達成するために害悪を利用することは許されないのだ。[*26] 目的は手段を正当化せず、とでも言おうか。これはつまり、意図に基づいて行為を検討することにほかならない。最初のシナリオで多くの人がした選択の意図は、できるだけたくさんの人を救うことであり、二番目のシナリオで多くの人がした選択の意図は、罪のない第三者に危害を及ぼさないことだ。

こんなふうに考えることもできるかもしれない。最初のシナリオでスイッチを押す行為は情動的に中立だ。それは良くも悪くもない。そこで直観のバイアスや情動の助けは得られないため、私たちは問題を合理的に考える。一人が死んで五人が助かるのは、五人が死んで一人が助かるよりましだ。ところが二番目のシナリオで、橋の上から何の罪もない人を突き落とすのは情動の面で中立の行為ではない。悪いと感じられる。だから、してはいけないと思う。実際、あなた自身がその太った人物だとすると、進んで橋から飛び降りるという考えは頭に浮かばないに違いない。はなはだ悪い考えだ。ダートマス・カレッジのジェイナ・ボーグらは、この問題をさらに追究した。すると、自ら手を下す難しい個人的なシナリオの場合には上側頭溝の後部が、易しいものについては前部が活動することがわかった。そこで彼らは、上側頭溝の後部は思考を必要とする初めての問題の場合に働き、前部は以前に解決したことのあるありきたりな問題の場合に働くという仮説に行き着いた。[*27]

狩猟採集に対応した「脳のモジュール」

私たちは道徳的判断をすばやく自動的に下せることを確認するところから始めた。この能力に筋の通った説明を与えるのは無理かもしれないが、努力は続けよう。近親相姦のタブーについては、私たちが道徳的と考える生得の行動例を見てきた。トロッコ問題では、道徳的判断は必ずしも合理的とは言えないことを見届けた。判断は、事情（自動的なバイアス、個人的あるいは非個人的な状況）によって変わる。行動と非行動のどちらが必要かにもよる。意図や情動にも依存する（ダマシオの患者エリオット）。自動的に判断を与える神経回路には、時間をかけて学習するものがある（自動車の運転）一方で、生得のものもある（「接近」対「ネガティブ優先のバイアスによる回避」）。後者は情動に影響されるが、その情動もさまざまな程度で生まれながらに私たちに備わっている。このあたりで、脳の働きについてもっと知っておくべきだろう。

以前は、脳はどんな問題にも等しい能力で対処する汎用型の器官と考えられていた（数は減っているものの、まだそう信じている人もいる）。しかし、もしこれがほんとうならば、母語を話せるようになるのと同じぐらい楽に分子生物学をものにできるはずだし、偉大な進化心理学者レダ・コスミデスが示した社会的交換の設問を論理的な設問より楽に解けるはずがない。私たちの脳には進化の末に特定の機能を持つようになった神経回路が現にあるようだ。

脳が個々の問題にそれぞれ対応した特定の回路を持つという概念は、「脳のモジュール説」と呼ばれる。これについて私は二〇年以上前に『社会的脳』（杉下守弘・関啓子訳、青土社）で初めて論じた。当時、局所性の脳損傷や病変を持つ患者にその部位ごとに特定の障害が観察されることが、神経心理学の知見の大半によって強調されていたので、モジュール説は当然の帰結に思えた。脳の特定部位が損われると、言語、思考、知覚、注意などに特定の障害が現れる。こうした現象が劇的に見られたのが分離脳患者だった。左脳が一群の能力を持つべく特化しており、右脳もこれとは別の能力を持つように特化していることとが実証されたのだ。

もっと最近になって、モジュールの概念が進化心理学者によって補強された。たとえばコスミデスとトゥービーは、モジュールを「淘汰圧に反応して進化を遂げた心的プロセスユニット」と定義する。とはいえ、神経学の文献を見ると、モジュールは脳の中に整然と積み重ねられた、孤立した立方体のようなものではないことがわかる。現代の脳画像研究によれば、これらのモジュールの回路は広範囲にわたって散在している可能性があるという。また、モジュールは受け取った情報にどのような処理を行なうかによって定義され、受け取る情報の種類（モジュールを作動させる入力、つまり刺激）で定義されるわけではない。これらのモジュールが、進化の過程で環境中の特定の刺激に特定の反応をするように発達してきたのは明らかだ。

ところが、私たちの世界は進化が間に合わないほどの速さで変わってしまった。これまでにないほど多様な情報が脳になだれ込む一方で、モジュールは昔と変わらないやり方で作動している。刺激の幅が広がったにもかかわらず、今なお自動的な反応が起きているのだ。

さらに、脳は制約を課されている。脳には、どうしてもできないこと、学べないこと、理解できないことがある。犬はグッチの靴（突き詰めれば、ただの皮革にすぎない）にあなたが強い思い入れを持っていることや、それをくちゃくちゃ嚙むと、あなたがあれほど腹を立てる理由を理解できないのも同じことだ。ただし、噛むのはいけないことだったのかもしれないと、漠然とはわかる。脳には一度で学習できることと、何度も試してやっとできることがある。脳が何から何までできるわけではないという考えが受け入れがたいのは、自分の脳が理解できないことを考えるのが難しいからだ。たとえば、相対性理論の第四の次元は何かあらためて説明してほしい。ついでに時間が線形ではないことも説明できるだろうか。脳は基本的に怠け者だ。できるだけ少ない仕事量で済ませようとする。直観モジュールは手軽ですばやく、必要な仕事量がいちばん少ないため、脳の初期設定モードになっている。

現在、道徳や倫理に取り組んでいる研究者の多くは、[*1]私たちが持つモジュールは、狩猟採集によって暮らしていた祖先が慣れ親しんだ状況に対応して進化したものだと考えている。私たちの祖先は、おもに血縁関係のある者の集団から構成される社会的な世界に暮らしていた。ときおり、ほかの集団と出会う。その中には自分たちとの血縁が濃い集団も、そうでない集団もある。いずれにしても、全員が生きていくための諸々の問題に対処しなければならなかった。その一つに、食べられてしまうことなく食べていく、というものもあった。彼らは社会的な世界で生きていたので、他者にかかわる状況に対処しなければならないことが多かった。そうした状況には、道徳あるいは倫理にかかわると思われる問題もあった。前述のモジュールが、特定の直観的概念を生み出し、それによって私たちは自らが暮らす社会を築き上げられたのだ。

倫理モジュールと道徳的感情

倫理モジュール説によれば、刺激によって可（接近）あるいは否（回避）の自動プロセスが始まり、それが完全な情動状態につながることもあるという。この状態が道徳的な直観を生んで、それが人を行動に駆り立てることもある。判断や行動に関する推論は、後から得られる。それは脳が、自分にはまるでわけのわからない自動的な行動について、合理的な説明を求めるからだ。道徳的な判断もその一例で、それは実際の道徳的推論の結果ではないことも多い。しかし、理性的な自己が実際に判断プロセスに参加することもある。

マーク・ハウザーは、直観的プロセスには三つのシナリオが考えられると言う。まず、特定の生得の道徳律があると信じる人々がいる。彼らにとって、人を殺す、盗みを働く、ごまかしをするのは悪いことで、人を助ける、公平である、約束を守るのは良いことだ。この対極に、私たちは生まれ落ちたときには直観など備えておらず、お馴染みの「白紙（タブラ・ラサ）」状態にあって、道徳律を学ぶ能力を授かっていると信じる人々がいる。ごまかしや近親相姦は良く、公平であるのは悪いと学ぶのも容易というわけだ。最後にハウザーが信じる中間の道がある。この立場によれば、私たちには生まれながらに持ち合わせている抽象的な道徳律もあれば、道徳律を学ぶ準備もあることになる。言葉を学ぶ用意ができているのと同じように。したがって私たちは、環境や家族、文化によって束縛されて特定の言語へと導かれるように、束縛を受け、特定の道徳観に導かれる。

これまで見てきたことを総合すると、この第三の道が最も理にかなっていそうだ。抽象的な道徳律の由来を調べるため、ハウザーは人類がほかの社会的動物と共有する行動について検討した。そうした行動には、縄張りを持つ、縄張りを守る支配戦略を持つ、食べ物や土地や性行為を求めて連合体を形成する、互恵行為を行なうなどがある。社会的な互恵関係は人間の場合には、動物界では見られないほどのレベルにまで引き上げられており、抽象的道徳律の探究にとって貴重な事例を提供してくれる。ゲーム理論の研究者が示してくれたように、社会的な互恵関係が成立するためには、ごまかしをする者を見つけるだけではなく、きちんと罰さなければならない。さもなければ、ごまかしをする者が努力もせずに同等の益を受け、ほかの人を出し抜いて優位に立ってしまう。すると、互恵関係は崩れる。人類は長続きする互恵的な社会的交換に必要となる二つの能力を進化させてきた。行動をしばらく抑制する（つまり、満足感を得るのを先送りする）能力と、互恵的交換でごまかしをする者を罰する能力だ。これらは今のところ、人間ならではの能力の数少ない例だ。[*28]

ハイトと彼の共同研究者、ノースウェスタン大学のクレイグ・ジョセフは、人類に普遍的に見られる性質や、文化間の道徳性の違い、チンパンジーに見られる道徳性の芽生えを比較研究したうえで、普遍的な倫理モジュールのリスト[1]をまとめた。彼らのリストはハウザーが検討したのと同様の共通行動に基づいてはいるが、彼らは人間に特有の嫌悪感という情動に由来する抽象的直観をも考慮に入れている。彼らが挙げたモジュールは、「互恵モジュール」「苦痛モジュール」「階層モジュール」「連合体モジュール（内集団と外集団の境界モジュール）」「清浄モジュール」の五つだ。[*29・30] 誰もがこれに賛同するとは思えないが、ハイトとジョセフが指摘するように、これらのモジュールは美徳（道徳的に称賛すべき人の特徴と二人は定義している）を幅広く取り込んでいる。それも、西洋文化だけでなく、世界各地の文化で重要と考えられている道徳上の関心事を含んでいる。

　こうしたリストはいずれも研究の方向性を示唆してくれるが、もちろん最終的なものではない。美徳は普遍的ではないからだ。それはある社会や文化が道徳にかなった振る舞いとして評価するものであり、学習が可能だ。文化が違えば先述の五つのモジュールも違った側面が重視され、道徳に文化的な違いが生まれる。これがハウザーの中間の道のうちで社会によって影響される部分だ。シカゴ大学の人類学者リチャード・シュウェーダーは、道徳的な関心事には三つの領域があるとする。自主性の倫理（個人の権利、自由、幸福にかかわる）、コミュニティの倫理（家族、コミュニティ、国家の保安にかかわる）、神性の倫理（霊的自己、心身の清浄さにかかわる）だ。[*31] ハイトとジョセフも、同様の概念的枠組み（スキーマ）を採用している。彼らは、「苦痛」と「互恵」に対する関心を「自主性の倫理」に、「階層」と「連合体」に対する関心を「コミュニティの倫理」に、「清浄」に対する関心を「神性の倫理」に含める。

ここで、これらのモジュールについて、それを作動させる入力（環境的誘因）、モジュールが生み出す道徳的情動、結果として得られる道徳的直観（出力）について論じることにしよう。ダマシオが述べたように、情動は触媒であり、世の中、万事理屈で割り切れるわけではない理由を説明する手助けをしてくれる。一見したところ、完璧に合理的な世界のほうが良いように思えても、少し考えれば、それが間違いであることに気づく。たとえば経済の分野では、もう二度と行かないレストランでなぜチップを置くのか、ということが古くから問われてきた。これは合理的な行為ではない。それに、なぜ病気の夫か妻をさっさと捨て去り、健康な新しい連れ合いを見つけないのか。そのほうがよほど理にかなっていないか。なぜ重度の障害者に公的資金を使うのか。彼らが払い戻してくれる可能性はまずないというのに。

ハイトは、道徳的情動はただ他人に親切にするためだけのものではないとも主張する。「道徳には利他主義や親切心以上のものがある。親切な行動を促す情動を道徳的情動と呼ぶのはたやすいが、排斥や恥辱、仇討ちという名の下に行なわれる殺人につながる情動も、やはり私たちの道徳観を表している。人間社会は構成員全員による驚異的で繊細な産物であり、人々にその社会を大切にさせ、その健全性を支え、強要し、向上させようとする情動はいかなるものも道徳的と考えるべきである。たとえ、その行動が〝親切な〟ものではないとしても、だ[*32]」

ロバート・フランクは経済学者でありながら、心理学者や哲学者や「利己的な遺伝子」の世界に足を踏み入れた。珍しいことだ。彼は道徳感情が利己的な遺伝子の説と一貫していると主張する。道徳的情動によって他人の目に留まるかたちで表出する道徳感情を持つことは、利己的な人に有利に働く。道徳的情動は、その持ち主がごまかしをしづらくするからだ。道徳的情動は偽造するのが難しく、本人が良心を持っており、約束を破ったら罪の意識に苦しむことの宣伝になる。たとえば、すぐに赤面する人の言葉は信用できると思っていい。そういう人は嘘をつくと頬が真っ赤に染まるからだ。赤面するのは人間に限られる。涙も目に見える情動の証だ。泣く動物は人間しかいない。ほかの動物にも涙腺はあるが、目の健康を保つためにしか涙を分泌しない。情動のせいで涙を流すことはない。

道徳感情と情動は、交易や社会的交換の場で、いずれ提携者となるかもしれない人たちが最初の出会いの場からさっさと退散せずに済ませるためのコミットメント装置となりうる[*33]。ようするに、個人的な関係や社会的交換で、そもそもなぜ他人と手を組まねばならないのかというコミットメントの問題に答えを与えてくれる。合理的な人は誰とも手を組まないだろう。相手も合理的なら、その人はとかくずるい手に出る。合理的な人には好機を見過ごすことはできないからだ。では、どうやって合理的な相手に自分はごまかしはしないと信じさせられるだろうか。ごまかしをしないのは割に合わないというのに。

離婚率は高いし、結婚という負担を払わなくても多くの異性と性交渉できる。それなのに、なんでまた合理的な人間が結婚したりするのだろう。いったいなぜ他人と共同事業を始めるのか。どうして他人にお金を貸すのだろう。情動がこれらの問いに答えてくれる。愛情と信頼が結婚に結びつき、信用が共同事業に結びつくのだ。罪の意識や恥を感じるのを恐れるので、ごまかしはしないし、(「心の理論」のおかげで)相手も同じように感じることがわかっている。ごまかしをする者に対する怒りが歯止めになる。「心の理論」のおかげで、人は自身の行動が他者の信念や願望に与える影響を考慮しつつ計画を立てられる。もし誰かをごまかしたとしたら、相手は怒って報復するだろう。自分のごまかしが見つかったときのきまり悪さを経験したくはないし、報復されたくもないから、私たちはごまかしたりしない。

ただし、これから見ていくように、一つのタイプの道徳的情動が単一のモジュールに限定されているわけではない。これから、最も広く想定されている五つの道徳モジュールを概説しよう。

五つの道徳モジュール
・互恵モジュール

社会的交換は社会を一つにまとめる接着剤の役目を果たしており、情動がその社会的交換の要となっている。道徳的情動の多くは、おそらく互恵的利他主義を背景に生まれたのであり、その芽生えが乳幼児や人間以外の動物で見られる。ご記憶のように、社会的交換が成立するためには、社会契約を結び、それを守らなければならない。契約は、「私はあなたのためにこれだけのことをしますから、あなたも将来これと同じだけのことを私のためにしてください」というかたちをとる。前章で血縁者間の利他主義を説明して私たちの理解を助けてくれたロバート・トリヴァーズは、互恵的利他主義の関係では、情動が私たちの直観と行動の間を取り持っていると考えている。私たちは信頼の置ける相手と互恵的関係を持ち、恩恵をきちんと返してくる相手を信頼する。互恵を可能にしたのは、他人にごまかされて嫌な思いをし、何らかの手段に訴えた人、誰かをごまかした罪悪感を嫌い、もう経験したくなかった人であり、彼らが、正直者がごまかしをする者に駆逐されない社会を築いた。互恵関係は、チスイコウモリやグッピーなど人間以外の動物数種にも見られるが、それは一対一の関係でしか存在しない。だが人間は、誰が悪人で誰が信用できるかうわさし、他人に触れて回る。

互恵に関連した道徳的情動には、同情、軽蔑、怒り、罪悪感、羞恥心、感謝の念がある。

同情は相互関係を促すことですべてのきっかけとなる。「もちろん手を貸すよ」。怒りはごまかしをする者を罰する気を起こさせる。それは不公平さに対する反応であり、報復の動機となる。軽蔑は、自分に課せられた仕事を怠った人や自ら掲げた目標を果たさなかった人を見下し、道徳的優越感を覚えることだ。軽蔑は、思いやりなど、ほかの情動を弱め、その相手と将来やり取りする可能性を低める。感謝の念は、他者とのかかわりの中で生まれるが、ごまかしをした者を見つけた人にも向けられる。互恵モジュールの自動プロセスはこう言う。「借りを返し、他人と協力し、ごまかす者を罰する。良い人だ。近づこう」「ごまかしをする。悪い人だ。避けよう」。直観的互恵から生まれてきた美徳は、公平さ、正義、信頼、忍耐だ。しかし、互恵関係は生得の公平さに根差しているわけではなく、生得の互恵観念に由来している。

二人の大学教授が、知らない人たちにクリスマス・カードを送った。驚いたことに、大半の人が返事のカードを返し、送り主の正体を尋ねすらしなかったという。[*34] 慈善団体にはよく知られているが、寄附を募る手紙に相手のアドレス・シールなどちょっとしたものを同封すると、寄附額が倍増する。互恵は強力な本能であり、公平さはそれに基づく美徳であるものの、それを支配しているわけではない。これを立証したのが、ノーベル経済学賞受賞者で、現在ジョージ・メイソン大学で経済と法律の教授を務めるヴァーノン・L・スミス[*35・36・37]だ。彼は「最後通牒ゲーム」と呼ばれるゲームを使って実験をした。ゲームでは、デイヴ役の被験者は一〇〇ドル預けられ、アル役の被験者と分けるように指示される。デイヴはアルにいくら分け与えるつもりか前もって申告しなければならない。アルが受け取るのを拒むと、二人とも一ドルももらえない。合理的に考えると、デイヴはアルに一ドルあげればいい。アルはそれでも得をするのだから受け取るはずだ。ところが、このゲームで低額を提示された人は受け取らなかった。額の少なさに腹を立て、罰として受取りを拒否するのだ。こうして、どちらもお金をもらいそこなう。

最後通牒ゲームをする人の大半は、相手に五〇ドルあげると申告する。これは公平さが働いているように思える。ところが、大学生を対象にゲームを少し変えて行なうと、結果が違ってきた。デイヴはお金を分ける役割を得るためには一般知識テストでクラスの上位半分に入らなければならず、アルは額の多寡にかかわらず提示されたお金を受け取らなければならないことにした（今やこれは「独裁者ゲーム」となった）。すると、とたんにデイヴ役の学生は気前が悪くなる。最後通牒ゲームでしていたような半額の提示をやめる。アル役に自分の正体が知られていないと思っているときは、なおさら気前が悪くなる。実験者に自分が誰か知られていないと思うと、じつに七〇パーセントが独裁者ゲームではアルにまったくお金を分け与えない。こうした結果から、スミスは次のような結論を下した。デイヴ役の学生たちは、社会的に許されるやり方で行動していないと露見さえしなければいいと考えているようだった。明らかに、これらのゲームでは動機は公平であることではなく、好機を逃さないことだったのだ。スミスはこう説く。デイヴ役の学生たちが最初の最後通牒ゲームで公平な態度をとったのは、互恵の考えにとらわれていて、自分の評判を落としたくなかったからであり、自分が誰だかわからない場合や優位に立っている場合には、公平さは問題にならない。

スミスはさらにゲームを変えてみた。今度はデイヴとアルは一度ではなく、何度も続けてゲームをする。デイヴもアルも毎回お金を受け取ってもいいし、パスしてもいい。パスするごとに金額が増える。ある時点になっても両方ともお金を受け取らないとゲームが終わり、そのときはデイヴが現金を手に入れる。合理的に考えれば、アルは最後の機会に現金を受け取るべきなのがわかるし、デイヴはそれを踏まえて、その直前のゲームでお金を受け取ろうとするだろう。こうして順繰りにさかのぼっていくと、合理的に考えるのであれば、どちらも最初の機会に受け取るべきなのだ。ところが、学生たちはそうはしなかった。彼らはデイヴに最後にお金を受け取らせ、彼が次のゲームで自分にお金を受け取らせてくれることを期待する。これはロバート・フランクのコミットメント・モデルだ。双方とも相手を見知っており、一連のゲームをしているのだから。

以上の実験は大学外でも行なわれた。四つの大陸とニューギニアの、合計一五の小規模な社会で実施された。得られた結果にはばらつきが見られたものの（低額でも受け取る人が多い社会もあれば、そうでない社会もあった）、どの社会でも人々は完璧に利己的な振る舞いはしないという結論が得られた。彼らの反応は、地元の協力関係がどれほど重要か、彼らが市場での交易にどれほど依存しているかによって異なった。一人ひとりの経済状況や年齢、性別、職業などはまったく無関係で、ゲームへの取り組みぶりは日頃の交流の仕方によく似ていた。[*38] 血縁関係を超える相互取引が盛んな社会ほど、提示金額は公平になった。

・苦痛モジュール

苦痛に対する懸念や、他者が示す肉体的な苦痛の徴候に対する感受性や嫌悪感、そうした苦痛を引き起こす者に対する嫌悪感を持つのは、長期にわたって自分に依存する乳幼児を育てる母親にとって、良い適応例と言える。子供の生存率を高める適応はどれも、進化によって選択されたものだろうし、子供の苦痛を見分ける能力はこのカテゴリーに入る。同情、思いやり、共感は遠い昔の物真似に由来すると思われる。物真似は母子間の絆と愛着を育み、それがけっきょく子供の生存確率を高めることが多い。ハイトは、社会がこの直観的な倫理から引き出す美徳は思いやりと親切心であると結論づけているが、正当な怒りをこれに加えてもいいだろう。

・階層モジュール

階層は、地位が物を言う社会的な世界をうまく渡っていくためにある。私たちは対人関係でも異性関係でも権力と地位が肝心な社会集団の中で進化してきた。いわば人間のいとこにあたるチンパンジーは、つねに地位と権力に心を奪われているし、それは人間にしても変わらない。平等を標榜する社会ですら、階層は社会的地位や職場組織、異性獲得競争で見られる。社会がどれほど平等を謳おうとも、やはり人並み以上に健康で見目麗しく、したがって異性に高く評価される人はいるものだ。それに、どんな社会でも上に立つ人がいないと、混乱が起きる。権力者に敬意を表したり、冷静に権力を行使したりすることで、この社会の入り組んだ人間関係に対処できるような直観的行動は、きっと成功したのだろう。社会的交換で罪悪感や羞恥心が役立つことはすでに見たが、これらの情動はまた、社会に受け入れられる行動をとり、階層社会をうまく生き抜くよう人を促してもくれる。罪悪感とは自分が誰かに危害や苦痛を与えてしまったという悔悟の念であり、相手を助けようとする行動に人を駆り立てる。悪辣な行為の現場を押さえられた場合にはとりわけそうで、そんなとき、罪悪感は羞恥心へと姿を変える。羞恥心は、誰かに見られていると知りながら社会規範を守らないときに起きる。羞恥心を覚えると、人は逃げ隠れする。これは本人に規範を破った自覚があり、その行為のせいで攻撃される率は低いことを示す。罪悪感と羞恥心はすべての道徳モジュールの動機となりうる。地位の高い人の前に出ると、きまり悪さを覚えることがしばしばある。そこで人は分相応に振る舞い、権力の座にある人々に敬意を表するよう動機づけられる。こうして自分より大きな権限を持つ人との摩擦が避けられ、生存の可能性が高まる。前章で、ごまかしをした者を罰した人に対する報酬は地位の向上であることを学んだ。これ以外に、階層と関連する情動には尊敬、畏敬、憤りが、階層に基づく美徳には尊敬、忠誠心、服従がある。

・「内集団・外集団」連合体モジュール

連合体は、チンパンジーの社会や、イルカなどの社会的な哺乳動物の間で広く見られる。人間社会では、蔓延していると言える。人間は、相互に排他的な集団に自らを進んで振り分けるものだ。甘い物が好きな人に塩辛い物が好きな人、農耕型人間に牧畜型人間、犬好きに猫好き。世界地図を見て、隣国を好かない国がどれほどあるかと考えると、滑稽なほどだ(もし、これほど多くの悲劇につながらないのであれば、だが)。ロバート・クルツバン、ジョン・トゥービー、レダ・コスミデスは、連合体認識をコードすることに特化したモジュールの存在を示す証拠を発見した[*39]。血縁関係にある者がいっしょに住み暮らし、敵対的な近隣の群れどうしが遭遇する可能性もあり、社会集団内で攻守ところを変えながら権力闘争が発生するという進化途上の世界では、協力や競争や政治同盟のパターンを認識できれば好都合だ。誰と誰が手を組んでいるのか一目でわかる目印が役立つ。肌の色や特有の話しぶり、衣服の違いなど任意の手がかりが有効になるのは、それが連合体の構成員の確実な識別基準になる場合に限られる。さもなければ意味がない。私たちの祖先が進化した狩猟採集社会では、異人種に出会うことはまずなかったはずだ。めったなことでは遠くに移動しなかったから。しかし人種は、適切な状況下では連合体の目印として使うことができる。一目で見分けがつくからだ。過去に行なわれた社会学の実験では、相手がどんな社会的背景を示そうと、人々はつねに他人を人種で分類した。

人種の認識（進化の観点に立てば無意味）ではなく連合体の認識に特化されたモジュールがあるかどうか検証するため、クルツバンとトゥービーとコスミデスは人種によって協力・同盟関係が予測できない社会的背景を実験的に生み出した。すると、被験者が人種に気づく割合が激減した。さらに、協力や同盟関係のパターンと相関関係のある目印（彼らはシャツの色を使った）がコードされ、それは人種よりもコードのされ方が強力だった。実験を始めて四分しかしないうちに、被験者は人種に注意を払わなくなった。クルツバンらは、人間は変化する同盟関係を見極めるのに長けており、人種が連合体の目印ではない社会的な世界に適応できるのはこのためだと結論づけた。

連合体への帰属によってさまざまな情動が呼び覚まされうる。その中には、他集団への思いやり（たとえば、フリーメーソン系の友愛結社シュライン会の会員や、長距離デモ行進（ウォーカソン）の参加者によるもの）、他集団に対する軽蔑（喫煙者に向けた非喫煙者の気持ち）、怒り（喫煙者に対する非喫煙者の気持ち）、罪悪感（自集団を支持しない後ろめたさ）、羞恥心（自集団を裏切ったという自覚）、きまり悪さ（仲間を失望させたという思い）、感謝の念（消防隊員に対する住宅所有者の心情）などがある。というわけで、このモジュールは機能する。「この集団の一員と見なされるのはいいことだ。近づこう。集団から外れるのは悪いことだ。避けよう」。連合体の認識は物真似に根差している。他者の行為を真似るとポジティブなバイアスを生むのと同じだ。内集団の連携から生まれる美徳は、信頼、協力、自己犠牲、忠誠心、愛国心、英雄的行為だ。

・清浄モジュール

清浄さは、バクテリアやカビや寄生体による疫病の予防に基づいている。マット・リドレーはこの予防を競争と呼ぶ[*40]。私たちの生存を脅かすこうした病原体がなければ、遺伝子の組み換えや、（無性生殖ではなく）有性生殖の必要はなくなる。隣人（この場合は、種の繁殖と生存を確かなものにするために、つねに突然変異を繰り返して私たちに対する攻撃の腕前を上げている大腸菌や赤痢アメーバ）に追いつき、それを追い越さなくてもいいのだ。清浄さを保つための情動が嫌悪感だ。ハイトは、ヒト科の動物が肉食をするようになったときに嫌悪感が芽生えたのではないかと言う。これは人間特有の感覚らしい[*41]。どう見ても、犬は嫌悪を覚えたりしない。食べているものを見るといい。嫌悪感は、人間が食べ物を拒絶する四つの理由の一つにすぎないが、残りの三つ、すなわち、口に合わないこと、食べ物として不適切であること、危険であることはほかの動物と共有している。嫌悪感は、食べ物の出所や性質を知っていることを意味する。乳幼児は苦い食べ物を受けつけないが、五歳ぐらいにならないと嫌悪感は示さない。ハイトらは、嫌悪感はもともと食べ物の拒絶システムとして機能していたのではないかと主張する。これには、吐き気との関連や、汚染の懸念（胸のむかつくような物との接触）、関連する表情（おもに鼻と口を使う）といった裏づけがある。ハイトらはこれを「コア（中核的）嫌悪感」と呼ぶ。

嫌悪感はそもそも、病原体の媒介物（人間や鳥獣の腐乱死体、腐敗した果物、糞便、寄生体、吐瀉物、病人）に対する防御の役目を果たしていた。だがハイトはこう指摘する。「しかし、人間社会が拒絶すべきものは性的逸脱者や社会的逸脱者など数限りない。コア嫌悪感は拒絶システムとして必要に先駆けて適応し、他の種類の拒絶にもすんなり使われるようになったのかもしれない」[41]。適用範囲が広がり、ある時点で嫌悪感はより一般化され、外見、身体機能、一部の行為をも含むようになった。そうした行為には過食や死体を扱う仕事などがある。

しかし、嫌悪感がこれらの重要な適応機能（食べ物の選択や疾病の回避）を果たすために進化したのだとすれば、乳幼児にほとんど見られないのがとりわけ不思議に思われる。実際、乳幼児は糞便でも何でもかまわず口に入れる。完全な嫌悪感の反応（汚染に対する感受性も含む）を示すのは五～七歳になってからだ。また、汚染に対する感受性は、私たちが知るかぎり、人間以外の種には見られない[2]。したがって、生物学的生存に嫌悪感が欠かせないと主張するには注意が肝要だ。嫌悪感の社会的機能のほうが……生物学的機能より重要なのかもしれない。[*41]

実際、研究者が各国の人々に嫌悪を感じるものを挙げてもらったところ、コア嫌悪感を別にすれば、それらは大きく三つのカテゴリーに分類できた。最初のカテゴリーに入るのは自分も動物の一種であることを思い出させるものだった。それには、死、性行為、体の汚れや臭い、涙(これは人間だけのものだ)以外のあらゆる体液、欠損や奇形や肥満などの身体的逸脱が挙げられる。次のカテゴリーに属すのは、対人汚染につながる恐れのあるものだった。このカテゴリーの要素は、体の分泌物による汚染というより、象徴的な意味合いにおける汚染だった(洗濯した他人の衣服を身につけるのを嫌がる度合いはそれほど高くなかった)。被験者は好人物の衣服と比べて殺人者やアドルフ・ヒトラーの衣服を身につけるのを嫌がった。インド人が嫌悪感を示したものの多くはこのカテゴリーに入る。最後のカテゴリーに属すのは、背徳的行為だった。アメリカ人と日本人の被験者の場合、大半の例はこのカテゴリーに収まったが、中身はひどく異なっていた。アメリカ人は個人の権利と尊厳を冒されると嫌悪感を覚えるのに対し、日本人は社会の中での自分の立場を冒されると嫌悪感を覚える。

嫌悪感は文化によって異なる要素を孕んでいて、子供はその要素に含まれるものを教わる。このモジュールはおそらく生物学的な起源を持つと思われるが、範囲が拡張され、今では食べ物に関連するものだけでなく、他者の行為にまで及ぶ。無意識のうちに、このモジュールは言う。「ああ嫌だ、汚い。これは悪い。避けよう。きれいだ。これは良い。近づこう」。私は最近こんな標語を目にした。「清潔な手から美味しい料理が生まれる」。ここ、サンタバーバラでは、清浄モジュールが健在と見える。

時代が下るにつれ、宗教的あるいは非宗教的な掟や儀式は、食べ物や身体機能（衛生、健康、食事など）を規制するようになっていった。いったんそうした掟が受け入れられると、それに従わないことはネガティブ優先のバイアスや道徳的直観につながる。宗教的あるいは道徳的な関心事には、心身の清浄さに一般化されたものもある。多くの文化が清潔さや純潔、清浄を美徳としている。

ターリア・ウィートリーとハイト[*42]は、情動を強めることで道徳的判断に影響を与えられるかどうかを検証するために実験を行なった。まず被験者を二つのグループに分けて催眠状態に置き、一方のグループには、「that（それ）」という単語を、他方のグループには「often（しばしば）」という単語を聞くと嫌悪感を覚えると暗示をかけた。それから、どちらかの単語が出てくる道徳的な物語を読ませた。すると、どちらのグループも、催眠状態で暗示をかけられた単語が出てくる物語を読むと嫌悪感を覚えることがわかった。さらに、三分の一の人が、道徳的に何ら問題のない物語もいくぶん不道徳と感じることまでわかった。シュノールとハイトとクロアは別の方法で実験を行なった。被験者にはファーストフードの包み紙やティッシュが散らかった汚い机か、きれいな机のどちらかの前に座ってもらい、道徳にかかわる質問をした。「私的な身体意識」テストで尺度の上端に位置する人々(自分の体の状態について意識が高い人)は、汚い机の前に座っているときは、より厳しい道徳的判断を下した。この実験はこんな教訓を与えてくれる。親が週末に家を留守にしている間に、禁じられていたにもかかわらず内緒でパーティーを開いたとしよう。親が戻ってきたときには、家を完璧に掃除しておくにかぎる。というのも、もしパーティーを開いたことがばれて、家が汚い場合には……。

では、誰もがこうした普遍的なモジュールを持つのであれば、文化ごとにどうしてこれほど道徳規範が異なるのだろう。ハイトとジョセフは、私たちの生得の道徳的直観と社会によって定義された美徳との関係を見ることでこの問題に答える。ハウザーのモデルでは、私たちは社会に対して、制約を受けた特定のかたちで反応するように生まれながらに準備されていることになっている。つまり、学習するのが易しいものもあれば、まるで学習できないものもあるということだ。動物研究では、一回で教えられること、何百回も繰り返さないと教えられないこと、絶対に教え込めないことがあるのがわかっている。人間の場合、典型的な例に次のようなものがある。ヘビを恐れるよう教え込むのはしごく簡単だが、花を恐れるよう教え込むのは不可能に近い。私たちの恐怖モジュールは、祖先が置かれた環境では危険きわまりなかったヘビについては学べるようになっているが、危険でなかった花については学べない。子供に何がこわいか尋ねると、返ってくる答えはライオンやトラや怪物であり、自動車ではない。今では自動車のほうが子供にとってよほど危険であるにもかかわらず、だ。同様に、学ぶのが易しい美徳と、そうでない美徳がある。ごまかしをする者を罰することを学ぶのはたやすく、赦すことを学ぶのは難しい。

美徳とは、文化によって道徳的に称賛すべきとされているものだ。文化が違えば、倫理モジュールの出力の評価も異なる。文化によっては、複数のモジュールを組み合わせてより広範な刺激に当てはめる。ヒンドゥー教徒は清浄モジュールを階層モジュールや連合体モジュールと組み合わせて、カースト制度を作り上げた。君主制国家も同様の方法で階級社会を生み出した。王侯貴族は、階級貴族社会の中で血統を純粋に保った。異なるモジュールが生む美徳に与えられる定義は文化によって異なりうる。公平さは美徳とされるが、どんな基準でそれを判じるのか。必要性だろうか。勤勉な人に対する公平さか。さもなければ、平等な分配に基づく公平さだろうか。忠誠心を考えてみよう。家族への忠誠心を尊ぶ社会もあれば、仲間や階層的構造（町や国家）への忠誠心を尊ぶ社会もある。一部の文化では、別々のモジュールから得られた複雑な美徳を組み合わせ、「超」美徳を創出する。

たとえば栄誉は、たいていの伝統的文化では階層モジュール、互恵モジュール、清浄モジュールから得られる。[*30]

合理的思考のプロセス

ありとあらゆる刺激に対してモジュールが用意されているのなら、合理的思考の出番はいつ来るのだろう。バルザックは人間喜劇『モデスト・ミニョン』でその瞬間をこう記している。「恋愛で女性が嫌悪感とばかり思い込んでいるものは、じつはただはっきりと見えたというだけのことである」。[*43] この現象がいつ起きるのかについては、いまだに結論は得られていない。私たちはいつ、合理的に考えるように動機づけられるのだろう。それは最適な解決策がほしくなったときだ。しかし、最適な解決策とは何か。それは正真正銘の真実だろうか。それとも、自分の世界観を裏書きするものか。はたまた、自分の地位と評判を維持するものか。

仮に、自分の偏見にまったく影響されない正真正銘の真実を得たいとしよう。道徳的解釈をする必要がない場合には、これは簡単だ。たとえば、こんなふうに言える。「どの薬が私にいちばん合っているか知りたい。いくらかかろうとかまいはしない。どこから入手したものでも、誰が作ったものでも、どれほど頻繁に服用しなければならなくても気にしない。丸薬でも注射でも軟膏でもいい」。これは「重罪人から臓器を採取してもいいか」という問いに比べると、はるかに穏やかだ。もう一つの条件は、自動的に答えてしまわないように、十分に考える時間が与えられることだ。スーパーの前でかわいい小猫を渡されたら、あなたはとっさに受け取り、アパートに連れて帰ってしまうだろうか。自分のアパートではペットは飼えず、ルームメイトは猫アレルギーだとしても？　それとも家へ帰ってゆっくり考えるだろうか。そしてもちろん、最後の条件として、決定にかかわる情報を理解し利用する認知能力が必要となる。

とはいえ、合理的に考えようと努めたとしても、実際はそうはいかないかもしれない。研究によると、私たちは最初に納得した考えを採用し、そこで思考をやめてしまうという。ハーヴァード大学の心理学者デイヴィッド・パーキンスは、この現象を「納得の法則」と呼ぶ[*44]。しかし、何に納得するかは人によって大幅に異なる。それは事例証拠（因果関係を想定させる単発的な事例）と、事実証拠（証明された因果関係）の違いだ。たとえば、ある女性は避妊薬で不妊になると信じるかもしれない。過去に避妊薬を飲んでいた叔母が、今どうしても妊娠できないからだ。ただ一つの事例証拠に基づいて、彼女は自分の意見を形成し、それに納得している。しかし、叔母が避妊薬を服用する前から不妊だった可能性や、淋菌やクラミジアなど性感染バクテリアに感染して卵管が傷ついたため不妊になった可能性（じつは、今やこれが不妊の最大の原因）については考えない。さらに避妊薬は、実際にはホルモンを使わない方法より受胎能力を高く維持すること（事実証拠）も知らない。とかく人は事例証拠に頼りがちだ。[*45・46]

次の例を見てほしい。これはコロンビア大学の心理学者ディアナ・クーンが知識の獲得を研究するために考え出した多くの設問のうちの一つだ。

A　ティーンエイジャーが喫煙するようになるのはなぜか。スミスはこう答える。タバコを吸うのが魅力的だと思わせる宣伝のせいだ。センスの良い服を着て、口にタバコをくわえたすてきな男に自分もなりたいからね。

B　ティーンエイジャーが喫煙するようになるのはなぜか。ジョーンズはこう答える。タバコを吸うのが魅力的だと思わせる宣伝のせいだ。テレビでタバコの宣伝をするのが禁止されたら、喫煙者は減ったじゃないか。

どちらのほうが説得力がありますか。

設問に答えた八年生から大学院生までの大勢の生徒・学生のうち、この二つの答えの違いを理解した人は少なかった。もちろん、大学院生の正答率が最も高かったが。最初の答えは事実関係の裏づけがなく、二番目の答えは事実に基づいている。つまりこの結果は、人は合理的に判断しようと努めても、大半の人は情報をきちんと分析できないことを示している。[47]

人間が進化してきた環境を踏まえて、ハイトはこう指摘する。人間の道徳的判断装置が必ず正しい答えを出すようにできていたら、私たちはときには敵と手を結んで友人や家族と対立した場合に、悲劇的な結果を招きうる。[1] そこで彼は、道徳的推論の社会的直観モデルを提示する。直観的判断と事後推論が起きた後で、直観的判断が変更されるシナリオが四つ考えられるという。最初の二つのシナリオは、ともに社会的な世界を舞台とし、推論に基づいた説得（必ずしも合理的であるわけではない）に従う、あるいは周囲の行動に合わせるだけ（こちらもまた、必ずしも合理的であるわけではない）というものだ。問題が他者と論議されるような場合には、合理的推論が盛んになる可能性があるかもしれないとハイトは言う。

前章で、うわさ話に関連して触れた社会集団をご記憶だろうか。うわさ話は何の役に立つのだったか。それはコミュニティの中で道徳的行為の規範を確立する手助けをする。誰もが大好きなうわさ話の種は何だったか。とっておきの話、なかでも道徳に背いた者の話だ。これさえあれば、とりとめのない会話も俄然盛り上がる。サリーがパーティーを開く話より、彼女が既婚者と浮気している話のほうが断然興味をそそられる。あなたは道徳家ぶって、既婚者と交渉を持ってはならないという友人に同意することもできるが、友人に同意しない場合はどうだろう。もし、その男性の妻は財産目当てで結婚しただけで、夫妻に子はなく、今や家を二分して暮らしているのを知っていたとしたら？　妻は家の片側で豪勢なパーティーを催し、夫は家の反対側で片手間に募金組織「ユナイテッド・ウェイ」支部のウェブサイトを管理しているとしたら？　夫妻にはもう何の接触もなく、ただ彼女が離婚届に署名するのを拒んでいるだけなら？　あなたと友人は事実関係を合理的に議論し、どちらか一方が意見を変えられるだろうか。

結果は、あなたの情動がどれほどこの話に関与しているかによって変わる。すでに見たとおり、人は自分が好む相手の話には同意しがちだ。だとすれば、もし問題がどちらにも無関係か直接の影響がない場合、あるいは、まだ議論になっていないうちなら、社会的説得の力が働くかもしれない。説得の内容は合理的であるかもしれないし、そうでないかもしれない。これについては、今見たとおりだ。あなたは相手の説得に役立ちそうな材料は何でもかまわず利用する。もし互いにとても強く反発するようであれば、説得しても時間の無駄だろう。もちろん、道徳にかかわる問題では極端に強い反発が予想される。食卓で宗教や政治を話題にしないという古くからの教えには、それなりの理由がある。強い情動は論争を呼び、それが味蕾の邪魔をして消化不良を起こさせる。

ロバート・ライトは、自著『モラル・アニマル』でこう書いている。「論争が始まる頃には決着はすでについている」。ここで解釈装置が登場する。残念なことに、この解釈装置は「弁護人」だ。ライトは、脳は論争に勝利するための装置であり、真実の探究者ではないと説く。「脳は優秀な弁護人のようなものだ。守るべき権益を与えられると、その道徳的・論理的価値を相手に納得させようとする。実際にその権益にそうした価値があるか否かは関係ない。弁護人と同じく、人間の脳は勝利を追求するのであって、真実を追究するわけではない。弁護人同様、脳はその美徳より技巧のおかげで称賛されることがある」[*48]。彼はこうも指摘する。もし私たちが合理的な生き物なら、どこかの時点で、つねに正しいということが可能かどうか怪しむはずだ。そういえば、もし私たちが合理的なのであれば、ペンのインクの染みを防ぐために、みなポケット・プロテクターを使っていていいはずではないか。

説得はたんに周りの人の影響というかたちで現れることもある。あなたは人がまるでヒツジのように振る舞うと何度思ったことだろうか。たとえば、私の娘がこんな経験を語ってくれた。感謝祭の前日にサンディエゴの駅で列車に乗ったときのことで、列車の到着が遅れ、いざ乗車時間になると、ホームに面したドアはたった一つしか開かなかった。そのドアの前には長蛇の列ができた。娘は閉じていた別のドアのところへ行き、それを押し開けて乗り込んだ。人が周りの人に影響されることは多くの研究によって実証されている。テレビ番組『隠し撮り（キャンディッド・カメラ）』の傑作場面は、この点を念頭に置いて撮影された。

社会心理学の草分け、ソロモン・アッシュは、有名な実験を行なった。部屋に八人の被験者（七人は「サクラ」だった）を入れ、一本の線を見せた。その線を隠した後で、明らかにそれよりずっと長い別の線を見せ、一人ひとりに、どちらの線が長かったかと尋ねた。ただし、本物の被験者には最後に質問した。最初の七人が全員、二本の長さは同じだったと言うと、過半数の被験者は同調した。[*49] 社会的圧力に屈して、明らかな誤りを口にしたのだ。

スタンリー・ミルグラムはアッシュの教え子だった。社会心理学で博士号を取得すると、じつにショッキングな電気ショック実験を行なった。周りの人の影響は排除し、服従だけに着目した。彼は被験者に、学習に与える罰の効果について研究していると伝えた。しかし、実際の研究主題は権威に対する服従だった。被験者が権威、つまり、研究者であるミルグラムに、良心に反する行為をするよう指示されたとき、どれほど進んで服従するかその度合いを測定した。被験者は、「教師」か「生徒」の役割のどちらか一方を無作為に与えられると伝えられていた。しかし、被験者は全員、「教師」役を割り当てられた。ミルグラムは、「生徒」（「教師」には伏せられていたが、この役を演じるために雇われた俳優だった）が記憶による単語照合テストで答えを間違えるたびに「生徒」に電気ショックを与え、そのレベルを上げるよう「教師」に指示した。俳優は実際に電気ショックを受けるわけではなく、受けるふりをするだけだった。「教師」役の被験者は、ほんとうに電気ショックが与えられていると言われていた。電気ショック装置の計器盤にはダイヤルがあり、片側に「弱いショック」、もう一方の側に「強いショック」と印字され、0から30までの目盛りが刻まれていた。このような状況でどう行動するか事前アンケートで調べておいたミルグラムは、おおかたの人がレベル9で電気ショックをやめると予想した。ところが、この予想は見事に裏切られた。実験者から促された場合もそうでない場合も、被験者たちは「生徒」に平均でレベル20から25までの電気ショックを与え続けたのだ。しかも、「生徒」が悲鳴を上げ、やめてくれと懇願しているにもかかわらず。被験者の三〇パーセントは、「生徒」がぐったりしたり、意識を失ったりするふりをしても、最高レベルまでダイヤルを回した。ところが、「教師」と「生徒」間の距離が近い場合には、服従に二〇パーセントの減少が見られた。共感が不服従を促したと考えられる。[*50・51]

この研究は多くの国で追試され、おしなべて指示への服従が見られた。しかし、国によって程度に差があった。ドイツでは、八五パーセントが最高レベルまで電気ショックを与え続けたが、オーストラリアではその割合は四〇パーセントにしかならなかった。これは興味深い発見だ。近代オーストラリアはもともと犯罪者が流罪になった場所で、そうとう反抗的な遺伝子の溜まり場であると考えられるからだ。アメリカでは、六五パーセントが指示に従った。これは交通規則ならほめられた話だが、黙従がどのような結果を生むかは周知のとおりだ。

ハイトは、合理的判断が使われる可能性が高い三番目のシナリオを、「推論判断リンク」と呼んでいる。この場合、人は論理的に判断を下し、直観を抑えつける。これが起きるのは最初の直観が弱く、分析力が高い場合のみだろうとハイトは言う。たとえば、地味な「訴訟」では、情動的投資が皆無か少なく、「弁護人」は休暇をとるかもしれない。もし運が良ければ、「科学者」[(3)*52]が代理を務めてくれるかもしれないが、それは当てにしないほうがいい。一方、注目度の高い「訴訟」で、直観が強い場合には、分析的な心が論理を自分の主に押しつけることもできるが、直観も引き下がらず、どっちつかずの態度をとるかもしれない。だから、ひょっとして、派手な「訴訟」の場合には、「科学者」はただ裁判の成り行きを傍観するだけで、後になって食後酒でもちびちびやりながら、もう君は黙るがいいと「弁護人」をせっつくかもしれない。

四番目のシナリオは、「私的反射リンク」だ。誰かがある問題について何の直観も得られずにいる場合だ。あるいは、状況に関して思いを巡らせているとき突然、新たな直観が生まれて最初の直観が覆されることがある。それまでと別の角度から物を見たときに遭遇しうる事態だ。すると、二つの直観の板挟みになる。しかし、ハイトも指摘するように、これはほんとうに合理的な思考と言えるだろうか。けっきょくダマシオの言ったとおり、判断を下すために情動バイアスを必要とするのではなかろうか。

知能と抑制の関係

これまで述べてきたことは、どれほど重要なのだろう。道徳的推論は道徳的行動と相関するのか。道徳的行動を合理的に評価する人は、より道徳的に振る舞うのだろうか。一見すると、そうでもなさそうだ。道徳的行動に現に相関する要因は二つあるように思える。知能と抑制だ。犯罪学者によれば、犯罪行動は人種や社会・経済的な階級とはかかわりなく、知能と反比例するという。[*53] アウグスト・ブラシは、知能指数（ＩＱ）が正直さと正比例することを発見した。[*54] この文脈では、抑制は基本的に自制心を意味する。言い換えれば、情動系が望むことを抑制する能力だ。まだ寝ていたいかもしれない。それでも、起きて仕事に行くのだ。

コロンビア大学の心理学者ウォルター・ミシェル率いるグループは、抑制に関するじつに興味深い長期研究を行なっている。彼らはまず食べ物を報酬として使った未就学児童の研究に着手した。児童は一人ひとりテーブルの前に座らせられ、マシュマロ一個と二個のどちらがいいか訊かれた。答えは誰でもわかるだろう。テーブルの上には、マシュマロ一個とベルが置かれていた。研究者（仮に「ジーン」と呼ぼう）は、数分間部屋を留守にしなければいけないけれど、戻ってきたらマシュマロを二個あげると児童（こちらは「トム」

としよう）に約束する。けれど、もし早く戻ってきてほしければ、ベルを鳴らしていい。ただし、その場合はマシュマロは一個しかもらえない。一〇年後、研究者は今ではティーンエイジャーになった当時の児童の親にアンケートを送った。返ってきた答えを見ると、未就学のときマシュマロを食べるのをしばらく我慢できた子供は、いらだたしい状況でうまく自制が利き、誘惑に負けることが少なく、より聡明で、集中が必要なときに注意が散漫になりづらく、SAT（大学進学適性試験）でも高得点をとったことがわかった。[*55] ミシェルらは現在も彼らを追跡調査している。

自制心はどのようにして働くのだろう。人はどうやって魅力ある刺激に「ノー」と言えるのか。なぜマシュマロを前にしながら、ジーンが部屋に戻ってくるまで待つ子供がいるのだろう。大人について問うなら、どうしてデザートのチョコレートケーキを食べ続けてやがて死を招くという事態を拒める人がいるのか。あるいは、みんなに追い抜かれていくのに、速度制限をきちんと守れる人がいるのか。

意志の力のこうした側面、すなわち、「自分の責務をないがしろにしかねない衝動的な反応を抑制する能力」、別名「自制心」の機能を説明するため、ウォルター・ミシェルと研究仲間のジャネット・メトカフは、二つのタイプのプロセスがあるという説を打ち出した。「ホットなプロセス」と「クールなプロセス」だ。両者は、それぞれ別個ではあるが相互に作用する神経系に司られている。[*56] ホットな情動系は、すばやい情動処理を担う。誘因に反応し、扁桃体を基盤とする記憶を利用する。これが「行動する」神経系（goシステム）だ。クールな知覚系は速度が遅く、複雑な空間・時間的な表象や思考と、挿話的な表象や思考を担う。こちらは「知る」神経系（knowシステム）と呼ばれる。その神経基盤は海馬と前頭葉にある。どこかで聞き覚えがないだろうか。これら二つの神経系の相互作用が、自己統制や、自制にかかわる意思決定に欠かせないことをミシェルとメトカフは強調する。クールな神経系は後から発達し、しだいに活性化する。両神経系間の相互作用は、年齢やストレス（ストレスが増えると、ホットな神経系が主導権を握る）、気質に依存する。さまざまな研究から、犯罪は年齢とともに減ることがわかっている。[*57] これは自制を強化するクールな神経系が年齢とともに活性化するという見解を裏づける。

道徳心のない人――精神病質者の場合

精神病質者はどうなのだろう。彼らは普通の犯罪者とは違うのか、それとも、ずっと質が悪いだけなのか。神経画像研究によるとどうやら違いがあるようだ。[*58] 彼らには、ただの反社会的分子や健常者とは異なる具体的な異常が見られる。精神病質者の反道徳的な行動は、脳の認知構造に特定の形成異常があるせいらしい。精神病質者は高い知能を持ち、合理的な思考をする。妄想に支配されているわけではない。社会の規則や道徳にかなった行動のあり方も知っているが、道徳律は彼らにとってただの規則にすぎない。[*59]「テーブルに肘をついて食べてはいけない」という決まり事を一時的に無効にしてもかまわないが、「テーブルで隣に座った人の顔に唾を吐きかけてはいけない」という決まり事を無視してはならないのが理解できない。正常な対照群と比べると、彼らは情動的に重要で[*60]共感的な[*61]刺激に対する皮膚反応がかなり低減している。共感、罪悪感、羞恥心といった道徳的情動を持ち合わせていないのだ。ある意味では衝動に駆られてその場限りの振る舞いはしないとも言えるが、一本道の考え方しかできず、抑制が利かない。これが正常な人との違いだ。彼らは生まれながらの精神病質者と言えるだろう。

道徳と宗教

道徳的推論と将来を見据えた道徳的行動（たとえば、他者を助ける）との間に相関を見つけるのは難しかった。実際、最近行なわれた研究の大半では、相関は見つけられなかった。[*62・63]例外は若者を対象に行なわれた一例だけで、その研究ではわずかに相関が見られた。[*64]これまでにわかったことから想像すると、他者を助けるなどの道徳的行動は情動や自制心により深く結びついているようだ。ここで興味を惹かれるのは、カリフォルニア州にあるフンボルト州立大学の教授で、「利他的性格および向社会的行動」研究所の創立者であるサミユエル・オリナーとパール・オリナーが、ユダヤ人大虐殺のときにユダヤ人を助けたヨーロッパ人を対象に行なった道徳規範の研究だ。[*65] 研究の結果、三七パーセントは動機が共感（苦痛モジュール）だったものの、五二パーセントはおもに「自らの社会集団に対する帰属を示し強化すること」（連合体モジュール）が動機で、主義主張（合理的思考）を動機とする人は一一パーセントしかいなかった。

宗教に関する思い込み

こうした道徳性をめぐる議論の中に宗教の入り込む余地があるとすれば、それはどこだろうか。私たちが生来こうした道徳的直観を持つのだとしたら、なぜ宗教が必要なのだろう。難しい問題だ。しかし、そこにあなたの思い込みがある。あなたは道徳が宗教に由来し、宗教は道徳にかかわるものと決めつけていないだろうか。宗教は人間の文化が誕生した当初から存在してきたが、実際には、宗教が道徳や魂の救済と関連するのは稀だ。あなたはこう言うかもしれない。「いや、私の宗教は道徳と関連していますよ。ほんとうです。でも、ほかの宗教はみな偽物です」。なぜあなたの宗教だけそれほど特別なのか。ほかの宗教もみな同じように考えている。連合体の内集団の直観バイアスを考えるといい。セントルイスにあるワシントン大学で文化知識の伝達を研究する人類学者パスカル・ボイヤーは、私たちはとかく宗教の起源を人間の普遍的な衝動に求めがちだと指摘する。たとえば、道徳体系を定義したい、自然現象を説明したいという願望だ。彼は、この傾向は宗教的あるいは心理的衝動に対する私たちの誤った思い込みに起因すると言う。現在の研究技術をもってすれば、宗教に関するさまざまな考えをただ捨て去る代わりに、その多くが正しいか誤っているか実証することができる。そこでボイヤーは、宗教の起源に関する通説のリストを作り、別の見解を示した[*66]（次ページを参照）。

脳が信じていることや、していることを論じるには、脳の構造と機能に立ち戻る必要がある。宗教は遍在するので、それを信じ、他者に広めるのはたやすい。また宗教は非宗教的な社会活動に使われるモジュールを利用するが、マーク・ハウザーが述べたように、ほかの関連活動にもあずかる「準備がある」。宗教的思考には脳の一部だけでなく、多数の領域がかかわっている。信心深い人々の脳構造が無神論者や不可知論者の脳構造と違うわけではない。しかし、ここで思い出してほしいのは、脳には制約もあるということだ。ボイヤーの言葉を借りれば、脳が扱える概念のカタログには自ずと限界があり、宗教は何でもありの領域ではない。たとえば、たいていの宗教では、目には映らない死者の魂がどこかに潜んでいるとされるが、目には映らない甲状腺がその辺に隠れているわけではない。神々は人か動物か人造物であり、特殊な能力を持つ以外は、私たちにお馴染みのこの世の規則に従う。神には「心の理論」があり、共感もあるかもしれないし、ないかもしれない。しかし、神が牛の糞だったり、ただの親指だったりはしない。

誤	正
宗教は人間の形而上学的な問いに答えてくれる。	宗教的な思考は一般に、人間が具体的な状況（この収穫、あの病、この子供の誕生、この死体など）に対処するときに作動する。
宗教は超越的な神にまつわるものである。	宗教は人間と直接的な交流をするさまざまな主体（悪鬼、幽霊、霊魂、祖先、神々など）にまつわるものである。
宗教は不安を軽減してくれる。	宗教は不安を軽減する一方で新たな不安を生む。復讐に燃える幽霊、意地の悪い霊魂、攻撃的な神々などは、守護神たちに劣らず一般的である。
宗教は人類の歴史上のある時点で創り出された。	私たちが「宗教的」と呼び習わすさまざまな種類の考えが、すべて同時に人間の文化に現れたと考える理由はない。
宗教は自然現象の説明である。	宗教による自然現象の説明のほとんどは、実際には説明になるどころか大きな謎を生む。
宗教は心的現象（夢や幻視）の説明である。	宗教が説明のために用いられない場合には、そうした心的現象は本質的に神秘的あるいは超自然的とは見なされない。

誤	正
宗教は道徳と魂の救済にまつわるものである。	救済という概念はいくつかの教義（キリスト教と、アジアと中東の教条的な諸宗教）に見られるのみで、他の伝統にはあまり見られない。
宗教は社会を結束させる。	敬虔な信仰心は（条件次第では）連合体への帰属を示すのに使われうるが、連合体は集団の結束を強めるのと同じぐらい頻繁に社会の分裂（亀裂）を生む。
宗教的主張には反駁できない。だからこそ人々はその主張を信じる。	反駁できない主張で、誰も信じていないものはたくさんある。なぜそうした主張の一部を真実と思う人がいるのか、その理由を説明する必要がある。
宗教は不合理である。あるいは迷信である（したがって研究する価値はない）。	想像上の主体に敬虔な信仰心を抱いたとしても、通常の信念形成メカニズムがほんとうに衰えたり停止したりすることはない。実際はメカニズムが作用している重要な証拠となりうる（したがって、入念に研究しなければならない）。

表1　宗教研究での誤りと、正しい取り組み方。『認知科学のトレンド』所収、パスカル・ボイヤー「脳機能の副産物としての宗教的思考と行動」(Pascal Boyer, "Religious thought and behavior as by-products of brain function," *Trends in Cognitive Sciences*) 7, no. 3 (2003) : 119–24より。

人は宗教について、日常生活のほかの側面に求めるのと同じ基準の証拠を必要とはしない。なぜ私たちは、一部の情報は受け入れて自分の信念システムで使うのに、ほかの情報は受け入れないのか。この疑問については、バイアスと情動について突き止めたことが役立つだろう。情報の受け入れに当たっては、分析的な心が応援に呼ばれることはめったにない。最近、またしても興味深い事実が研究によって浮き彫りにされた。人々が信じていると言い、本人もそう信じているものと、実際に信じているものは別物なのだという。自分の信仰に注意が集中していないときには、人々は自分が信じているという遍在する全知全能の神の代わりに、人間そっくりの姿をした別の神の概念を使う。この神は逐次注意（いちどきに一つのことしかしない）、特定の場所、特定の視点を持つ[67]。私たちはすでに解釈装置の存在を知っているのに、どうしてこれに疑問を抱かないのだろう。

ボイヤーによれば、宗教が「自然」に感じられるのは、「特定の（非宗教的な）領域の情報処理に機能的に特化したさまざまな心的体系が、宗教的概念や規範によって活性化されて非常に顕著になり、これらの概念や規範が獲得しやすく、記憶や伝達がしやすく、直観的にまことしやかになるからである」[68]。ここで、道徳的直観のリストを眺め、宗教の種々の側面がこうした直観の副産物であることを見ていこう。

・苦痛

この概念は理解しやすい。宗教の多くが苦痛の救済に言及したり、苦痛を重んじたりする。苦痛を無視しようとするものさえある。

・互恵

これも簡単だ。多くの自然災害や個人的災難は、私たちの悪行に対する神あるいは神々の報復、すなわち、ごまかしをする者に対する処罰として説明される。また社会的交換も、どの宗教にも見られる。「もし無垢の不信心者をたくさん殺したなら、おまえは天国に昇り、おまえにかしずく七〇人の処女を与えられるだろう」。これは女性にも通用するのだろうか。こんなものもある。「すべての肉体的願望を捨て去るならば幸せになれる」「この雨乞いの踊りを完璧にやり遂げたら雨が降る」「もし私の病を治してくれるのなら、私は二度と〇〇をしない」

・階層

これも理解はたやすい。地位を見れば一目瞭然だ。最も徳の高い（ように見える）人が高い地位と信頼を享受する。ガンディーは女性に絶大な人気を誇ったと伝えられる（地位）。ローマ法皇はかつてヨーロッパの広大な地域を支配した（地位、権力、階層）。それに、アヤトラはどうだ。宗教の多くは階層構造を持つ。いちばん明白なのがカトリック教会だが、それに限った話ではない。プロテスタントの多くの派や、イスラム教、ユダヤ教もみな階層構造を持っている。原始社会においてさえ、呪術医がコミュニティの敬意と権力の中枢にあった。ギリシアやローマ、古代スカンディナヴィアの神々も階層構造を持ち、ヒンドゥー教の神々にしても同じことが言える。神はいちばん偉いものと決まっている。あるいは、神々の間にゼウスやトールのようにいちばん偉い神がいる。もう、おわかりだろう。尊敬、忠誠心、服従といった美徳はすべて宗教的な信念へ変貌するのだ。

・連合体と内集団・外集団バイアス

これについて説明の必要な人がいるだろうか。「私の宗教が正しい（内集団）、あなたの宗教は間違っている（外集団）」ということで、まあ、お気に入りのサッカーチームのようなものだ。良い意味での内集団の形態をとる宗教は、多くの社会集団のように、相互に助け合うコミュニティを作り上げるが、歴史上の虐殺の大半は、このバイアスが極端になった結果だ。仏教徒ですら宗派に分裂して反目し合っている。

・清浄

これについても明らかだ。「汚染されていない食べ物は良い」という概念が、食べ物にかかわる多くの宗教的儀式や禁忌につながった。「汚染されていない体は良い」という考え方のせいで、性行為に関連する特定の慣行あるいは性行為そのものが汚れた不純なものと見なされるようになった。いったいどれほど多くの原始宗教が処女を生贄(いけにえ)に捧げたことだろう。アステカやインカに限らない。ほかにも山ほどある。イスラム教では陵辱された女性は不浄と見なされ、たいがいは身内の男性によって「名誉の殺人」の名の下に殺害される。清浄モジュールと階層モジュールのねじれた結合例だ。仏教には「浄土」があり、そこでは仏に帰依する者は一人残らず生まれ変わりを約束される。

宗教は生存上の利点を提供してきたのだろうか。進化によって選択されたものなのか。これを立証する試みはいまだ成功していない。ボイヤーのリストからも見て取れるとおり、宗教を生み出す単一の要因はまだ見つかっていないからだ。しかし、宗教が利用する、あるいは(一部の人によると)寄生する心的体系は自然淘汰されてきたのだ。宗教は、強力な連携でまとまった巨大な社会集団と考えることができる。しばしば階層構造を持ち、心か体、あるいはその両方の清浄さの概念に基づく互恵が見られる。社会集団は、宗教に基づいていようがいまいが、巨大であることがその存続に有利に働きうる。イデオロギーは連携の絆を強固にし、それ自体が集団の存続に貢献する。だとすれば、宗教は集団淘汰の一例なのだろうか。これはおおいに議論の分かれるところだろう。D・S・ウィルソンは、宗教の要素よりもグッピーの斑紋の進化のほうがよほど解明されていると指摘する。[*69] これはまだまだ研究途上の問題なのだ。

道徳と宗教の由来がわかってくれば、今日の私たちの役に立つだろうか。脳が小集団を形成する狩猟採集民のための装置であり、特定の反応を示す直観モジュールから構成されていて、まだ巨大社会に対応しきれていないことを理解したら、私たちは現在の世界でより良く機能できるのだろうか。そのように思える。マット・リドレー[*70]は、残念なことに生物学者ギャレット・ハーディンが「共有地の悲劇」という誤った名称をつけてしまった現象の例を挙げている。ハーディンは明らかに、共有地と、誰でも自由に入れるオープン・アクセスの土地を区別していない。この現象は「誰でも自由に入れる土地の悲劇」と命名すべきだった。すべての人が自由に入れる土地は、社会的交換でごまかしをする者を生む。こんなふうに考える人が出かねないからだ。「この土地で誰でも魚を獲り、狩猟し、家畜に草を食ませていいのなら、今すぐ私もできるだけ利用しておかなければ。そうしないと、誰かほかの人がそうするだろうし、そうなったら、私や私の家族には何も残らないから」

ハーディンは共有の牧草地を誰でも自由に入れる土地の例として使った。たいていの牧草地は誰もが自由に使える土地ではないのを知らなかったのだ。そうした牧草地はコミュニティの所有物として注意深く規制される。リドレーは、誰でも入れる土地と規制された土地はまったくの別物だと指摘する。「注意深く規制された」という語句は、各構成員が何らかの権利を持つことを意味する。たとえば、特定の区域での漁業権、一定数の家畜の放牧権、あるいは特定の放牧区域の専用使用権などだ。こうなると、その土地を維持するのは権利の所有者にとって有益だから、長期にわたる社会的交換を設定できる。「私が一〇頭の羊だけに草を食ませ、あなたも一〇頭の羊だけに草を食ませる。そうすれば、共有地に過度の負担をかけることもなく、長期間にわたって利用できる」。するともう、ごまかすことが魅力的には映らなくなる。

残念だが、共有地の多くで起きていることをハーディンのように誤解したため、多数の経済学者や環境保護論者が一九七〇年代に、ごまかしの問題（多くの共有地ではそうした問題は存在すらしていなかった）を解決するには土地を国有化するしかないと結論づけた。コミュニティによって管理された多くの土地が一つの広大な政府管轄の土地に生まれ変わった。すると、漁場では魚が乱獲され、牧草地は家畜に食いつくされ、野生動物が際限なく狩られた。漁場も牧草地も野生動物も、誰でも入ったり手当たり次第捕獲したりできるものになってしまったからだ。不心得者を見つける機関は整備されていなかったし、利用できるうちに思う存分利用しない馬鹿はいない。

一九六〇年代〜七〇年代にかけて、アフリカではほとんどの国が土地を国有化したため、野生動物は大打撃を受けたとリドレーは言う。野生動物は政府の所有物となった。動物たちは相変わらず作物へ害を及ぼし、餌の生草をめぐって争う一方で、密猟者を別にすると、もう食料源や収入源ではなくなった。野生動物をそうした目的で利用する道は断たれた。

動物を守る動機は失せ、なんとしても駆除しようという動機ばかりになった。しかし、ジンバブエの役人が実情に気づき、野生動物の所有権をコミュニティに返した。すると、どうだろう。地元民の態度ががらりと変わり、野生動物を有益で守る価値のあるものと見なすようになった。今では、野生動物に開放された彼らの私有地は倍増した。[*70]

管理の行き届いた地域の共有地を長年研究してきた政治学者エレノア・オストロムの実験結果によると、相互に連絡をとり合い、勝手に他人の物を利用する不届きな輩に罰金を科する独自の方法を考え出すことを許された集団は、共有財産をほぼ完璧に管理することができるという。[*71]そして、管理できるものは所有できるとわかった。私たちはチンパンジーやその他多くの動物同様に縄張り意識が強い。このように、自らの直観的互恵やその制約、小集団を好む性向を理解するならば、より良い管理、法律、統治につながるだろう。砂漠の植物を買ってきて熱帯植物のように水をやってはいけないのを理解するのと、ちょうど同じようなものだ。

動物に道徳観念はあるか？

これはおもしろい問題だ。もちろん、この質問をするとき、私たちは自分の視点から物を見ており、ほんとうは「動物に人間のような道徳観念があるか」と問いかけている。私たちは、多くの刺激が、可（接近）または否（回避）の自動プロセスを作動させ、それが完全な情動状態につながりうるのを見てきた。情動状態は道徳的直観を生み出し、人を行動に駆り立てうる。こうした道徳的直観は、私たちがほかの社会的動物と共通する行動（縄張り意識を持つこと、縄張りを守る支配戦略を持つこと、食料や場所、性行為を確保するための連合体の形成、互恵など）から生まれた。人間はこうした一連の行動を他の社会的動物とも部分的に共有するし、実際、同一の刺激の一部に対して、同一の情動反応（私たちはそれを道徳と呼ぶ）を示す。人間はチンパンジーや犬と同じく、所有権が侵害されたときや連合体が攻撃を受けたときには腹を立てる。したがって、その意味では、一部の動物はその種に独特の直観的道徳を持っており、それはそれぞれの動物の社会的階層や行動を核とし、彼らの情動に影響される。

違いは、人間が持つ羞恥心や罪悪感、きまり悪さ、嫌悪感、軽蔑、共感、思いやりなどの道徳的情動の幅広さと複雑さ、そしてこれらの情動に基づいた行動にある。こうした行動の中でも特筆すべきなのが、長く続く互恵的利他主義だ。この点に関しては人間は文句なく秀でているが、私たちは見返りを期待せずに利他的行動を取ることもできる。愛犬家のみなさんは、こう言うかもしれない。私の新品の靴をくちゃくちゃ噛んでいたところに私が戻ってきたら我が家の犬は恥じた様子を見せる、と。しかし、ハイトが自己意識的な情動と呼ぶ羞恥心やきまり悪さや罪悪感を覚えるためには、動物は目に見える自分の体を確認する以上の自己意識を持ち、その自己意識を意識していなければならない。自己意識と意識については8章でさらに論じることにするが、ここではとりあえず、ほかの動物にこうした自己の拡張された感覚はまだ見つかっていないとだけ述べておこう。あなたは噛みしだかれたグッチの靴を目にして顔をしかめ、そっけない言葉を吐くだろう。あなたの犬はそれに反応しているのだ。何と言っても、ご主人様がご立腹なのだから。羞恥心やきまり悪さなどの道徳的情動は、動物の従順な行動に端を発するものの、より複雑になっている。あなたは犬が神妙にかしこまっているのを見て羞恥心だと思う。しかし、羞恥心は犬が感じている情動より複雑だ。犬が感じているのは、打ち据えられたり、ソファから引きずり下ろされたりするかもしれないという恐怖心であり、罪悪感でも羞恥心でもない。

しかし人間の場合は、こうした複雑な情動やその反動以外のことまで起きている。道徳的な判断や行動を事後に解釈する必要性があるからだ。人間の脳だけが、自分に理解不能な自動的反応の意味を知ろうとする。これは活動中の人間の脳が持つユニークな解釈機能だ。この時点で私たちは自分の行動に善悪の価値判断も下すのだと私は思う。価値判断が情動の「接近」-「回避」の尺度とどれほど一致するかという問題には興味をそそられる。

しかし、合理的な自己が判断のプロセスに早々と参加し、行動を形成する場合もある。私たち人間は情動的な反応を抑制することができる。そこで、自己意識を持つ意識ある心が登場し、真正面から問題に取り組んで指揮を執る。これこそ人間ならではの瞬間だ。

結論

デイヴィッド・ヒュームとイマヌエル・カントは、ともにある意味で正しかった。道徳的行動の神経生物学が確立されれば、殺人や窃盗、近親相姦ほか多くの行動に対する私たちの反感の一部は、生殖器官と同様、自然な生物学的産物であるとわかるだろう。同時に、私たちが力を合わせて暮らすために作り上げる数知れぬ習慣は、人生の中で毎日、毎週、毎月、毎年経験する無数の社会的相互行為から生まれる規則であることにも気づくだろう。そして、これらはすべて人間の心と脳から来るものであり、また両者のためのものでもある。

私たちの人生は、意識ある合理的な心と、脳の無意識の情動系との闘いに費やされると言っても過言ではない。あるレベルでは、私たちは経験からそれを知っている。政治の世界では、合理的な選択がそのときの国民感情と一致したときに良い結果が得られる。合理的な選択をしても、予期される結果が国民感情と相反する場合にはろくでもない政治判断となってしまう。個人レベルでは、違う結果となる場合もある。単純な合理的指令を強力な情動がはねつけたとき、人はお粗末な決断を下しかねない。あらゆる人の中でこの闘いはまだ続いており、消えてなくなることはなさそうだ。

あたかも私たちは、自分の合理的で分析的な心がまだしっくりこないかのように見える。進化の歴史を振り返れば、それは人間が見つけたばかりの新しい能力であり、私たちはそれを控えめにしか使っていないようだ。それでも、合理的な心を使うことによって、私たちはほかにも人間ならではの形質を見出した。嫌悪感という情動や汚染に対する感受性、罪悪感や羞恥心やきまり悪さという道徳的情動、赤面、泣くことなどだ。さらに、宗教は心身の清浄という概念に基づく大きな社会集団であり、嫌悪感という道徳的情動をその基盤に持つ人間のユニークな構成概念であることもわかった。私たちには物知り顔の解釈装置が備わっており、無意識の道徳的な直観や行動を解釈する。そして、ときおり分析的脳が割り込んでくる。それだけではない。私たちが意識していないことはまだまだたくさん起きているのだ。この先に、乞うご期待。

5　他人の情動を感じる

もし心臓で考えることができたなら、脳で感じるようになるのだろうか？
――ヴァン・モリソン

理論説とシミュレーション説

私が車のドアに指を挟むのを見たら、あなたはそれがまるで自分の身に起きたかのようにたじろぐだろうか。牛乳の匂いを嗅いだ奥さんがまだ何も言わないうちから、その牛乳が腐っているとあなたにわかるのはなぜだろう。女子の体操競技会で、金メダルをかけて決勝に進出した選手が平均台上での着地に失敗して落ち、足首を骨折するのを見たら、あなたは彼女がどう感じているかわかるだろうか。それは、強盗が被害者から逃げようとして路面の穴に足を取られ、転んで足首を骨折したときとはどう違うだろうか。小説を読んで、物語が生み出す情動を感じられるのはなぜだろう。たんに言葉が並んでいるだけだというのに。旅行案内のパンフレットを見てにっこりしてしまうのはなぜだろうか。

もしあなたが納得のいく筋の通った答えをいくつか思いつけるのなら、最後にもう一つ、この現象について考えてみてほしい。脳卒中の発作を起こした患者Xは次のような状態にある。依然として目から視覚刺激を取り入れることはできるが、視覚野のおもな部分は機能しなくなっている。彼は目が見えない。光と闇を区別することさえできない。丸や四角の画像を見せても、男性が写っている写真と女性が写っている写真を区別するように言っても、彼には目の前に何があるのかまったくわからない。歯をむいた動物の顔を見せても、おとなしい動物の顔を見せても何も言葉は返ってこないが、人間の怒った顔やうれしそうな顔の画像を見せると、それがどういう情動なのかを推測できる（この種の脳損傷や病変を抱えた患者には、ほかにもそういう人がいる）[*1]。彼はいわゆる「盲視」の状態なのだ。

私たちはどのようにして他者の情動状態を認識するのだろうか。意識的に評価するのか、それとも自動的にそうしているのか。これに関してはいくつかの見解がある。ある説によると、各人が、生得のものであれ学習したものであれ、自分なりの心理を働かせ、相手がどのように行動しているか、何をしているか、どこにいるか、誰といるか、それまではどんなふうだったかといったことから、相手の心的状態を推測するという。これは「理論説」と呼ばれている。また別の説によると、人が相手の情動状態を推測するときは、自分自身の心の中で意図的かつ随意にそのシミュレーションあるいは再現を試みる――まず相手の状況に自分を置き、その感覚を味わい、その情報を意思決定のプロセスに送り込んで、相手はきっとこう感じているのだろうというところに行き着く。これは「シミュレーション説」と呼ばれている。[*2]どちらの説も意志に基づいている。あなたは現に自らの意志で他者の情動状態を評価することに決める。だから、どちらの説も、患者Xが情動を読み取れる事実を説明できない。

シミュレーション説には、シミュレーションが故意でも随意でもなく、自動的に不随意に行なわれるとするものもある。[*3]言い換えると、本人による制御や合理的な情報入力なしで、ただたんに起きるというのだ。情動的な刺激は五感を通じて知覚され、その情動のシミュレーションをすることによって体は無意識に刺激に反応するが、意識ある心がそれを認識できるときとできないときがある。これは患者Xの状況を説明するヒントになるかもしれない。もちろん二つの説を組み合わせた説もあって、その中には理論説とシミュレーション説、自動的なものと意志によるものが混在している。例によって多くの論議を呼んでいるのは、反応がどの程度自動的、または随意、あるいは後天的なものかという問題のようだ。人間であることにとって社会的相互行為はじつに重要であり、他者の心の状態や、情動、意図を理解することが相互行為には欠かせないため、これらがみな、どのように起きるのかは、私たちの興味を非常にそそると同時に、論議の的ともなる。

また、共感についての問題もある。なぜ共感を選択的に用いる人や、まったく持ち合わせない人がいるのかも、解明しなければならない。人間以外の社会的動物も私たちの能力の少なくとも一部を持っているが、より複雑な相互行為を可能にするような何かユニークなことが、私たちの脳の中で起きているのだろうか。私たちが他者の内面的な経験のシミュレーションを自動的に行ない、それが共感と「心の理論」に寄与しているという証拠が次々と挙がっている。すべては自動的に起きているのだろうか。それとも意識ある脳がそのような評価を助けているのだろうか。これまでにわかった事柄を見ていこう。

随意のシミュレーション——身体的模倣

三〇年ほど前、子供の発達を研究する者たちの間に衝撃が走った。それまで、赤ん坊が動作を模倣する場合、それは学習によるものだと考えられていた。視覚による動作の知覚と運動系による模倣の動作の実行はそれぞれ独立しており、脳の異なる部位で制御されているという理屈だ。ところが、ワシントン大学の心理学者アンドルー・メルツォフとM・キース・ムーアが新生児の模倣行動を調べたところ、動作（たとえば舌を突き出すことや唇を打ち鳴らすこと）の視覚的な知覚と、その動作の生成（実際に動作を真似すること）は別々に習得した能力ではなく、何らかのかたちでつながっている可能性が出てきた。[*4] それ以来、別個に行なわれてきた多くの研究[*5]によって、生後四二分〜三日の新生児が、他者の表情を

正確に模倣できることがわかった。[*6・7]

これはたいへんなことだ。赤ん坊が生まれてから一時間足らずの時点で脳が行なっていることには驚くしかない。舌を突き出した顔があるのを見て取り、自分にも意のままになる舌と顔があるのがなぜかわかっていて、その行動を模倣することに決め、体の部位の長いリストから舌を見つけ出し、少しばかり試してみてから、突き出すようにと命令を下す――そして舌が突き出る。赤ん坊はどうやって、舌が舌であるとわかるのだろうか。どの神経系が舌の担当で、どうすれば舌が動くのか、どうやってわかるのだろうか。第一、なぜわざわざ模倣するのだろうか。明らかに、これは鏡を見て学習したものでもなければ誰かに教わったものでもない。模倣する能力は生得のものに違いない。[*8]

模倣は赤ん坊の社会的相互行為の第一歩だ。赤ん坊は人間の行動は模倣するが、物の動きを模倣することはない。赤ん坊には、自分がほかの人たちと同じなのがわかっている。[*9]脳は、生き物の動きと生命を持たない物体の動きを識別する特定の神経回路を持っているし、顔や顔面の動作を識別する回路も持っている。[*10]まだ首もすわらず、起き上がったり、話したりできない赤ん坊が社会的な世界に入っていくために、何ができるだろう。どうやってほかの人の注意を惹き、社会的なつながりを作れるだろうか。あなたが初めて赤ん坊を抱いたとき、赤ん坊をあなたに、そしてあなたを赤ん坊に結びつけるのは、赤ん坊の模倣行動だ。あなたが舌を突き出すと、赤ん坊も舌を突き出す。あなたが口をすぼめると、赤ん坊も口をすぼめる。赤ん坊は物のようにそこに寝ているのではなく、あなたにもよくわかるかたちで反応を示す。実際、幼児は模倣遊びを使って相手が誰かを確認するのであって、顔立ちだけで相手を判断しないことが明らかになっている。[11,12]

約三か月を過ぎると、このタイプの模倣はもう見られなくなる。その頃には模倣能力が発達して、赤ん坊は真似しているものの意味を理解するようになる。模倣動作は厳密に同じである必要はなく、目的に向けて行なわれる。幼児はバケツに砂を入れるが、シャベルの使い方を教えてくれる人とまったく同じようにシャベルを持つ必要はない。目的はバケツに砂を入れることだからだ。私たちはみな、幼い子供たちがいっしょにいるときどんなふうに遊ぶか見たことがあるので、驚くほどのことはないが、一歳半〜二歳半の子供たちは社会的交換の場で模倣を使い、かわるがわる模倣したりされたりして話題を共有する。ようするに、コミュニケーションの手段として模倣を使う。[13] 他者の模倣は、学習と文化への適応における強力なメカニズムなのだ。[14]

動物界では、随意の模倣行動はめったにないようだ。訓練年数の多少にかかわらず、サルが随意の模倣をするという証拠は報告されていない。[15,16] ただ一つの例外として、非常に高度な訓練を受けたため人間の視線を追うことを覚えた二匹のニホンザルから模倣行動を引き出した研究がある。[17]「サル真似」の話はこのぐらいにしておこう。サル以外の動物がどの程度随意の模倣をするのかは、意見の分かれるところだ。それは模倣の定義や、ほかの要因（たとえば、模倣が目的指向的か、正確か、動機づけされているのか、社会的なものか、学習されたものか、など）をどれだけ考慮するのかによって変わってくる。[*18] 模倣は、大型類人猿と鳥類のいくつかの種で、ある程度は見られるようだし、クジラ目の動物にも見られる証拠がある。[*19] しかし、多くの人が動物界における模倣を観察や実験で探し求めているにもかかわらず、証拠がほとんど見つからないし、仮に見つかっても範囲が限られていることを考えると、人間界のどこでも広範に見られる模倣は非常に特異なものらしい。

不随意の身体的な模倣——物真似マシン

積極的な模倣といわゆる「物真似（ミミクリー）」とは別個で、後者は非意識的な模倣だ。前章で、ニューヨーク大学のジョン・バージが行なった研究から、非意識的な物真似について少し学んだ。人は無意識のうちに他者のやり方を真似る。しかも、自分が真似ていることを知らないばかりでなく、自分が真似できるようなやり方を相手がしていることさえ意識的には気づいていない。だが、それだけではない。私たちはじつのところ、物真似マシンなのだ！　人は他者のやり方を真似るだけでなく、表情、姿勢、声の抑揚、アクセント、[*20] さらには話し方のパターンや言葉遣いまでも無意識のうちに真似る。[*21] 友人に電話をしたら家族かルームメイトが電話に出て、その話し方が友人とそっくりだったという経験をしたことが何度もあるだろう。あるいは、だんだんお互いに似てくる夫婦も多いではないか。

顔は私たちの社会的特徴の最たるもので、自分の情動状態を反映するばかりか、他者の情動状態にも反応する。この反応はあっという間に起きるので、本人は相手の表情にも、自分が反応したことにも気づかない。ある実験で、被験者に一コマ三〇ミリ秒間ずつ、うれしそうな顔、普通の顔、怒った顔を見せた。三〇ミリ秒はあまりにも短いので、被験者は顔を見たことに意識的には気づかない。この映像のすぐ後に、普通の顔の写真を見せる。すると、被験者はうれしそうな顔や怒った顔を目にしたことは意識していないにもかかわらず、うれしそうな顔や怒った顔とはっきり呼応する顔面の筋肉を使って反応した。彼らの顔面の筋肉の動きは筋電図検査法で測定した。ポジティブな情動反応もネガティブな情動反応も、無意識に起きていた。これは、相手と向かい合っての情動的なコミュニケーションには、無意識のレベルで起きるものがあることを裏づけている。[*22]

人は会話をしながら、体の動きも真似る。ある研究者が、実験の様子をビデオ録画した。彼女は被験者の前に立ち、パーティーのとき、自分の方に向かってくる人と衝突するのを避けるために身をかわした話をし、体を右にひょいとかわすところを実演してみせた。するとビデオ画像から、被験者が話を聴きながら彼女の動きを真似て左（つまり、彼女から見て右）へ体をかわす傾向がはっきり見て取れた。[*23] あなたは国内のさまざまな地域やよその国々を訪れているときに、自分の話し方が変わったのに気づいたことがあるだろうか。

会話をしていると、話すリズムや間合いの長さ、沈黙を破るタイミングなどが相手と合ってきがちだ。[*24] このどれもが、あなたが意識的にそうしようとしないのに起きている。なぜこんなことになるのだろう。

こうした物真似行動はどれも、社会的相互行為を円滑にする。無意識のうちに、脳のあの自動的な部分の奥深くで、あなたは自分と似た人たちとの関係を形成し、彼らを好ましく思うのだ。考えてみてほしい。「彼女を一目見た瞬間から好きになった！」あるいは、「彼の姿を目にしただけでぞっとする！」といったことを、あなたはこれまでに何度口にしただろうか。物真似はポジティブな社会行動を増やす。アムステルダム大学のリック・ファン・バーレンらは、物真似をされた人はされなかった人に比べて、自分を真似た相手に対してだけでなく、その場にいるほかの人たちに対しても、配慮が行き届き、寛大であることを示した。[*25] このようにあなたが誰かを真似ると、その相手は共感や好意、スムーズな相互作用を育み、あなたに対してだけでなくあなたの周囲の人に対してもポジティブに振る舞う可能性が高い。[*26] この、向社会的行動の強化を通じて人々を結びつける力は、集団を一つにまとめ、[*25] 数の多さからくる安全を促進する社会的な接着剤として働くことで、適応上の価値を持つのかもしれない。行動面でのこのような帰結は、模倣の進化的な解釈に裏づけを与えてくれるように見える。

ところが、誰かを意識的に真似るのは難しい。ひとたび意識的で随意の模倣行動をとろうとすると、やたらに時間がかかる。意識の働く経路は、全体に長すぎるのだ。ボクサーのモハメド・アリは「チョウのように舞い、ハチのように刺す」ことをモットーにし、その身のこなしは誰よりも速かったが、閃光を感知するのに一九〇ミリ秒、パンチを繰り出し始めるのにさらに四〇ミリ秒かかった。一方ある研究によれば、大学生たちが無意識に動作をシンクロさせるのにはたった二一ミリ秒しかかからなかったそうだ。[*27] 意識した人真似はたいてい裏目に出る。作り物めいて、相手とのコミュニケーションがずれてしまうのだ。

何年か前、シャーロット・スマイリーと私は、脳半球のどちらが随意の指令と不随意の指令にかかわっているのかを解き明かす機会を得た。[*28] 分離脳の患者を検査した結果、どちらの半球も不随意の反応には応じられるのに対して、随意の反応には左半球しか応じられないのがわかった。そのうえ、随意の場合とは対照的に、左半球は不随意の反応を実行するために二つの異なった神経系を使うこともわかった。これはパーキンソン病を研究するとじつに明白になる。この病気は、顔面の不随意で自然発生的な反応を制御する神経系を冒す。その結果、パーキンソン病にかかった人たちは社会的相互行為をしているときに、通常の顔面の反応を示すことがない。実際には彼らは楽しんでいるかもしれないのに、「仮面」のせいで誰にもそれがわからない。パーキンソン病の患者はそれについて、なんとも嘆かわしそうに語る。

以上を考えると、表情を真似るといった身体的な行動は、顔の視覚的な知覚と深く結びついて、瞬時に自動的に起きるため、密接に関連した神経回路がなくてはならないように思える。しかしこの行動の裏には何があるのか。微笑みであれ、嘲笑であれ、それは何を意味するのだろうか。表情を真似た人はその表情が表す情動を実際に感じているのだろうか。この人真似は、私たちが相手の情動を理解するのを手助けしてくれるのだろうか。

情動を真似る？

もし身体的な行動を見たときに無意識の真似が自動的に起きるのなら、情動状態を観察したときにも同じことが起きるだろうか。私が指を切ったら、あなたは私がどう感じているかを自動的になぞり、身をすくめるのだろうか。それとも意識的に答えを導き出すのだろうか。背筋がぞくっとするあの感覚はどうだろう。あれはあなたが意識して生成しているのか、それとも自動的な反応だろうか。もし悲しい顔を（たんに身体的な行動として）自動的に真似たら、やはり実際に悲しく感じるのだろうか。もし実際に悲しく感じるとすれば、表情と情動のどちらが先にくるのだろうか。もし、悲しみなどの相手の情動を感じるとしたら、それは自動的なものだろうか。それともひとたび悲しいという顔を自動的にしたら、意識的にこう考えるのだろうか。「おや、以前悲しかったときにこの表情をした覚えがあるぞ。サムも同じ浮かない顔をしている。ということは悲しいに違いない。この前悲しかったときのことを覚えているが、あれは嫌な感情だった。サムもきっとそうだろう。かわいそうに」

私たちは意識して、それとも無意識に他者の情動状態をシミュレーションするのだろうか。もしそうなら、どうやってそうするのだろう。そしてどの情動なのかをどうやって認識するのだろう。ここは少しばかり注意しなくてはいけない。前の段落で私は何気なくある単語を使ったのだが、気づかれただろうか。「感情」という語だ。アントニオ・ダマシオは「情動」と「感情」をはっきり区別して定義している。彼によれば「感情」は「特定の思考モードと特定の主題を持つ思考の知覚を伴う、体の特定の状態（情動）の知覚」となる。体は刺激に反応して自動的に情動を引き起こすが、脳が意識的にそれを認識するまで、あなたは感じを味わうことができない。情動が感情を生み出すのであって、その逆ではない点をダマシオは強調する。これは脳の働き方についてたいていの人が考えているのとは反対だ。[*29]

情動の伝染

まず、赤ん坊から見てみよう。新生児室に行くと、赤ん坊がいっせいに泣いていたとしようか。全員がまったく同時にお腹がすいたり、おむつが濡れたりすることがあるだろうか。いや、看護師たちがみな忙しく駆けずり回っているのだから、それはありえない。新生児に関する研究によれば、赤ん坊はほかの乳児の泣き声に接すると、苦痛反応が誘発され、自分もいっしょになって泣くという。しかしテープに録音された自分自身の泣き声や、自分より数か月早く生まれた赤ん坊の泣き声、あるいは任意の大きな音を聞いても苦痛反応は誘発されず、泣かない。赤ん坊が自分の泣き声とほかの乳児の泣き声を識別できるという事実は、赤ん坊が自己と他者の違いをある程度、生得的に理解していることを示唆している。[*30・31]

赤ん坊の「もらい泣き」は「情動の伝染」の初歩的な現れだろうか（情動の伝染とは、他者の表情、発声、姿勢、動きを自動的に真似て、その結果それらと情動的に一つになる傾向のことだ[*27]）。明らかにそうだと考えられるのは、もしこれが泣き声や大きな音全般に対するただの反応ならば、新生児はほかの赤ん坊の泣き声だけでなく、録音された自分の泣き声を聞いても泣くはずだからだ。また、これは理論説の裏づけにもならない。なぜなら、理論説を支持するためには、赤ん坊が次のように考えていると想定せざるをえないからだ。「僕の周りでは、エイダンとリーアムとシェイマスがベッドの中で泣いている。僕が泣くのはお腹がすいていたり、おむつが濡れていたり、喉が渇いていたりするときで、もちろん、それは不愉快なものさ。でも僕はご機嫌だよ。おむつは濡れていないし、お腹もいっぱい、あとはお昼寝をするだけ。でもあいつらは惨めな気分でいるに違いない。あの泣きようといったら。このへんで少し赤ちゃんの団結力を見せて、僕も一泣きするとしようかな」。これは生後三時間の赤ん坊が考えるにしては、いささか高尚すぎるかもしれない。このときにはまだ、他者が自分とは違う信念や情動を持っていることを意識的に認識する能力が発達していないのだから。

では、このような状況はどうだろうか。あなたが友人と笑っているときに電話が鳴り、彼女が出る。あなたは最高の気分で、暖かい春の日差しが降り注ぐ中、腰かけて湯気の立つカプチーノを味わっている。ところが友人の顔に目を向けると、何かとんでもないことが起きたらしいのに気づく。楽しい気分はたちまち消え失せ、心配になってくる。友人をちらっと見ただけで、彼女の気分に染まってしまったのだ。

ドイツのヴュルツブルク大学の心理学者ローラント・ノイマンとフリッツ・シュトラックはおもしろい実験を行なって、気分が伝染することを立証した。彼らは、ほかの人と交流しようという社会的動機づけを持たない人でも相手と同じ気分になるかどうかを解明したいと考えた。また、もし気分が伝染するとしたら、それが自動的なものか、それとも相手の視点に立った結果なのかも知りたかった。この疑問を解決するため、彼らは被験者に録音テープを聞かせた。テープには被験者の知らない人が、うれしそうな声、悲しそうな声、普通の声で無味乾燥な哲学の文章を読んでいるところが録音されていた。二人はテープを聞かせる間、被験者たちにちょっとした身体的な課題も与えた。これは、読まれているものの実際の内容と声の情動から被験者たちの気をそらすことによって、それらの影響を排除するためだった。その後、被験者たちに同じ文章を音読するよう指示し、それを録音した。被験者はテープで聞いた声の調子（うれしい、悲しい、あるいは普通）を自動的に真似ただけではなく、さらに興味深いことに、真似た声の気分まで取り込んでいた。だが彼らには、なぜ自分たちがそのように感じたのかまったく理解できなかったし、そもそも自分の真似た声が、うれしそうだったり悲しそうだったりしたことにも少しも気づいていなかった。[*32] このように実験の間にも後にも実際の社会的相互行為がまったくなく、彼らの読み上げた文章が情動的なものではなく、文章の内容に対する注意もそらされていたにもかかわらず、彼らは自動的に声の調子を真似、声から伝わる読み手の気分と同じ気分を感じた。

ノイマンとシュトラックは情動を、気分と、なぜその気分を感じているのかという知識の二つの構成要素から成るものと定義している。気分の定義は、知識を抜きにした経験的要素そのものとなる。

ノイマンとシュトラックは次にもう一つ実験を行なった。この時点まで彼らは被験者の注意をそらして、被験者本人には、自分が聴いている声が情動を表しているのに気づかれないようにしていた。しかしこの実験では、被験者の半数に対して読み手の立場になって聴くよう指示した。そうすれば、彼らは声の情動的な要素を意識的に認識するというわけだ。その後、読み手の立場で聴くよう指示された被験者たちは、自分たちが悲しみや喜びという情動を感じたことを確認できた。

幼児は母親の気分に染まる

母親が落ち込んでいると、赤ん坊もその影響を受ける。母親と乳児の研究によると、沈鬱な母親は概してめりはりに乏しい情動を示し、乳児に与える刺激が少なく、その子の行動に対する反応もあまり適切でないという。そのような母親の子供はそうでない母親の子供に比べて注意力が劣り、満足した表情を見せることが少なく、すぐ騒ぎ立てるが、あまり活動的ではない。[*33,34] これらの子供たちは、沈鬱な母親との相互作用によって生理的な刺激を受ける。彼らはストレス反応を起こし、それが心拍数とストレスに反応するコルチゾールというホルモンの濃度の上昇となって表れる。[*35] 沈鬱な母親による子供の扱い方は人それぞれだが、子供たちもやはり沈鬱な気分を示すようだ。[*36] 不幸なことに、このような相互作用は子供たちに長期的に影響を与えうる。

もちろん、気分が伝染すると聞いて仰天する人はいないはずだ。食料品店で愉快なレジ係のたわいもない冗談を聞いたときや、知らない人がにっこり会釈してくれたときには、私たちは笑顔で気分良く店から出てくる。ふさぎ込んだルームメイトや家族と暮らしていると、住まい全体に暗雲が立ちこめる。ディナーの席に憂鬱そうな客や怒った客や不愉快な客が一人でもいたら、パーティーは台無しになりかねないが、感じの良い仲間が揃えば成功間違いなしだ。気分というのは微妙なもので、ほんの一言や一枚の絵、一曲の音楽にも影響される。気分が伝染するのを心得ていれば、良い気分でいられる時間を増やすことができる。良い気分に感染している場所に身を置けば、自分もその気分に感染できるのだから！　たとえば、演芸場、活気のあるレストラン、おもしろい映画を上映している劇場、楽しんだり笑ったりしている子供たちのいる公園、カラフルな部屋、景色の美しい場所などだ。このように、気分と情動は自動的に人から人へ伝染するようだ。そのとき、脳の中では何が起きているのだろう。

嫌悪や苦痛が伝染するメカニズム

神経画像研究から、なぜ、どのようにして情動の伝染が起きるのかを解明できるかどうか見てみよう。人間に関してたっぷり研究されてきた二つの情動状態は嫌悪感と苦痛——「オエッ」と「イタッ」だ。どうやらこれは私たちが知りたいことを教えてくれる格好の材料のようだ。心理学の学生がいてくれてよかった！（「こんにちは。嫌悪感の実験に参加したいのですが。もしもう足りているなら、苦痛の実験のほうはどうでしょうか」）

ある被験者のグループが、人が匂いを嗅いでいるビデオを見せられた。匂いは胸が悪くなるようなもの、気持ちの良いもの、そのどちらでもないものとさまざまで、被験者がビデオを見ている間、彼らの脳を機能的磁気共鳴画像法（fMRI）でスキャンした。次に今度は被験者が一人ひとり、同じようにさまざまな匂いを嗅いだ。その結果、嫌悪感を表す表情をビデオで観察しているときと、不快な臭いによって喚起された嫌悪感を経験しているときの両方で、脳の同じ領域（左前島と右前帯状回皮質）が自動的に活性化することがわかった。これは、誰かほかの人の嫌悪の表情を理解するときには、それと同じ情動を経験しているときに通常活性化するのと同じ脳の部位の活性化を伴うことを示唆している。

島はほかの経路でも活性化する。味覚刺激に対しても反応するのだ。つまり気持ちの悪い臭いだけでなく、気持ちの悪い味にも反応する。神経外科治療の間に前島に電気刺激を与えると、吐き気や今にも嘔吐しそうな感覚、[37] 内臓運動（あの、もどしそうになる感じのこと）、喉と口の不快感が起きる。[38] つまり、実際に胸の悪くなる臭いや風味を知覚したか、たんにほかの誰かの表情を観察しただけかにかかわらず、前島は不快な感覚入力を、人が嫌悪感を抱いたときに経験する内臓運動反応とそれに伴う身体的な感覚に変換するプロセスにかかわっている。

というわけで、少なくとも嫌悪感に関しては、この情動を誰かほかの人が表情に出しているのを見たときや、自分自身の内臓反応が起きたとき、あるいは自ら嫌悪感を覚えたときに活性化する脳の共通領域が存在する。[39] こぢんまりとまとまった、脳のパッケージというわけだ。腐りかけた牛乳の臭いを嗅いだ奥さんの嫌悪の表情を目にすると、あなた自身の嫌悪感が活性化する。幸い、あなた自身はその臭いを嗅がずに済む。これには明らかに進化上の利点がある。腐りかけたガゼルの肉にかじりついた仲間が、顔をしかめる。それを見たあなたは、その肉を試すまでもない。おもしろいことに、良い香りに関しては同じことが当てはまらなかった。良い香りは右の島の後部だけを活性化する。ご存じのとおり、不快な臭いを嗅いだときのような内臓運動反応は起きない。

苦痛もやはり共有できる経験のようだ。映画『マラソンマン』の歯の拷問の場面に、私たちは震え上がった。人間の脳には、苦痛を観察するときにも経験するときにも反応する領域がある。数組のカップルを使った実験で、カップルの一方の手に電気ショックを与え、もう一方がそれを観察している間に両方の脳をｆＭＲＩでスキャンした。脳内で苦痛系を形成している領域間には解剖学的な関連がある。各領域は独立して機能しているのではなく、密接に相互作用している。しかし感覚的な痛みの知覚（「ああ、痛い！」）と、情動的な苦痛の知覚、たとえば痛みの予感とそこから生まれる不安（「きっと痛いだろうことはわかっている。もう、さっさと終わればいいのに。ああ、いったいいつ痛みがやってくるんだろう」）とは別のようだ。脳スキャンによると、苦痛の観察者と受け手の両方で、苦痛の情動的な知覚によって活性化する脳の部位に活動が見られたが[1]、感覚的な経験によって活性化する領域での活動は、受け手のほうにしか見られなかった。[(2)*40] これは良いことだ。大腿骨を折って固定してもらっているときに、手当てをする医療補助者自身にも麻酔が必要になるのなどご免だろう。ただ、痛む脚を優しく扱ってもらえればいいのだ。彼には脚の痛みを理解してほしいが、自分も動けなくなるほど痛みを感じてほしいわけではない。

自分の苦痛を予期する場合でも他者の苦痛を予期する場合でも、脳内の同じ領域が使われているのは明らかだ。痛ましい状況にある人たちの写真を見ると、苦痛の情動的な評価で活性化する領域で脳活動がやはり活発になるが、[(3)] 実際の痛みの感覚によって活性化する領域では、脳活動は活発にならない。[*41] 直接感じる苦痛と他者の立場で感じる苦痛の両方の情動的な評価には、同じニューロンが介在する証拠がある。稀なケースだが、帯状回の一部を取り除かれた患者に局所麻酔をかけ、微小電極を使ってニューロンのテストをした例がある。すると、痛みを伴う刺激を経験する場合も、それを予期または観察する場合も、前帯状回の同じニューロンが発火した。[*42] これは、他者の情動を観察すると、その情動を経験したのとある程度までは同じ脳活動が自動的に起きることを示している。

このような知見は、共感という情動に対してとても興味深い意味を持つ。共感の定義に関して長々と述べるのは控えるが、少なくとも、共感を覚えるとは、他者から伝わる情動的な情報を正確に捉え、意識し、気遣うことができるという意味である点は衆目の一致するところだと思う。他者の状態を気にかけるのは利他的な行動だが、正確な情報なしには起きえない。もし私があなたの情動を正確に感知できず、実際は痛みに耐えているのに吐き気を催していると思ったら、鎮痛剤の代わりに吐き気止めの座薬を渡すような、不適切な対応をしてしまうだろう。

カップルを対象に苦痛の研究を行なったユニヴァーシティ・カレッジ・ロンドンのタニア・シンガーらは、苦痛と関連した脳活動が人より盛んな観察者はより共感的なのだろうかと考えた（あなたもそう思うかもしれない）。そこでカップルに対して、情動的な共感と共感に基づく関心の度合いを評価する標準テストを行なった。はたして、一般的共感の尺度で高い値を示した人は、自分のパートナーが苦痛を感じているのを知覚したときに活発になる脳の部位が、より盛んな活動を示した。また自分がどれほど共感的な人間なのかという評価と、脳の中心近くの領域である帯状回の前吻側部（ぜんふんそくぶ）の活動状態にも相関関係があった。さらに、痛ましい状況の写真を見せるという二つ目の研究でも、写真を見た人の前帯状回の活動は、他者の苦痛の評価と強い相関関係を示した。脳活動が盛んであればあるほど苦痛に対する評価が高く、脳のこの領域での活動は、他者の苦痛に対する被験者の反応度によって変化するということだろう。

嫌悪感と苦痛の研究は、これらの情動のシミュレーションが自動的に行なわれることを示唆している。しかし、まず情動のシミュレーションが行なわれて、その後に自動的・身体的な真似が続くのか、自動的な真似の後に情動が続くのかという疑問は残る。腐りかけた牛乳の臭いを嗅いだ奥さんの表情を見たら、あなたは自動的に奥さんの表情を真似て、それから嫌悪感を覚えるのか、それとも奥さんの嫌悪の表情を見てあなた自身も嫌悪感を覚え、そして自動的に不快な顔をするのか。この特定の事例における、ニワトリが先か卵が先かという問題は、未解決のままだ。

自分の身体に敏感なら、他者への共感も強まる?

私たちは、恐れ、怒り、苦痛といったネガティブな情動を感じると、生理的な反応も起こす。赤ん坊が、ほかの新生児が泣くのを聞いたり、沈鬱な母親との相互作用の影響を受けたりしてストレス反応を示すのと同じだ。脈拍が速くなり、汗をかいたり背筋がぞくぞくしたりすることもある[*43・44]。情動ごとに反応が決まっているのだ。じつは、それぞれの情動により、一連の異なる生理的反応が起きる。情動ごとに反応が決まっているのだ。観察した状況に対する生理的な反応から、あなたが他者の情動をどれほど正確に理解したかを予測することが可能だろうか。もしあなたの生理的な反応が他者のそれに類似していればしているほど、他者の情動を正しく判断していることになるのだろうか。

カリフォルニア大学バークリー校のロバート・レヴェンソンらは、それがネガティブな情動で起きることを立証した。彼らは、四組の夫婦の会話を別々にビデオテープに録画したものを被験者たちに見せながら、彼らの生理的な変数の値を五項目にわたって測定した。[4]同様の測定を、会話をしている間に夫婦に対しても行なっておいた。会話の間中、被験者たちは夫または妻が何を感じているかを判断した。観察している相手の生理的反応により近い自律神経性の生理的反応を示した被験者は、実際に相手のネガティブな情動をより正確に理解していた。ただし、これはポジティブな情動には当てはまらなかった。この結果からは、生理的なつながり（生理的反応をどれほど忠実にシミュレーションするか）と、ネガティブな情動に対する評価の精度は関係していることがうかがわれる。レヴェンソンらは、共感的な被験者（相手のネガティブな情動の評価が非常に正確な人たち）は、同じネガティブな情動を経験する可能性がきわめて高いと言う。このネガティブな情動は、被験者とその観察相手の両方に同じようなパターンの自律神経の活性化をもたらし、その結果高いレベルの生理的なつながりが生まれる。[*45]この結果からもう一つ疑問が生まれる。「自分の生理的反応に敏感な人たちは、情動的な気持ちも強いのか」だ。もし心臓がドキドキして汗をかいているという強い自覚（意識）があるなら、それを感じない人に比べて不安に思ったり恐れを感じたりする度合いが強いのだろうか。もし自分の生理的反応にもっと注意を向けたなら、他者に対する共感は強まるのだろうか。

イングランドのブライトン・サセックス大学医学部のヒューゴ・クリッチュリーらはこの問いに対する答えを出し、さらにちょっとした予想外のデータまで得た。[*46]彼らは被験者のグループに、不安、気分の落ち込み、ポジティブとネガティブ両方の情動経験の徴候を評価するアンケートに答えてもらった。被験者の中で鬱病や不安神経症と診断される範囲の点数のついた者は一人もいなかった。次に、聴覚フィードバック信号（音の繰り返し）が、自分の心臓の鼓動と一致しているかどうかを被験者に判断させ、その間、彼らをfMRIで脳スキャンした。これは生理的プロセス（鼓動）に対する注意を測定するものだった。また一連の音を聞かせ、どの音の音質が違ったか識別するよう指示した。これは感覚入力の違いをどのぐらい識別できるかという、彼らの知覚能力を調べるものだった。これで、人が苦痛をどれだけ強く感じるか（知覚）と、痛みにどれだけ集中しているか（注意）とを切り離せる。

クリッチュリーらは、活性化した脳の領域の大きさも測定した。そして右前島と弁蓋（べんがい）皮質の活動から、被験者たちが鼓動を感知する（注意）際の精度を予測できることを発見した。そして、脳のその部分の大きさ自体も重要だった。その部分が大きい人ほど、自分の内部の生理的な状況を正確に感知できると同時に、身体認識の自己評価が高かった。しかし、身体認識に関して自己を高く評価した人がみな、実際に自分の鼓動の感知に優れていたわけではなかった。これは、人は自分の能力を過大評価するという、昔からよくある問題だ。一つの例外を除けば、自分の鼓動の感知に実際に優れていたのは、先ほどの脳の領域が大きい人たちだけだった。右前島が大きいと、体の自己認識が高く、強い共感を持つ。

例外として、過去のネガティブな情動経験で高い点数のついた被験者は、鼓動の感知の精度も高かった。

これらの知見から、右前島が認識可能な内臓反応（これは嫌悪感の実験ですでに見てきた）に関与しており、この反応を認識すると主観的な気持ちにつながりうることがわかる。この体内の信号を認識するのが得意な人がいる。生まれつき島が大きいので得意だという人もいるが、過去にネガティブな経験を多くしたことでこの能力を獲得した人もいる。こうした実験の結果によって、なぜ自分の気持ちによく気づいている人がいるか説明がつくかもしれない。[*47]

ネガティブな情動が欠如する症状

前述の発見と、苦痛の情動的な要素と関連する神経活動が盛んだと共感が強まるという発見とが相まって、次のような疑問が生まれる。もしある情動を感じることができない（脳活動も生理的反応もない）なら、他者がその情動を抱いていたときにそれを認識できるのだろうか。これはシミュレーション説の中心となる見解の一つについて疑問を呈している。つまり、私たちは他者の心の状態をシミュレーションしたうえで、自分自身が経験したその心の状態から、相手がどのように感じているか、どう振る舞うかを予測するという見解だ。この見解は正しいのだろうか。対になって起きる欠損はあるだろうか。もし島に病変や損傷があれば、その人は嫌悪を感じることも認識することもないのだろうか。もし私が何に対しても嫌悪を感じないとしたら、あなたの嫌悪を認識できるだろうか。扁桃体に病変や損傷があったら、どうだろう。それはどのような影響を与えるのだろう。もし特定の情動に影響する脳の病変や損傷があれば、他者の情動を感知する能力に変化が起きるのだろうか。

　対になって起きるこのような欠損は、現に存在することが明らかになっている。ケンブリッジ大学のアンドルー・コールダーらは、島と被殻に損傷を受けているハンチントン病の患者を調べた。神経画像研究で島が嫌悪の情動に関与しているのがわかっているので、彼らは、この患者は他者の嫌悪を認識する能力が制限されているとともに、自身の嫌悪の反応もあまり見せないはずだという仮説を立てた。そして、そのとおりであることが判明した。彼は表情や言葉の端から、吐き気といった嫌悪感を認識できなかったし、嫌悪を催すシナリオでも、対照群と比べて嫌悪感が少なかった。[*48]

　カリフォルニア工科大学のラルフ・アドルフスや、同大学とアイオワ大学の研究仲間たちは、両側の島に損傷を持つ珍しい患者で実験を行なった。この患者は表情や行動、行動の描写、気分が悪くなるような写真から、嫌悪感を認識できなかった。吐いている人の話を聞かされて、その人がどう感じるだろうかと訊かれると、「空腹」で「楽しい」だろうと答えた。まずい物を食べて吐く演技をする人を観察して、「美味しい料理を楽しんでいる」と言った。彼は他者の嫌悪感を理解できないばかりか、自身も嫌悪の情動を感じないようだった。報告によると、彼は何でもかまわず食べ、その中には普通は食べない物まで含まれていたという。そして「食べ物に関係する刺激に対していっさい嫌悪感を示すことがなく、たとえばゴキブリで覆われた食べ物の写真を見ても平気だった」[*49]。前章で、嫌悪は人間に独特の情動らしいと述べたのを思い出してほしい。

さて扁桃体に話を戻そう。扁桃体が苦痛系の一部であることは先ほど述べたばかりだが、前章で見たように、扁桃体は恐れとも関係がある。アドルフスらは、右の大脳半球の扁桃体に損傷がある人たちは、恐れ、怒り、悲しみなど、さまざまなネガティブな表情の認識に障害が出るが、左の大脳半球の扁桃体に損傷がある人たちは、これらの表情を理解できることを発見した。扁桃体の損傷は、うれしそうな表情を認識する能力には影響しなかった[*50]。両半球で扁桃体に損傷がある人たち（問題を引き起こしているのは右半球への損傷なのだが）は、恐れの表情を解釈するうえで選択的に障害が出るようだ[*50・51・52]。両側扁桃体損傷がある九人の患者（このような損傷のある人はごく稀だ）を調べたところ、恐ろしい状況（自動車が自分に向かってくる、粗暴な人と対峙する、病気、死など）というものを頭では理解しているにもかかわらず、他者の表情から恐れを読み取ることができなかった[*53]。別の研究によると、ある両側扁桃体損傷の患者は他者の表情や情動的な音声や姿勢に表れた恐怖を認識しなかった。日常の経験での本人の怒り（他者がこの情動を抱いているのを認識することに関しては何ら問題はなかった）と恐れの情動は両方とも、神経学的に正常な対照群と比べて低下していた。彼はあまり恐れを感じないので、アマゾン川流域でのジャガー狩りや、シベリアでヘリコプターに吊り下げられての狩猟といった行動をとれるのだった。[*54] このような患者の姿から、情動を知覚しないことと情動を感じないことは結びついているのが明らかになり、また人が情動を感じたりシミュレーションしたりするのを妨げるような神経の損傷は、他者の情動の認識も同時に妨げることがわかる。

それでは、脳卒中の発作を起こして目が見えないのに表情に表れた情動を言い当てられる患者Xについてはどうだろう。彼にテストしている間にｆＭＲＩで脳スキャンをしたところ、右の扁桃体が活性化していた。[*1] 恐れを伝えるための処理速度の速い経路について触れたときのことを思い出してほしい。入ってくる情報はその経路を通って視床へ行き、そこから真っ直ぐに扁桃体に向かう。患者Xの身に起きているのはこれだ。たとえ視覚皮質との結びつきが阻害されていても、視覚刺激はやはり扁桃体に達し、扁桃体はやはり自分の仕事をこなす。扁桃体は言語中枢とは結びついていない。言語中枢に「たった今、とてもこわがっている顔を見た」とは告げない。だから患者Xは、自分が見せられている画像はこわがっている人のものだと推測できない。そのかわりに扁桃体は気持ちを作り出す。

患者Xは自動的に気持ちをシミュレーションする。そして、自分がどう感じるかをもとにして表情を推測できる。情動を認識するには、彼は意識ある脳を必要としなかったのだ。

脳内領域の活性化にまつわるこうした話は全部、実際にはその領域で神経化学のプロセスが進行しているということを意味している。情動の認識について調べる別の方法として、情動を抑制する薬物を用いて人工的にこれを遮断し、被験者が他者の情動を認識できるかどうかを見るというものがある。この方法で怒りの認識の研究が行なわれた。人間の攻撃性は、所有や支配をめぐる口論というかたちで表れることがあり、その場合、それには怒りの表情が伴う。あなたの隣人は両家の私道の間にある細長い土地を自分のものだと思っており、あなたはあなたのものだと思っている。あなたがそこを掘り返してバラを植えたのを見て、隣家の主人は激怒し、バラを引き抜く。すると今度はあなたが激怒する。

ケンブリッジ大学のアンドルー・ローレンスとトレヴァー・ロビンズらは、もっぱらこの特定の脅威や攻撃を認識してそれに反応するために、独立した神経系が進化したのではないかと仮定した。多くの動物は、このタイプの攻撃的な遭遇によって相手に向ける注意が高まると、それに付随して脳内で神経伝達物質ドーパミンの生成レベルが上がることがわかっている。動物にドーパミンの働きを遮断する薬を与えると、その影響でこのタイプの遭遇に対する反応は弱まるが、運動には差し支えない。だから、もしその動物が攻撃的な行動に対して反応しなくても、それは動けないからではないことがわかる。やろうと思えば、あなたは庭の芝生一面に落ち葉を落とすお隣さんの見事なプラタナスをチェーンソーで切ることもできる。だが、あなたはそうしない。ローレンスらは、ドーパミンの遮断は怒りの表現に対する反応を弱めるだけでなく、怒りの表現の認識までも弱めるのではないかと考えた。

実際、そのとおりになった。「おや、フレッド、いやはや、私のバラを引っこ抜いてしまったね。ところで、野球の結果はどうだったかな?」。さらにおもしろいことには、ほかの情動に関しては、認識能力にいっさい影響は出なかった。「ところで奥さんは、君のことをかなりうんざりした顔で見ているけど、どうかしたの?」。特定の情動信号(たとえば恐れ、嫌悪感、怒り)を処理するための個別の系があるとすれば、情動に対する心理進化論的なアプローチが支持される。このアプローチは、さまざまな生態学的な脅威や問題を感知し、それに合わせて柔軟な反応を調整する目的で、これらのネガティブな情動のために個別の系が進化してきたのかもしれないことを示唆している。*55

動物は共感するか?

人間以外の霊長類でも、似たようなタイプの自動的な情動のシミュレーションが起きる証拠がある。サルが他者の情動を真似ることが実験室で確認されている。また、マカカ属のサルの扁桃体に損傷を与えると、人間の場合とまったく同様、恐れと攻撃性が低下して従順さが増す。[*56] サルたちはおとなしくなり、異常なほどに愛想が良かった。もしこのサルたちも情動をシミュレーションし、また、恐れの情動で扁桃体が人間の場合と同じ役割を果たしているなら、ほかの個体が恐れを表しているのを見ると、扁桃体の一部が活発になるはずだ。単一ニューロン活動の研究から、現に活発になることがわかっている。情動の伝染はサルにも見られる。ラットとハトにも見られる。つまり情動の伝染は人間特有のものではないのだ。これはさらに高度に進化した情動である共感に不可欠の土台石だと、多くの研究者が考えている。共感には意識と利他的な気遣いが必要となる。

共感は人間に特有の情動なのか、それともほかの動物も持っているのかという疑問については、双方の見方の支持者によって活発に研究が行なわれている。ただし、人間の共感の範囲がほかの動物の共感の範囲をずっと上回ることには誰もが同意する。食べ物がほしいときにはレバーを押すよう訓練されたラットが、レバーを押すと別のラットが電気ショックを受けるのを見ると、押すのをやめることが研究によってわかっている。[*57] 同じようなテストが、内容をさまざまに変えて行なわれてきたが、基本的な疑問はそのままだ。ラットがレバーを押すのをやめるのは、利他的・共感的な衝動によるものなのか、それともほかのラットが電気ショックを受けるのを見るという経験が不愉快だからなのか。この違いというのは視覚によって知覚する不快感と、共感を構成している「心の理論」や自己認識や利他主義といったものすべてとの違いにある。アカゲザルを使った研究も、このジレンマにつきまとわれてきた。これらの二つの反応を、納得のいくかたちで切り離すようなテストはまだ考案されていない。

チンパンジーのあくびという切り口でも研究が行なわれている。チンパンジーたちにほかのチンパンジーがあくびをしているビデオを見せると、三分の一があくびをする。[*58] 人間も、あくびのビデオを見せられると、約四〇〜六〇パーセントがあくびをする。じつは私も今まさにあくびをしている。伝染性のあくびは、共感の原始的な形態ではないかと考えられている。スティーヴ・プラテックらは、これはたんなる模倣行動というよりもむしろ、「心の理論」と自己認識に関係する脳のいくつかの部位を使った行動ではないかと言っている。[*59] 彼の実験によると、伝染性のあくびの影響を受けやすい人は自分自身の顔を識別するのが速く、「心の理論」の課題も上手にこなすという。彼は神経画像研究から、この考えを立証する証拠を得ている。[*60] 人間の共感的な振る舞いは、もちろん伝染性のあくびをはるかにしのぐものだ。人間が持つ利他的で意識的な共感の土台となるような行動がチンパンジーには見つかったものの、今のところそうした共感の証拠がほかの動物ではほとんど発見されていないのは、少しも驚くことではない。

ミラーニューロンからわかること

脳は表情とそれを真似る行為とをどうやって結びつけるのだろう。表情と特定の情動とをどうやって結びつけるのだろう。あなたはすでに、またあのミラーニューロンのことを考え始めているかもしれない。たしかにミラーニューロンは重要だ。行動の観察と模倣との間には神経系の結びつきがあるかもしれないことを示す最初の具体的な証拠がミラーニューロンだった。これについては1章と2章で述べた。つかむ、裂く、持つなどして他者が物を扱うのをマカカ属のサルが観察しているときと、その行動をサル自身がしているときの両方で、同じ前運動皮質のニューロンが発火したことを思い出してもらえるだろうか。サルには聴覚のミラーニューロンもあることがわかっているので、たとえば紙を引き裂くといった行動の音を暗闇で聞いたときも、この聴覚ミラーニューロンと紙を引き裂くという行動の行動ニューロンの両方が活性化する。[*61]

すでに見たとおり、こうした発見の後、人間にも同様のミラー・システムが存在することをいくつかの研究が明らかにしてきた。一例を挙げると、被験者のグループがたんに他者が指を立てるのを見ているときと、見た後でその動作を真似ているときに、彼らをｆＭＲＩのスキャナーで調べた実験がある。前運動皮質にある同じ皮質ネットワークが、ただ見ているときと、見てから行動するときの両方の条件で活発になったが、二番目の条件のときのほうがより活発だった。[*62] 人間の場合、ミラー・システムは手の動きだけでなく、体中の動きに対応する領域を持つ。また、行動に物がかかわってくるときも違いが出る。物が行動の対象である場合はつねに、脳の別の領域（頭頂葉）も関係してくる。カップを持ち上げるといった、手で物を扱う動作のときには特定の領域が活発になり、ストローで吸うなど口で働きかけるときには、別の領域が活発になる。[*63] サルの場合は個々のミラーニューロンの位置を突き止められるが、人間の場合は実験手順のタイプのせいで、そうはいかない。ただし、ミラーニューロン系は人間の脳のいくつかの領域で発見されている。

しかし、サルのミラーニューロンと人間の持つミラー・システムには、明確な違いがある。サルのミラーニューロンは、たとえば手がアイスクリームコーンをつかんで口に運ぶというような、目的指向の行動を見たときにだけ発火する。初めてミラーニューロンの発火が見られたのは、たまたまこのときだった（もっとも実際はアイスクリームコーンではなくジェラートだったのだが）。ところが人間の場合は、たとえ目的がなくてもミラー・システムは発火する。[*64] 空中ででたらめに手を振っているのを目にしたときにも、システムは活性化する。サルはミラーニューロンを持っているものの、非常に限られた模倣しかできないのはこのせいかもしれない。サルのミラー・システムは目的に合わせられており、目的へとつながる行動の細部をすべてコードしてはいない。[*65]

前頭前皮質も模倣に大切な役割を果たしている。[*66] 人間は前頭前皮質が大きく、複雑な運動パターンを作り出せるので、サルより優位に立っているのかもしれない。私たちは、誰かがギターでコードを弾いているのを観察し、その動作を逐一真似ることができる。またダンスのレッスンを受けて、インストラクターがサンバを踊りながらフロアを横切れば、それを真似ることができる。サルは、私たちが部屋を反対側まで移動したということだけ理解し、腰をくねらせる必要があったことはわからないだろう。サルの系のほうが複雑さに欠けるという事実を考えると、ミラーニューロン系の進化発生が理解しやすくなる。ジャコモ・リゾラッティとヴィットリオ・ガレーゼは、ミラーニューロン系の機能は行為をいい理解することだという独創的な考えを発表した（私は、カップが口まで運ばれてくるのを理解する）。この行動の理解は、サルと人間のどちらにもある。しかし人間のミラーニューロン系はずっと多くのことができる。人間はサンバを踊れる唯一の動物だから無類の存在なのだろうか。

ミラー・システムはいったい何に関係しているのだろう。今見たとおり、行為をただちに真似ることに関与している。また、なぜその行為がなされるのか、その意図の理解に関係しているのもわかっている。[*67] 味を見るために（行為の裏にある意図）、カップが口まで運ばれるのだと私は理解する（行為の目的の理解）。違う意図と結びついていれば、同じ行為でもコードのされ方が変わり、それによって、まだ観察してはいないけれどとられる可能性の高い未来の行為を予測する。サルの場合、食べ物がつかみ取られて口に運ばれるかカップに入れられるかで、違うミラーニューロンが活性化する（食べ物は食べられるためにつかまれたと私は理解する、あるいは、カップに入れられるためにつかまれたと私は理解する）。誰かがキャンディーバーをつかんだら、あなたはその行為を理解するばかりか、その人がそれを食べるか、ハンドバッグにしまうか、投げ捨てるか、運が良ければあなたにくれるかさえも理解する。

情動を理解するためのミラーニューロンもあるのだろうか、それとも、ミラーニューロンは身体行為のためだけにあるのだろうか。嫌悪や痛みを感じたり認識したりするうえでの、対になった欠損の発見については前述したが、この発見は、島にミラー・システムがあって、行為の理解のときと同様、情動の観察や内臓運動の反応を介した理解にかかわっていることを示唆している。[*68] ミラーニューロンが情動の観察や理解（これが社会的技能に役立っている）にかかわっているという説に導かれて、二つの研究グループ[(5)]が、自閉症の症状の中には、ミラーニューロン系の欠陥が原因と思われるものがあると唱えた。それらの症状には社会的技能の欠如、共感の欠如、模倣の欠乏、言語障害などがある。リゾラッティはサルのミラーニューロンを研究するのに電極を使ったが、サンディエゴの研究者たちは、電極を使わずに人間のミラーニューロンを実験する方法を編み出した。[*69]

脳波の成分の一つμ（ミュー）波は、人間が随意筋運動をすると抑制され、それと同じ行為を観察したときにも抑制される。カリフォルニア大学サンディエゴ校のグループは、脳波計でミラーニューロンの活性化をモニターできるかどうか調べることにした。彼らは高機能自閉症の子供一〇人を調査し、彼らが健常児と同じように、何か行為をするときにμ波を抑制するのを発見した。だが健常児と違い、行為を観察したときには、μ波の抑制は見られなかった。この子供たちのミラー・システムには欠陥があったのだ。

カリフォルニア大学ロサンゼルス校では別の研究が行なわれた。[*70] この研究では、子供たち（健常児とASD、すなわち自閉症スペクトラム障害の子供）が、情動を表す表情を観察したり模倣したりしているところをfMRIでスキャンした。ASDの子供たちはしばしば他者の情動状態に対する理解の欠如を示すため、彼らが情動表現を模倣するときと他者の示す情動を観察するときの両方で、ミラーニューロン系の機能障害が明らかになることが予測された。この予測は正しかった。さらに、神経活動の低下の度合いは、社会的技能の欠如の深刻さと相関関係があり、活動が少ないほど、社会的技能が劣っていた。

健常児とASDの子供では、表情を真似るときに使う神経系が違う。健常児は、島経由で辺縁系と結びついた、脳の右半球にあるミラーニューロン・メカニズムを使う。ところが、ASDの子供はこのメカニズムは使わず、別の方法を用いる。彼らは辺縁系と島を通らない経路を使って、視覚や運動への集中力を高める。島の調整の下、模倣した表情から内面的に感じる情動は、おそらく経験されていない。大人や正常に成長している子供には、情動表現を観察しただけでもミラーニューロン系の活性化の増大が見られる。そのため、他者の情動状態を表情から読み取るという驚くべき能力の根底にミラー・メカニズムの存在が考えられる、さらなる証拠だと、カリフォルニア大学ロサンゼルス校の研究者たちは言う。ASDの子供のミラーニューロン系活動の欠如は、ミラーニューロン系の機能障害が自閉症に見られる社会的障害の核心にあるかもしれないという説を、強力に後押ししている。もっとも、自閉症では、正常に機能していない非社会的な注意技能も数多くある。それらはミラーニューロン系とは無関係かもしれない。

霊長類以外の動物がミラーニューロン系を持っているかどうかはまだわかっていないが、調査は進められている。しかし、クリント・イーストウッドの台詞を借りれば、「身の程を知るべきだ」[*71]。私たちはミラーニューロンの限界を理解する必要がある。ミラーニューロンは、行為を生み出しはしない。

これまで見てきたのは、個々の情動が脳の特定部位の活動と結びついていて、特定の生理的反応と顔面の筋肉の動きが、特定の表情を生むということだ。他者があるタイプの気分や情動を示しているのを知覚したら、私たちは、生理的・身体的に、そしてある程度までは心理的にも、自動的にそれを真似する。通常そうした反応を支えている脳構造に何らかの異常があると、情動を体験する能力と他者の情動を認識する能力が影響を受ける。私たちには、行為とその行為の意図を理解するミラー・システムがあり、このシステムは模倣や情動の認識を通して学習にも関係している。これが情動認識その一、つまり基本的情動認識だ。私たちは、人から人に伝わっていくある種のシミュレーションの存在を裏づける有力な論拠を確立したかのように見える。

自動的以上？

この分析は理にかなっているように見えるが、じつは問題を孕（はら）んでいる。メビウス症候群（顔の筋肉を支配する脳神経の欠損もしくは発育不全による先天的顔面麻痺）の人は、表情を真似るのが身体的に不可能であるにもかかわらず、他者の顔に表れる情動を識別できる。[*72] 私たちがミラーニューロンを通して情動を理解しているのであれば、これは問題にはならないのかもしれない。ミラーニューロンは、運動系が機能していなくても発火しうるからだ。

問題点はまだある。CIP患者（先天的に痛みを感じることができない人）を対象とする最近の研究の結果だ。CIP患者は自分は痛みを感じないのに、健常者の対照群と同様に、他者の感じている痛みを表情から認識し、評価できる。しかし、痛みに関係した振る舞いを見たり聞いたりできないビデオクリップを見せられたときは、対照群と比べて、痛みへの評価は低くなり、嫌悪の情動反応も鈍くなる。

興味深い発見をもう一つご紹介しよう。ＣＩＰ患者の痛みの判断は情動共感の個人差と非常に関連が深いが、この相関関係は対照群には見られない。この実験を行なった研究者たちによれば、痛みの個人的経験は、他者の痛みを知覚して共感を覚えるのに必ずしも必要ではないが、情動的な手がかりがないときは、他者の痛みは実際よりも大幅に低く見積もられてしまうという。[*73] しかし、メビウス症候群の患者にしてもＣＩＰの患者にしても、その障害は長期間に及んでいる。他者の情動を認識する能力は、健常者の対照群の能力とは違う別の経路を通して、長い年月をかけて意識的に学習してきたものかもしれない。ＣＩＰ患者の親には、刺激の中には体に危害を及ぼすものもあるのを子供に理解させるために、痛みの表情を真似する人もいることを研究者たちは特筆している。

すでに述べたように、他者が痛みを感じているのを見たり聞いたりすると活性化する皮質野がある。それは前帯状回皮質や前島など、自分の痛みの経験の情動的要素と関係があることが知られている領域の一部だ。ＣＩＰ患者は、実際に痛みを感じるための神経メカニズムは持たないものの、他者の痛みの情動的様相を鏡のように映し出す機能は維持しているのかもしれない。だから、彼らは痛みの表情といった情動の手がかりから、他者の苦痛を感知できたのだろう。この研究の終わりに、患者の三分の一が、負傷した人の顔を見たり叫び声を聞いたりしないと、その人の経験する痛みを評価するのは難しかった、と言った。このような情動認識の課題の間、ＣＩＰ患者をスキャンし、どの神経領域が使われているのかを調べたり、その反応時間を測って健常者の対象群と比較したりするとおもしろそうだ。使われているのは反応の遅い、意識的な経路だろうか、それとも速い自動的な経路だろうか。

自動的なシミュレーションだけが起きているのではないことを示す結果は、コロラド大学のウルスラ・ヘスとシルヴィー・ブレアリーの行なった研究からも得られた。二人は、物真似の発生が、顔面に表れる情動の認識の正確さとは相関していないことを突き止めた。[*74] この研究では、誇張された表情ではなく通常体験に近いと考えられる表情が使われた。だから顔の真似が現に起きたとはいえ、観察される人が抱いている情動の正確な分析とは相関がなかった。ほかの研究からは、競争相手の顔[*75]や支持できない政治家の顔[*76]を、人は真似ないことが明らかになっている。何らかの抑制能力が働いているのだろうか。それは間違いなさそうだ。そうでなければ、私たちは新生児室で赤ん坊たちといっしょに泣き始めてしまうだろう。これには何らかの随意の認知がかかわっているのだろうか。

我思う、ゆえに我再評価しうる

実際私たちは、考え方次第で情動も感じ方も変えられる。これを成し遂げる方法の一つは、再評価だ。前章で挙げたフィクションの例、『モデスト・ミニョン』のヒロインに起きたのがこれだ。「恋愛で女性が嫌悪感とばかり思い込んでいるものは、じつはただはっきりと見えたというだけのことである」。愛する人の人柄を再評価した後、彼女の愛は嫌悪に変わる。[*77] 一台の車があなたの前に割り込み、猛スピードで通りを走り去っていく。あなたは腹を立てる。血圧が上がり始めたときに突然あなたは、自分がぞっとするような心持ちで病院の救急外来を目指していたときに同じような運転をしたことを思い出す。隣には、肩を脱臼し、腕をだらりと垂らして痛みに泣きべそをかいている子供が乗っていた。怒りはたちまち消え、血圧は下がり、あなたは病院が通りの先にあるのに気づいて、今度は心配になる。

情動の意識的な再評価を研究するため、たとえば一人の女性が教会の外で泣いているといったネガティブでありながら多少曖昧な情動にまつわる状況の写真を見た被験者の脳画像が調べられた。スキャンされている間、被験者はポジティブなかたちで状況を再評価するよう求められた。再評価しようとすれば自分の抱いている情動に注意が向き、随意の認知的判断が必要になるだろうというわけだ。最初は葬儀の場面という印象を抱いたのに対し、その女性が結婚式を挙げて喜びの涙を流しているのだと想像するといった再評価をした後では、ネガティブな影響は前より少なくなったと被験者は報告した。スキャンの結果、再評価の間、情動処理にかかわる領域で活動の低下が見られ、記憶と認知制御と自己モニターに欠かせない領域が活発化したことが明らかになった。[*78] 再評価は、情動とシミュレーションを調整できる。もう一つおもしろい発見があった。それは、再評価のときに脳の左半球のほうの活動が盛んだったのだ。被験者が自らを言いくるめて再評価の手法をとらせたと報告しているので、そのせいかもしれないとされている。言語中枢は左半球にあるからだ。別に考えられる説明としては、左半球が、一般にポジティブな情動の評価とつながりがあるものとして知られている点が挙げられる。[*79] 左半球の安静時活動が盛んな人は、気分の落ち込みに対してより大きな抵抗力がある。これは、ネガティブな情動の処理を縮小させる彼らの認知能力のせいかもしれない。

抑制と再評価

シミュレーションは、抑制、つまり情動の徴候を随意にまったく見せないようにすることを通しても影響を受けうる。親はよく抑制をする。滑稽ではあっても不適切な社会的行動（プールで自分の汚れたおむつを脱ぐ）をした子供を見て笑わないときなどがそうだが、これは難しいことだ。[*80] スタンフォード大学のジェイムズ・グロスは、抑制には、たえず自分の表情のモニター（笑顔がまたひょっこり出てくるかもしれない）と、（出てしまったら）修正が求められると言う。これには意識の神経回路が使われるが、すでに見たとおり、この回路の能力は限られているので、意識的な注意が社会的相互行為からそらされてしまう。

その結果、相互行為を処理する能力が落ち、それにかかわる記憶にも影響が出る。状況を再評価して、もう実際にその情動を抱かなくなり、そのため、それが表れないようにモニターする必要もなくなったときは話が違う（プールで汚れたおむつを脱ぐのは、じつは笑い事ではなくおぞましい。そう評価を下せば、知らずにまた笑ってしまう可能性はない）。

抑制と再評価は、情動的・生理的・行動的に違う結果を生む。抑制は、ネガティブな行動に対して経験する情動を減らしはしない。あなたはその情動を依然として持っているが、それを表現しないだけだ。通りで車が割り込んできたとき、相手のドライバーをにらみつけてバンパーにわざと追突したりはしないだろうが、怒りは消えていない。それと違って再評価では、あのドライバーは病院に行く必要があるのかもしれないと悟った時点で、怒りの情動はもう消えている。抑制は、ポジティブな行動に対して経験する情動ならば減少させうる。物事はそういうものだからしかたがない。ネガティブな情動を抑えようとしても、うまくいかないばかりか、ポジティブな情動を感じなくなってしまう。また、抑制は生理的反応も変えない。あなたの心臓血管はすべて相変わらず活発に動いている。怒りや嫌悪感や恐れを隠せても、あなたの心臓は依然として働きすぎで、その分だけ早く寿命を迎えるだろう。しかし再評価は、生理的反応を変えられる。ストレスを感じる状況で、ストレスを減らせる。もしネガティブな刺激に対する態度を変えて、もうネガティブでなくなれば、心臓血管の寿命を不必要に縮めずに済む。

これはシミュレーションにどのような影響を与えるだろう。情動表現を抑制すると、ある社会的場面で相手が受け取れたかもしれない重要なメッセージが隠されてしまうという、興味深い結果を招く。ある女性が無表情の典型のような男性に話しかけていたとする。彼女は彼がどう感じているか見当もつかず、適切な反応を返せない。彼は何があっても反応を示さないだろう。彼女は精一杯おもしろい話をしたところだが、彼は、おまえなど小学校でさえ卒業させるべきではなかったとでも言うように、彼女をじっと見ている。彼女は、彼を「誘うべからず」のリストに入れよう、友人たちがこんな目に遭わずに済むようにしてあげようと自分に言い聞かせる。では、無表情な男性本人に関してはどうだろう。彼の社会的相互行為は限られていそうだ。というのも、彼を避けるのは彼女だけではないだろうから。

ジェイムズ・グロスとともに抑制を調べている研究者たちは、次のように予測した。人は、情動が顔や声に出ないように抑制している間、自分自身をモニターする必要があるから、他者の情動的な手がかりに実際に反応するのがおろそかになる可能性がある。これはネガティブな社会的結果を招きかねない。もし自分自身に焦点を当てていたら、ほかの人に対する意識の集中度は下がる。いつでも男っぽく振る舞おうとしている男性は、表にほとばしり出そうになる優しい表現をすべて抑制する必要がある。かかわっている相手に注意を払い続けるために使える脳の容量が、少ししか残っていない。グロスらはまた、再評価は認知上の負担がそれほど大きくないので、よりポジティブな社会的結果を生み出せるはずだとも考えた。

彼らはこの説を検証するため、面識のない女性たちに二人一組で、気の動転しそうな映画を観てもらい、その後それについて話し合うよう求めた。それぞれの組の一方の女性には、次の三つのどれかをするよう頼んであった。それは、映画に対する反応を抑制する（男っぽい男性がするように「私はタフだから、むごたらしい光景などなんでもないわ」）か、再評価する（「ああいう光景は恐ろしいけれど、ただの映画だし、ほんとうはあれはケチャップよ」）か、会話相手と自然体で接するか、の三つだ。もう一方の女性は、相手が指示を受けていたのをまったく知らなかった。会話の間、彼女たちの生理的反応が測定された。

情動のポジティブな表現（「それはとてもすばらしいわ！　わくわくするじゃない！」）や、情動的反応（「おやまあ、それじゃ、気が変になりそうね。私だったら頭がおかしくなるわ！」）は、社会的支援における重要な要素で、これによってストレスが減る。[*81] グロスらは、この社会的支援がない場合、指示を知らされていない被験者は、会話に対する生理的反応が大幅に違ってくるだろうと推測した。実際そうなった。反応を抑制するように言われていた女性の会話相手は、自然体で反応したり映画を再評価したりするよう言われていた女性の相手よりも、血圧が大きく上昇した。[*82] ポジティブな情動をほとんど表現しない人や情動的な手がかりに鈍感な人と接すると、心臓血管の活動が現に増大する。[*80] だから、情動表現を抑制している人といっしょに過ごすと、その人の血圧だけでなく、あなたの血圧も上昇する。

今や話は少々複雑になってきた。シミュレーションが、表情などの情動的刺激に対する反射的・自動的反応である情動伝染の範囲を超えて、意識ある脳がかかわる世界に突入したように思われる。ここでは、自分の記憶や、過去の経験から得た知識、相手について知っている事柄を自分への入力の一部として使うことができる。これは、私たちが持っているもう一つのシミュレーション能力、おそらく人間ならではの能力につながる。私たちは抽象的な入力だけで、情動をシミュレーションできるのだ。

想像力と予測

私があなたにEメールを送って、鋸を使っていて指先を切り落としたと告げたら、あなたは顔を見たり声を聞いたりしなくても、私がどう感じているかを想像できる。ただの印字された言葉に刺激を受けて、あなたは私の情動のシミュレーションをする。事故の描写を読んで顔をしかめ、背筋に震えが走るかもしれない。また、小説を読んでも、架空の登場人物の情動を実感できる。トム・ウルフの小説の場面は、まさにそれを思い知らせてくれる。『成りあがり者』（古賀林幸訳、文春文庫）の貯氷庫のシーンは、あまりにも不安を煽るので、私は一五分も続きが読めなかった。このように、人は状況を想像するだけで刺激を受け、情動のシミュレーションができる。[*83] 本を読んでいる人の表情や姿勢を観察すること自体おもしろい。恐れや怒り、喜びが推測できる。シャーロック・ホームズは観察の達人で、ワトソンが新聞を読むところをよく観察したものだった。事実、痛みと結びついている言葉は、痛みの主観的要素とつながりのある脳の領域を活性化させる。[*84] 想像力は、身体行為の場合にも働く。消音にしたキーボードを演奏したピアニストは、同じ曲を演奏している様子を想像しただけのときと同じ脳の部位[(6)]が活性化した。[*85]

想像力によって、手近にあるデータ以上のことに思いが及ぶ。オリンピック競技者が転んで足首を骨折したとき、私たちはその顔に浮かぶ痛みの表情を目にするが、想像力を働かせることによって、長年にわたる厳しい練習や、それに伴う犠牲、打ち砕かれた夢、きまり悪さ、チームを失望させた面目のなさ、負傷のもたらす将来の成績への影響までをも感じ、その競技者に対して深い共感を覚える。路上強盗が足首を骨折するのを見たときも、同じようにその顔に浮かぶ痛みの表情を目にするが、彼に襲われた人がけがをして道に倒れ、おののいているのを想像して怒りを覚え、犯人の痛みにもう共感せず、いい気味だと思う。

想像力は私たちが状況を再評価するときの助けになる。聴覚への入力が、女性が廊下の先で笑っていると告げるかもしれないが、彼女が隣のオフィスであの嫌なやつと求職の面接をしていると想像すると、それが作り笑いであるのがわかる。彼女は楽しくて笑っているのではない。想像力によって、私たちはタイムトラベルもできる。未来へも過去へも行ける。ずっと以前の出来事も、記憶をたぐって想像の中で再現できる。以前の自分の経験のシミュレーションをして、その記憶を経験し直せる。今の視点で当時の情動の再評価さえできる。テストでDをもらったときのきまり悪さを思い出して再びそれを強く感じ、顔を赤らめることすらあるが、そのDに発奮して勉強に励み、けっきょくその科目でAをもらったことを振り返り、満足感に浸れる。私はクラクションが鳴り響くお昼前の荒々しい交通渋滞の中、ローマの環状交差点でフィアットを運転しているとき、どう感じていたかを思い出せる。すると、不安が募って心拍数が上がり、あそこでは二度とレンタカーを借りるものかという気になる。明るい日差しの降り注ぐナヴォーナ広場ですばらしい妻と腰をかけてカンパリをちびちびと飲みながら、どう感じていたかを思い出せる。そして、もう一度あそこを訪れよう、だがタクシーで、と思う。

同様に、未来に思いを巡らせることもできる。これまでに経験した情動を未来の状況に当てはめられる。たとえば、パラシュートを背負って飛行機の開いたドアの前に立ったときにどう感じるかを想像できる（恐怖だ。恐怖は過去にも感じたことがあり、楽しめるものではなかった）。そしてこの冒険は回避しようと決められる。情動を感じるときに見られる神経活動は、その情動が将来起きることを想像しているだけでも始まる。ニューヨーク大学の神経科学者エリザベス・フェルプスは、次のような脳画像研究を行なった。あらかじめ被験者に、一連の図形を見てもらうが、青色の四角形を見るたびに軽い電気ショックが与えられると伝えた。実際には電気ショックはまったく与えなかったにもかかわらず、青色の四角形を見るたび、被験者の扁桃体は活性化した。[*86] 電気ショックを想像するだけで、神経回路が活性化したのだ。こわい映画を観た後、真夜中に家のどこかで床が軋むのが聞こえて、侵入者がいると想像することがある。心拍数は上がり、耳の中の血管が脈打ち始め、本格的な恐怖反応が起きるかもしれない。女優のジャネット・リーは、映画『サイコ』の撮影後、シャワーを浴びるのがすっかり苦手になってしまったと語った。彼女の想像力が働き続けたのだった。

人間以外の動物もタイムトラベルできるだろうか。それはしばらくお預けにして、8章で取り上げることにしよう。

想像は意図的なプロセスだ。状況によっては、自動的な域を超えたシミュレーションを行ない、意識的な要素を使う。それによって私たちは、将来どう振る舞うか計画したり、他者がどう行動するか予測したりできる。おかげで手間が省ける。飛行機に乗っていざスカイダイビングというときになってからやめにしないで済む。自宅のリビングにいながらにしてそれがわかる。娘もスカイダイビングのギフト券などほしがっていないのがわかる。

しかし、私の長兄は行きたがっている。ただし自分で飛行機の操縦もしたいと思っている。それが私にはわかる。想像力によって、過去の情動のシミュレーションをし、その経験から学習し、他者が同じ状況でどう感じ、どう行動するかを予測できる。この能力は社会的学習に欠かせない。しかし、これを行なうとき、私たちは、あたりまえのように思っている多くの能力のうち、想像力以外にもう一つ別の能力を使っている。それは、他者と自分の違いを見分ける能力だ。

「私」と「あなた」を区別する仕組み

私たちは、他者の行為や情動を観察することで、自分の脳の同じ神経領域を活性化させられるが、「私」と「あなた」の区別もつけられる。これはどういう仕組みになっているのだろう。あなたが嫌悪を感じているのを目にしたときにも、私自身が嫌悪を感じているときにも同じ神経領域が活性化するなら、嫌悪を感じているのがあなたなのか私なのか、どうして区別できるのか。私はあなたがテレビで重要な講義を行なっているときに、かつらが滑り落ちるところを想像する。私はあなたのきまり悪さのシミュレーションをして、自らそのきまり悪さを感じられるが、私が想像しているのはあなたのことであって自分のことではないのがわかる。自己と他者を識別する特定の神経回路があるに違いないように思える。さらに、自己とは、身体的であり、かつ心理的でもある。そしてそう、脳の中には、身体的な自分を別の人や心理的な自分と識別するメカニズムがあるのだ。

視点取得、つまり他者の立場にいる自分を想像することについての研究のおかげで、自己と他者の神経ネットワークの区別が進んでいる。視点取得は、人間の赤ん坊の場合、生後一年半ぐらいで現れる（もちろん、その度合いは大人には及ばないが）。この時点で子供は、あなたが笑顔によって好きであることを示す食べ物（ことによるとブロッコリー）を差し出すだろうが、自分が好きでもあなたが嫌そうな顔を見せる食べ物（クッキー）は差し出さない。[87]とはいえ、私たちは視点取得をするのが必ずしもうまくないし、いつもそれをしているわけでもない。私なら、ブロッコリーを選ぶというのは明らかに変だと思うだろうから、相手の表情に表れる証拠は却下し、自分のはるかに分別ある好みを優先させ、けっきょくクッキーをあげるかもしれない。自分のもらった、なんともひどいクリスマスプレゼントの数々は、どれもその好例だ。「こんなものを私がほしがっていたとか、気に入るだろうとか、本気で考えているのかしら」というような言葉が、クリスマスの朝、取り繕った（わざとらしい）笑顔の陰で無数の人の頭の中を駆け巡るに違いない。少なくとも、もうご存知のとおり、眉尻が下がっているかどうかチェックすれば、偽りを見破れる。

人は自分が知っていたり信じていたりすることを、他者も知っていたり信じていたりすると考えがちだし、[88]他者の知識を買いかぶる傾向もある。[89]普通の人に言語学の再帰性の理論について話し始め、相手が呆然とした表情を浮かべたときには、まず間違いなくこれが起きているのだろう。あなたは、彼らも興味を持つだろうと決めてかかっていた。他者に対する私たちの初期設定モードは、自分特有の視点に偏っているようだ。そういうわけで、自分がずぶの素人である分野の専門家とは会話がとてもしにくい。彼らは自分の知っていることをあなたもあらかた知っているものとばかり思っている。「うーん、そのヘッジファンド取引とやらを、もう一度説明してくれないかな」。もし、空腹、疲労、喉の渇きといった身体的欲求を伴う状況で他者がどう感じるか訊かれたら、あなたはおもに、自分が同じ状況でどう感じるかという推測に基づいて予想する。私はほかの人たちが空腹を覚えたら、自分と同じように感じるだろうと思い込んでいる。あの、ちくちくするようなお腹の痛み、あの悩ましい感覚だ。しかし、どうも違うようだ。友人たちと話していて、それがわかった。いらだちを覚える人もいれば、頭痛がする人もいる。不機嫌になる人もいれば、お腹には何も感じない人もいる。

この自己本位の認識は、カクテルパーティーで再帰性の理論を話題にする以外にも、社会的判断の誤りを招きかねない。「彼はもうとっくに電話をかけてきてもよさそうなものなのに。私なら彼に電話をするわ。私に関心がないのね」。しかし、シカゴ大学の心理学者ジーン・ディセティとワシントン大学の心理学者フィリップ・ジャクソンが指摘しているように、これはシミュレーション説にうまく適合する。この説によれば、私たちは自分自身の心的資質を使って、他者の振る舞いや心的状態を理解したり予測したりするという。想像力を働かせて私たちは他者の状況に我が身を置き、自らの知識を初期設定された基盤として使って他者を理解する。[*26] しかし、社会的に成功するためには、自分と他者を区別できる必要がある（彼が電話をくれなかったのは、携帯を家に忘れたまま出張で中国に行って、時差が半端じゃないし、疲れきっているからよ）。ディセティらは、視点を滑らかに切り替える心的な柔軟性が必要なことを強調している。他者の視点に立つには、自分の視点を抑制できなくてはならない。自分の視点を調整（あるいは抑制）できて初めて、他者の視点に立つ柔軟性が生まれる。他者の視点を評価する際の誤りは、自分の視点の抑制に失敗したためだと言われている。[*90] だから、あなたの夫はあなたの誕生日に、宝石の代わりに新しいバーベキュー用具をくれたのだし、あなたは彼に、XVR800シリーズのPKJスーパー・ビヨンド・リーズンの超低音用スピーカーの代わりに、きれいなブルーのシャツをあげたわけだ。この調整能力は、幼い頃に徐々に発達して、四歳ぐらいでようやく十分現れてくる。それにかかわる認知制御は、やはり四歳の頃に出現する「心の理論」の発達や、前頭前皮質の成熟との関連が指摘されている。それでは、私たちが自分の視点から他者の視点に切り替えるとき、脳の中では何が起きているのだろう。

これを知る方法の一つは、自分自身の視点に立つときと他者の視点に立つときにそれぞれ活性化する領域を調べることだ。どちらの場合にも活性化している領域は除いて考える。

一方の場合にだけ活性化している領域が、その視点独自のものだ。ペライン・ルビーとディセティは一連の神経画像研究をし、被験者が運動領域（シャベルやかみそりを使うのを想像する）、概念領域（たとえば「満月の夜には出産が多い」というような、さまざまな主張に対して素人なら何と言うかを、医学生が自分が言うだろうことと比べて想像する）、情動領域（あなたかあなたの母親が、誰かのうわさをしていて、その人がすぐ後ろにいたのに気づいたところを想像する）での課題について、自分の視点か他者の視点のどちらかに立つときの様子を調べた[*91・92・93]。すると、自己と他者の視点で共通する神経ネットワークはさておき、他者の視点に立つときには、前頭極皮質と直回を含む右下頭頂皮質と腹側内側前頭前皮質が著しく活性化することがわかった。ほかの複数の研究でも同様の結果が得られた。体性感覚野は、人間が自分の視点に立つときだけ活性化する。

右下前頭葉皮質と後側頭葉皮質が合わさる部分は、自分の行動と他者の行動を区別するうえで決定的な役割を果たす。ここは「側頭－頭頂接合部（ＴＰＪ）」と呼ばれる、活動の盛んな場所で、脳のさまざまな部位からの入力を統合している。これには、視床の側部と後部、視覚野や聴覚野や体性感覚野や大脳辺縁領域、さらに、前頭前皮質と側頭葉の相互連絡を含む。その他のいろいろな研究からも、この領域が自己と他者を区別するのを助けている証拠の断片が得られた。対外離脱体験、つまり自分自身を第三者の視点で知覚する現象の研究は大きな成果を挙げている。

ある女性のおもしろい事例がある。彼女はジュネーヴ大学病院で癲癇治療のための診察を受けていた。担当医師たちは脳画像を調べて発作の焦点を見つけようとしたが、うまくいかなかった。次の処置として外科手術を行なうためには、とにかく焦点を見つけ出す必要があった。そこで局所麻酔（脳自体は痛みを感じない）をかけ、発作を記録するために硬膜下電極を埋め込み、焦点電気刺激を与えて、皮質の発作の起きる場所を特定しようとした。脳の右角回（頭頂葉に位置している）に焦点電気刺激を与えると、彼女は対外離脱経験を何度も繰り返した。とくに、角回の特定領域に刺激を与えると、彼女はこう報告した。「私は自分がベッドに寝ているのを上から見ています。でも、脚と胴体の下のほうしか見えません」[*94]

それ以来、オラフ・ブランケとシャハル・アージー[*95]はこのような現象をすべて再調査し、神経学、認知神経科学、神経画像研究などの証拠を照合してみた。彼らによると、対外離脱体験は自分の体からの多感覚情報を側頭－頭頂接合部がうまく統合できないことと関係があるという。彼らは、側頭－頭頂接合部におけるこの機能障害によって自己の体験や思考に混乱が起きるのではないかという仮説を考えている。この混乱が重複や自己の位置、視野、行為主体に関する錯覚を引き起こし、それが対外離脱体験として経験されるのかもしれない。側頭－頭頂接合部に沿った別の特定の領域は、もっぱら他者の心の中身を推論する、[*96]自己と他者の区別が必要な能力に関係がある。

他者の視点に立ったとき活性化する脳の部位には、ほかに腹側前頭前皮質があり、この部位は前頭極皮質とも呼ばれている。幼少期にこの領域に損傷を受けると、視点を取得する能力に障害が起きうる。[*97] この領域は、自分の視点から他者の視点への移行を可能にする抑制の源だと考えられている。ダマシオのグループは、幼少期にこの領域に損傷を負った大人に対して、道徳テストを実施した。彼らの回答ははなはだしく自己中心的で、その振る舞いも同様だった。彼らは自分の視点を抑制する能力が欠けていて、他者の視点に立たなかった。幼少期でなく大人になってからこういったタイプの障害を負った人々（たとえばフィニアス・ゲイジ）のほうが、その障害をうまく補える。ここから、幼少期に障害を負った神経系が社会的知識の獲得に不可欠だったのがわかる。[*98]

その後の研究から、体性感覚野という、各部が体の特定の部位に対する感覚と相関する脳の部位が、自分の視点から状況をシミュレーションするときに活性化することも明らかになった。被験者はなんでもない体勢か痛そうな体勢にある手や足の絵を見せられ、自分の視点や他者の視点で痛みを想像するよう求められた。どちらの視点でも、情動的な痛みの領域が活性化したが、個人的な視点に立った被験者だけ、体性感覚野が活性化した。彼らはまた、痛みの評価が高く、反応時間も短く、痛みの脳経路も広範囲で活性化した。(7)[*99] ルビーとディセティは、個人的な視点に伴う体性感覚野の活性化は、二つの視点の分離を助けているのではないかと推測する。「もし私が感じるなら、それは私だ（我感じる、ゆえに我あり)、他人であるはずがない」[*93]

おもしろいことに、第三者の視点に立つときに活性化する領域は、「心の理論」のさまざまな課題で活性化する領域と同じだ。(8) もし意識的に他者の視点に立って、相手も自分の同類だろうと推定していたら、他者の状況で自分がどう感じるかをシミュレーションすることで、おそらく他者の状態を正確に評価できるだろう。しかし、もし自分とは似ても似つかない人の視点に立つなら、自分の状態のシミュレーションはあまり役に立たない。私たちが、他者を自分と同類と見なすときと違っていると考えるときでは、脳は異なる神経基盤を使うのだろうか。新しい研究によるとどうやらそのようだ。[*100] 似ている人の視点に立つとき、自己言及的な思考とつながりのある腹側内側前頭前皮質の領域が活性化するのに対して、似ていない人の心を推測しようとするときには、腹側内側前頭前皮質のもっと背側の下部領域が活性化する。

自己と自分に似た他者について判断するときに神経の活性化の重複が見られるという事実は、社会的認知のシミュレーション説を思い起こさせる。私たちは自分自身についての知識を使って他者の心的状態を推測するという、あの説だ。自分と似ていない人について考えるために、違う神経基盤を活用するという方法には、おもしろい意味合いがある。とくに、内集団の人間と外集団の人間のことをどう考えるかは興味深い。自分たちの集団の人々について考えるときは、その人たちが自分たちに似ていると思い、同じ状況のとき自分ならどうするか、どう感じるかをシミュレーションして、彼らの振る舞いを予測する。ユダヤ人大虐殺の時代、ユダヤ人を救済した人のうち五二パーセントは、おもに「自らの社会集団に対する帰属を示し強化すること」が動機になっていたという、サミュエル・オリナーとパール・オリナーの発見も、これで説明できるかもしれない。しかし、外集団の人について考えるときには、シミュレーションとは違うプロセスが起きているかもしれない。社会学的な研究から明らかになったように、私たちは、似ていない他者は情動も情動の深さも違うと考え、[*101] 自分と似た人には自分の目的や好みを投影するが、似ていない人にはあまり投影しない。[*102] ことによると、これは、刑務所の看守と囚人、隣接する国家どうし、宗教集団の間などで起きうる人間性の喪失の説明となるかもしれない。こうした集団間の区別は非人道的な扱いの原因になりうるが、脳の働き方を理解していれば、役に立つ可能性もある。人はみな、間違いなく異なる。誰もがあなたと同じではない。同じだと思い込むと問題を引き起こしかねない。『男は火星人　女は金星人――すべての悩みを解決する恋愛相談Q&A』（遠藤由香里・倉田真木訳、ヴィレッジブックス）のような、性差についての一般向けの心理学書は、男性と女性を別の集団に分けている。実際、この考え方は、例の電話を待ちながら心を悩ませている女性にとっては有益かもしれない。領域によっては男女の振る舞いは違うと悟ったら、彼女は自分の視点から彼の振る舞いを予測するのをやめるかもしれない。

動物はほかの動物の視点に立てるか？

視点取得は人間特有のものだろうか。私たち人間は、一歩下がって他者の目で世界を眺められる唯一の動物だろうか（このような能力は自己認識を前提にしている。自己認識についても、ほかの動物との絡みで、8章でもっと詳しく論じることにしよう）。これは、意見の分かれる問題だったが、新しい研究法（新しい視点）によって、霊長類は状況次第で自己認識できることがわかってきた。ライプツィヒにあるマックス・プランク研究所のブライアン・ヘアらは、チンパンジーが食べ物を取り合うときに、ほかのチンパンジーの視覚的視点に立てることを明らかにした。[9][*103] 援助課題を使って霊長類に「心の理論」の能力を探すという従来の研究は、見当違いだったのかもしれない。すでに見たとおり、チンパンジーは競争的な認知課題を最も上手にこなす。ヘアらは、この特徴をうまく利用し、チンパンジーを人間（仮に「サム」と呼ぼう）と競わせた。サムは、美味しそうな食べ物をチンパンジーたちがつかもうとすると、彼らの手の届かない所に移した。チンパンジーたちは透明なついたてと不透明なついたてのどちらの後ろからもサムに接近することができた。また、サムが見ている方向からでも見ていない方向からでも近づけるようになっていた。するとチンパンジーは、サムの視線の先にあって彼が見ているのがわかっている食べ物を自然と避けた。そのかわり、サムの体がほぼ食べ物の方を向き、彼の手の届く範囲に食べ物があっても、彼が見ていなければ、チンパンジーたちはその食べ物に近づいた。また、透明なついたての後ろからは食べ物に近づかず、不透明なついたての後ろから近づいた。最初チンパンジーが食べ物から遠ざかるときは、サムに見られたら、必ず遠回りしてからついての裏に回った。しかし、もしついたてのせいで自分が食べ物から遠ざかるのがサムには見えないときや、身を隠して食べ物の所に戻るルートがないときは、迂回して遠ざかることはしなかった。ヘアらは、この遠回りによる接近行動は特筆に値すると言う。なぜならこれはチンパンジーが、競争の焦点となっている食べ物に近づくとき、競争相手の視線から隠れるのが重要なのを理解しているだけでなく、場合によっては、相手の視線から隠れる企て自体を隠すのが有益なのも理解していたことになるからだ。

チンパンジーたちは他者の視点に立ち、他者に何が見えるか理解し、競争的環境での状況を積極的に操作することができた。この研究は、少なくとも競争的な状況で食べ物がかかわる場合には、チンパンジーが意図的なごまかしができることを示す、じつに有力な証拠も与えてくれる。意図的なごまかしというのは、他者がほんとうだと信じている物事を操作することだ。しかし、前章で見たように、チンパンジーは人間の子供なら四歳でできる「虚偽の信念」課題を解決できない。他者に見えるものを理解するのは、彼らの心理的状態を理解したり操作したりできるのと同じではないが、ヘアらの発見によって、必然的に疑問が増えてくる。「心の理論」に関して、チンパンジーの能力は従来考えられていた以上に高い可能性が出てきた。また、他者が耳にしていることをチンパンジーが理解しているかどうかを究明する必要があるとヘアは言う。自然環境で観察されているように、チンパンジーは状況を意図的に操作するために大きな音を立てるのを避けるだろうか。他者を故意にだますために偽りの叫び声を上げるだろうか。[*104・105・106] チンパンジーが他者の心理的視点に立てるかどうかははっきりしないが、ある程度はできるだろうことはうかがえる。リサ・パーの調査から、注射を受けるチンパンジーの情動といった、ビデオの場面に見られる情動と、同様の情動の表情が写った写真とを、チンパンジーは合致（マッチ）させられることがわかっている。これは、私たちの持つもっと進歩した視点取得の心理的能力の先駆けとなる情動認識が存在することを示唆しているのかもしれない。[*107]

　これらの結果が得られた後、別の研究グループが競争的課題の状況を利用して、見ることは知ることにつながるのだとアカゲザルが理解しているかどうか試してみることにした。「心の理論」課題のためにこれまで実験室で行なわれた検査では、すべて否定的な結果しか得られなかった。今度の実験でも、サルが食べ物をめぐって実験者と競う状況が設定された。最初、サルが食べ物を盗み取ろうとするとき、実験者の視線の方向を考慮に入れるかどうか実験した。すると、考慮に入れることがわかった。実験者が背を向けるか顔をそらすかしたときに、サルは食べ物を盗んだ。さらによく見抜いていて、顔は動かさないが目をそらした実験者や目を隠した実験者からは盗んだが、口を隠した実験者からは盗まなかった。[*108]

次にこの研究グループは、食べ物のありかを見てい、な、い、実験者は、そのありかを知ら、な、い、ことがサルにわかっているかどうか調べることにした。この実験では二つの台が用意され、それぞれにブドウが載せられた。サルにはどちらのブドウも見えた。実験者はブドウを台に載せると、ついたての後ろに腰掛けたので、ブドウはみえなくなった。台には仕掛けが施されていて、一方の台が傾いてブドウが転がり落ちるようになっていたが、実験者にはその様子が見えなかった。サルは転がり落ちたブドウをさっとつかんだが、実験者が位置を知っているほうのブドウは取らなかった。状況を変えて実験者がどちらのブドウも見られるようにすると、サルは行き当たりばったりにブドウに近づいた。この結果から、見ることが知ることにつながるのをアカゲザルがきちんと理解しているのがわかる。サルは、何が実験者に見えているか把握し、その結果から実験者が何を知っていて何を知らないかも理解した。こうして研究者たちは、アカゲザルが「心の理論」の思考能力をある程度持っていて、その能力は競争が必要な状況で最も多く発揮されるようだと、初めて考えるようになった。[*109]

社会的動物と言えば、人間の無二の友、犬もそうだ。これまで科学者たちは犬の研究にあまり時間を割いてこなかった（もちろんダーウィンは除くが）。もっとも、最近は犬も、俳優でコメディアンのロドニー・デンジャーフィールドをしのいで、いくらか敬意を払われるようになってきた。犬の研究が進まなかったのは、犬は「人工的な」種だという見方があるからだ。ほかの「野生」の種がそれぞれ特有の生態的地位に適応してきたように、犬が少なくとも一万五〇〇〇年ほどかけて（DNAの調査によると、一〇万年前までさかのぼるらしい）、今の生態的地位（ニッチ）（飼い慣らされた動物としての生き方）に適応してきたことに注目すれば、犬の社会的認知の比較調査はもっと実りあるものになる。[*110] 犬は、チンパンジーにはない人間的な社会的技能を持っており、[*111] 何千年もかけて人間と共進化を遂げてきた。こうした社会的技能は学習によるものではなく生得のもので、犬の先祖であるオオカミが持つ技能とは違う。犬は人間に見えているものがわかり、取りに行ったボールは、人間が向きを変えたとしてもその後ろにではなく前に置く。犬は、顔と目が見えている人間に食べ物を求め、顔がバケツで隠れている人間には求めない。チンパンジーなら自然発生的にそうすることはない。たとえ人間がついたての後ろにいても、窓がついていて前が覗けるようになっていたら、犬は食べることを禁じられている食べ物には近づかない。人間の姿が見えなくても、人間に食べ物が見えるのがわかっているのだ。犬は競争的な状況になくても協力できる。犬は、人間が食べ物から遠ざかっていても、人間が指差している食べ物を見つけ出せる。チンパンジー自身は指を差したりしないし、犬のように指を差すことの意図もわからない。これは、チンパンジーどうしの協力がないからかもしれない。

飼い慣らしはどのような影響をもたらしたのだろうか。一九五九年、ドミトリー・ベリャーエフ博士はシベリアでキツネの飼い慣らしを始めた。キツネを選ぶ基準はただ一つ。人間を恐れず、非攻撃的に振る舞うかどうかだ。言い換えれば、彼は恐れや攻撃の抑制を選択基準にした。この選択プロセスの副産物として、飼い犬に見られる形態学的な特徴が多く得られた。たとえば、ボーダーコリーのような、垂れ耳、ピンと立ったしっぽ、まだら色の配色がそうだ。繁殖シーズンの長期化といった行動上の変化や、メスにおけるセロトニン水準の高まり（数種の攻撃的な振る舞いの減少をもたらすことが知られている）と性ホルモン水準の変化（一回に生まれる子供の数の増加につながる）を含む興味深い生理的な変化も見られた。ストレスや攻撃的な振る舞いを調整する脳内の化学物質の多くにも変化が起きた。[*112] 犬の飼い慣らしについてのベリャーエフの研究も考慮に入れ、犬の社会的技能は副産物として発達したのかもしれない。恐れや攻撃の抑制を司る仕組みが発達した後、初めて出現したのかもしれない、という意見が出ている。これはおもしろいことに、大型類人猿の社会的行動は、協力が苦手で競争心が非常に強い気質の制約を受けているという主張につながる。この気質は現在しだいに認められるようになっている。

ひょっとすると、社会的認知のより複雑な形態が進化するには、人間の気質が必要かもしれない。人間以外の霊長類に欠けているのは、自己の視点を抑制する能力なのかもしれない。そのせいで、彼らは満足に協力ができない可能性がある。ヘアとトマセロは、人間の気質の進化は、私たちの、より複雑な社会的認知の形態の進化に先行して起きたかもしれないと言う。もし私たちが協力して目的をかなえることがなければ、他者の心を読むという高度な能力は宝の持ち腐れになっていただろう。ヘアとトマセロは、現代的な人間社会の進化における最初の重要な一歩は、情動的反応を制御する仕組みを選択するという、一種の自己飼い慣らしだった可能性を考えている。この考え方によれば、集団の中の個体は、過度に攻撃的だったり横暴だったりする他者を追放するか殺すかするという。[*III] これは興味深い主張で、多層的な集団選択の主張を併せて考えると、協力的である一方で、ごまかしをする者は罰する用意もある社会集団を生むことがあるかもしれない。

動物の視点取得に関するこれらの研究は、私たちが社会的認知の能力を、他の霊長類や社会的動物と共有していることを示している。これは別段驚くことではないはずだ。驚くべきなのは、私たちの社交性の程度だ。情動の伝染や物真似、視点の取得といった能力や、自己認識の限界は、こういった動物もある程度は持っている。ミラーニューロン系も持っている。しかし、私たちのミラーニューロン系のほうが性能が高く、広範囲に及んでいる。私たちは入り組んだ動作を随意に模倣できるが、これはほかの霊長類にはない能力だ。

結論

人は随意に意図的に一つの抽象的な視点から別の抽象的な視点へたやすく柔軟に切り替えられる。私たちはシミュレーションしている情動を想像力だけで巧みに操れる。視点を変えれば違う情動のシミュレーションにつながりうる。これはただちに得られるような身体的刺激がまったくなくても可能だ。私たちは書物や歌、Eメール、会話を通して、言葉や音楽といった抽象的な手段で情動的知識を伝達できる。私たちはジョージ・ガーシュウィンの『パリのアメリカ人』を聴いて興奮と郷愁を感じられる。ユゴーの『レ・ミゼラブル』を読んで悲哀を覚え、『デイヴ・バリーの40歳になったら』を読んで止めどもなく笑える。この能力によって、私たちは自らじきじきに体験しなくても世界について学ぶことができる。苦労して物事を学ぶ必要はない。私は昨夜のジョークに聞き手がどんな反応を示したかをあなたに話せるし、あなたはそのジョークを使う価値があるかどうか学べる（あなたはきまり悪い沈黙や忍び笑いを経験する必要はない）。あなたは友人に、エルパソからティエラ・デル・フエゴへのバスの旅はおもしろいけれどくたくたになると告げられるし、ハネムーンには代わりにタヒチを勧めることもできる。その友人は、あなたの経験から学んで自分の結婚が破綻するのを未然に防げる。言葉や想像から情動をシミュレーションしたり、視点を使ってシミュレーションを変化させたり、未来や過去に自分自身を投影したりする能力は、私たちの社会的世界を豊かにし、自分のシミュレーションをほかの種のものよりも力強く複雑にすることができる。

原注

1　人間の脳はユニークか？

（1）　脳は、人類学者、心理学者、社会学者、哲学者、政治家の興味を惹いてきたばかりか、あらゆる種類の生物学者（微生物学者、解剖学者、生化学者、遺伝学者、純古生物学者、生理学者、進化生物学者、神経学者）、化学者、薬学者、コンピューター・エンジニアを魅了してきた。さらに最近では、マーケターや経済学者でさえ、好奇心をそそられている。

（2）　DNA（デオキシリボ核酸）は、糖とリン酸から成る主鎖を持つ二重螺旋分子だ。それぞれの糖は、アデニン（略してA）、シトシン（C）、グアニン（G）、チミン（T）の四つの塩基のうちの一つと結びついている。そしてこの塩基はそれぞれ別の塩基と結びつき（AとT、CとG）、螺旋を形成している。遺伝コードを担うのは、これらの塩基配列だ。

（3）　それらには、ASPM、マイクロセファリン、CDK5RAP2、CENPJ、ソニック・ヘッジホッグ、APAF1、CASP3という名前の遺伝子が含まれる。

（4）　この遺伝子の発見にまつわる物語は非常に興味深い。一九六〇年代、パキスタンは発電と灌漑用の貯水の目的でジェラム川にマングラダムを建設した。ダムの人造湖の水がカシミールのミルプール地方の谷を呑み込み、二万世帯が家と肥沃な農地を失った。こうした世帯の多くは、イングランドのヨークシャーに移住した。そこでは織物作りの熟練職人が不足していたのだ。何年も後に、イングランドのリーズにあるセント・ジェイムズ大学病院の内科医で臨床遺伝学者のC・ジェフリー・ウッズが、患者のなかに遺伝性小頭症の子供を持つパキスタン人が数人いることに気づいた。彼は、障害を持つ子供と、その親族で障害のない者のDNAの研究を始めた。それがこの二つの遺伝子の発見につながったのだ。マングラダムのプロジェクトは当時物議を醸し、今また問題になっている。パキスタン政府は現在、ダムを拡張し、さらに四万四〇〇〇～一〇万人を移住させようとしている〔訳注：このプロジェクトは二〇〇八年四月に完成〕。この二つの遺伝子を突き止めるに至った研究は、A. Kumar, M. Markandaya, and S. C. Girimaji, "Primary microcephaly: Microcephalin and ASPM determine the size of the human brain," *Journal of Biosciences* 27 (2002): 629-32 に概説されている。

(5) すべての人は、性決定に関与しない染色体（常染色体）上のすべての遺伝子のコピーを二つ持っている。一つは母親に、一つは父親に由来する。遺伝子が「劣性」ならば、目に見える、あるいは検知できるかたちでその形質が現れるためには、母親と父親の両方からその遺伝子のコピーを受け継いでいなければならない。たとえばコピーが母親からのもの一つだけなら、父親からの優性遺伝子が目に見える特徴を決定することになる。両親がともに劣性形質を持っていなければ、子供にそれが現れることはない。両親ともに劣性形質を持っていると、子供にそれが現れる確率は二五パーセントだ。

(6) 遺伝子の命名法に興味をお持ちの方は、ウェブサイト gene.ucl.ac.uk/nomenclature を参照のこと。

(7) 人類は進化の梯子のてっぺんではなく、進化の木の枝の上に座っている。チンパンジーは現存する生き物のうち、私たちに最も近い種であり、人間と共通の祖先を持っている。動物の研究では、しばしばチンパンジーとの比較がなされる。チンパンジーは人間と同じような能力を持っている可能性がいちばん高い動物だからだ。

(8) これは「内顆粒層(Ⅳ層)」と呼ばれる。

(9) ニューロンは専門家だ。どのタイプの処理や情報伝達に関与しているかによって、その形、大きさ、電気化学的特性に大幅な違いが見られる。

(10) 私信。

(11) 言語に関与する皮質野はもう一つある。「ブローカ野」だ。その機能は十分に解明されていないが、言語の出力にかかわっている。「弓状束」と呼ばれるニューロンの経路が、ウェルニッケ野とブローカ野を結んでいる。

(12) 前述のように、染色体は微小な糸のような構造で、すべての細胞の核にあり、遺伝形質を担っている。タンパク質複合体とDNA(すべての細胞の発達のための遺伝指令を持つ核酸)から成る。染色体の数は、それぞれの種によって決まっている。ヒトは二三対、計四六個を持っている。だが生殖細胞(配偶子)は二三個しか持っていない。したがって男性と女性の配偶子の接合が起きると、受精卵(接合子)は両親からそれぞれ二三個の染色体を引き継ぐことになる。

2　デートの相手にチンパンジー？

（1）海馬傍回の上部髄板。
（2）すばらしい読み物で、このテーマについての見事な評価になっている、Chip Walter, *Thumbs, Toes and Tears and Other Traits That Make Us Human* (New York: Walker, 2006) チップ・ウォルター『この6つのおかげでヒトは進化した――つま先、親指、のど、笑い、涙、キス』（梶山あゆみ訳、早川書房、二〇〇七年）を参照のこと。
（3）現生の霊長類のうち、最も原始的な猿類。
（4）コロンビア大学心理学教授で、同大学霊長類認知研究室の室長。
（5）*Kanzi*, p. 161 スー・サベージ・ランバウ、ロジャー・ルーウィン『人と話すサル「カンジ」』（石館康平訳、講談社、一九九七年）。
（6）*Kanzi*, p. 155『人と話すサル「カンジ」』。
（7）*Kanzi*, p. 164『人と話すサル「カンジ」』。
（8）*Demonic Males*, p. 24 リチャード・ランガム、デイル・ピーターソン『男の凶暴性はどこからきたか』（山下篤子訳、三田出版会、一九九八年）。
（9）*Demonic Males*, p. 68-71『男の凶暴性はどこからきたか』。
（10）腕を体の両脇につけ、手のひらを上に向けて横たわる。腹の側を「腹側（ふくそく）」、背中の側を「背側（はいそく）」という。力を抜いて頭を後ろに傾けると、脳の上面が背側面の延長、頭の内部深くの下面が腹側面の延長と見なされる理由が理解できるだろう。というわけで、腹側内側前頭前皮質はその言葉が示すとおりの位置にある。つまり前頭葉の前側の脳の、下部の内側、ということだ。
(11) *Demonic Males*, p. 191『男の凶暴性はどこからきたか』。
(12) *Demonic Males*, p. 196『男の凶暴性はどこからきたか』所収の引用。

3 脳と社会と嘘

(1) www.skeptic.com/eskeptic/07-07-04.html.
(2) ウォレスは動物の種の地理的分布に関する、一九世紀を代表する権威だった。彼は独自に自然淘汰説を考え出した。
(3) 人間が暮らしてきた環境は安定していなかった。衛生状態が向上し、栄養状態が改善し、免疫法が広まり、近代医学の恩恵を受けられるようになったおかげで死亡率が減る一方、農業や食料流通の進歩によって食物供給は増えてきた。
(4) 検討のためには、J. R. Stevens and M. D. Hauser, "Why be nice? Psychological constraints on the evolution of cooperation," *Trends in Cognitive Science* 8 (2004): 60–65 を参照のこと。
(5) 1章で述べたとおり、脳の絶対的な大きさに着目する上での問題の一つに、脳は体全体の大きさに伴って増大し、異種間の脳の大きさの比較を混乱させるというものがある。ハリー・ジェリソンが考案した大脳化指数(EQ)は、同じ体重の平均的哺乳類の脳の大きさと比べることによってこの問題を回避している。
(6) ギアリーは、ヒト科の動物の頭蓋骨の化石から割り出した脳の大きさと、南アフリカ共和国ヨハネスブルグにあるヴィトヴァーテルスラント大学の解剖学とヒト生物学名誉教授P・V・トバイアスによって算出された現代人のEQ推定値に基づいてこれを計算した。

(7) D. C. Geary, *The Origin of Mind* (American Psychological Association, Washington, DC, 2004) D・C・ギアリー『心の起源——脳・認知・一般知能の進化』(小田亮訳、培風館、二〇〇七年) の概説を参照のこと。

(8) P. C. Wason, "Reasoning about a rule," *Quarterly Journal of Experimental Psychology* A 20 (1968): 273–81.

(9) www.ekmangrouptraining.com/ を参照のこと。

4 内なる道徳の羅針盤

(1) 彼らはモジュールを、特定の環境的誘因に対して迅速で自動的な反応を可能にする、細かい入力・出力プログラムと定義している。

(2) 汚染を恐れるためには、目には見えない実体を想定し、外見は必ずしも実態ではないことを理解する能力が必要となる。

(3) 「弁護人」と「科学者」のたとえを最初に使ったのはロイ・F・バウマイスターとレナード・S・ニューマンだ。

5 他人の情動を感じる

(1) 吻側(ふんそく)前帯状回皮質、両側前島、脳幹、小脳。

（2）後島、二次体性感覚皮質、感覚運動皮質、尾側前帯状回。

（3）前帯状回、前島、小脳、そして、ある程度だが視床も。

（4）心拍数、皮膚コンダクタンス（電気伝導度）、指までの脈拍伝播時間、指尖脈波の振幅値、骨格筋を刺激する運動ニューロン活動。

（5）カリフォルニア大学サンディエゴ校のヴィラヤヌル・ラマチャンドランの研究グループと、スコットランドのセント・アンドルーズ大学のアンドリュー・ホワイトゥンの研究グループ。

（6）前頭－頭頂ネットワーク。

（7）具体的には、体性感覚皮質、前帯状回皮質、両側島が活性化した。他人の視点に立っている被験者は、後帯状回皮質、右の側頭－頭頂接合部、そして島（右側のみ）で活性化の度合いが増す一方で、体性感覚皮質は活性化しなかった。

（8）内側前頭前皮質、左の側頭頭頂－後頭接合部、左の側頭極。

（9）http://email.eva.mpg.de/~hare/video.htm のビデオを参照のこと。

Cognition 4: 223–29.

*108 Flombaum, J.I., and Santos, L.R. (2005). Rhesus monkeys attribute perceptions to others. *Current Biology* 15: 447–52.

*109 Santos, L.R., Flombaum, J.I., and Phillips, W. (2007). The evolution of human mindreading: How nonhuman primates can inform social cognitive neuroscience. In Platek, S., M., Keenan, J.P., and Shackelford, T.K. (eds.), *Cognitive Neuroscience*. Cambridge MA: MIT Press.

*110 Miklósi, A., Topál, J., and Csányi, V. (2004). Comparative social cognition: What can dogs teach us? *Animal Behaviour* 67: 995–1004.

*111 For a review, see: Hare, B., and Tomasello, M. (2005). Human-like social skills in dogs? *Trends in Cognitive Sciences* 9: 439–44.

*112 Belyaev, D. (1979). Destabilizing selection as a factor in domestication. *Journal of Heredity* 70: 301–8.

lobe damage. *Brain* 113: 1383–93.

*98 Anderson, S.W., Bechara, A., Damasio, H., Tranel, D., and Damasio, A.R. (1999). Impairment of social and moral behavior related to early damage in human prefrontal cortex. *Nature Neuroscience* 2: 1032–37.

*99 Jackson, P.L., Brunet, E., Meltzoff, A.N., and Decety, J. (2006). Empathy examined through the neural mechanisms involved in imagining how I feel versus how you feel pain. *Neuropsychologia* 44: 752–61.

*100 Mitchell, J.P., Macrae, C.N., and Banaji, M.R. (2006). Dissociable medial prefrontal contributions to judgments of similar and dissimilar others. *Neuron* 50: 655–63.

*101 Demoulin, S., Torres, R.R., Perez, A.R., Vaes, J., Paladino, M.P., Gaunt, R., Pozo, B.C., and Leyens, J.P. (2004). Emotional prejudice can lead to infrahumanisation. In Stroebe, W., and Hewstone, M. (eds.), *European Review of Social Psychology* (pp. 259–96). Hove, UK: Psychology Press.

*102 Ames, D.R. (2004). Inside the mind reader's tool kit: Projection and stereotyping in mental state inference. *Journal of Personality and Social Psychology* 87: 340–53.

*103 Hare, B., Call, J., and Tomasello, M. (2006) Chimpanzees deceive a human competitor by hiding. *Cognition* 101: 495–514.

*104 Hauser, M.D. (1990). Do chimpanzee copulatory calls incite male-male competition? *Animal Behaviour* 39: 596–97.

*105 Watts, D., and Mitani, J. (2001). Boundary patrols and intergroup encounters in wild chimpanzees. *Behaviour* 138: 299–327.

*106 Wilson, M., Hauser, M.D., and Wrangham, R. (2001). Does participation in intergroup conflict depend on numerical assessment, range location, or rank for wild chimpanzees? *Animal Behaviour* 61: 1203–16.

*107 Parr, L.A. (2001). Cognitive and physiological markers of emotional awareness in chimpanzees, *Pan troglodytes*. *Animal*

desires: Evidence from 14-and 18-month-olds. *Developmental Psychology* 33: 12–21.
*88 Keysar, B., Lin, S., and Barr, D.J. (2003). Limits on theory of mind in adults. *Cognition* 89: 25–41.
*89 Nickerson, R.S. (1999). How we know and sometimes misjudge what others know: Imputing one's own knowledge to others. *Psychological Bulletin* 126: 737–59.
*90 Vorauer, J.D., and Ross, M. (1999). Self-awareness and feeling transparent: Failing to suppress one's self. *Journal of Experimental Social Psychology* 35: 414–40.
*91 Ruby, P., and Decety, J. (2001). Effect of subjective perspective taking during simulation of action: A PET investigation of agency. *Nature Neuroscience* 4: 546–50.
*92 Ruby, P., and Decety, J. (2003). What you believe versus what you think they believe: A neuroimaging study of conceptual perspective taking. *European Journal of Neuroscience* 17: 2475–80.
*93 Ruby, P., and Decety, J. (2004). How would you feel versus how do you think she would feel? A neuroimaging study of perspective taking with social emotions. *Journal of Cognitive Neuroscience* 16: 988–99.
*94 Blanke, O., Ortigue, S., Landis, T., and Seeck, M. (2002). Neuropsychology: Stimulating illusory own-body perceptions. *Nature* 419: 269–70.
*95 Blanke, O., and Arzy, S. (2005). The out-of-body experience: Disturbed self-processing at the temporo-parietal junction. *Neuroscientist* 11: 16–24.
*96 Saxe, R., and Kanwisher, N. (2005). People thinking about thinking people: The role of the temporo-parietal junction in "theory of mind." In Cacioppo, J.T., and Berntson, G.G. (eds.), *Social Neuroscience*. New York: Psychology Press.
*97 Price, B.H., Daffner, K.R., Stowe, R.M., and Mesulam, M.M. (1990). The compartmental learning disabilities of early frontal

Publishing. バルザック『モデスト・ミニョン』前掲。
*78 Ochsner, K.N., Bunge, S.A., Gross. J.J., and Gabrieli, J.D.E. (2002). Rethinking feelings: An fMRI study of the cognitive regulation of emotion. *Journal of Cognitive Neuroscience* 14: 1215–29.
*79 Canli, T., Desmond, J.E., Zhao, Z., Glover, G., and Gavrielli, J.D.E. (1998). Hemispheric asymmetry for emotional stimuli detected with fMRI. *NeuroReport* 9: 3233–39.
*80 Gross, J.J. (2002). Emotion regulation: Affective, cognitive, and social consequences. *Psychophysiology* 39: 281–91.
*81 Uchno, B.N., Cacioppo, J.T., and Kiecolt-Glaser, J.K. (1996). The relationship between social support and physiological processes: A review with emphasis on underlying mechanisms and implications for health. *Psychological Bulletin* 119: 488–531.
*82 Butler, E.A., Egloff, B., Wilhelm, F.H., Smith, N.C., Erickson, E.A., and Gross, J.J. (2003). The social consequences of expressive suppression. *Emotion* 3: 48–67.
*83 For a review, see: Niedenthal, P., Barsalou, L., Ric, F., and Krauth-Graub, S. (2005). Embodiment in the acquisition and use of emotion knowledge. In Barret, L., Niedenthal, P., and Winkielman, P. (eds.), *Emotion and Consciousness*. New York: Guilford Press.
*84 Osaka, N., Osaka, M., Morishita, M., Kondo, H., and Fukuyama, H. (2004). A word expressing affective pain activates the anterior cingulate cortex in the human brain: An fMRI study. *Behavioural Brain Research* 153: 123–27.
*85 Meister, I.G., Krings, T., Foltys, H., Müler, M., Töper, R., and Thron, A. (2004). Playing piano in the mind — an fMRI study on music imagery and performance in pianists. *Cognitive Brain Research* 19: 219–28.
*86 Phelps, E., O'Conner, K., Gatenby, J., Grillon, C., Gore, J., and Davis, M. (2001). Activation of the left amygdala to a cognitive representation of fear. *Nature Neuroscience* 4: 437–41.
*87 Repacholi, B.M., and Gopnik, A. (1997). Early reasoning about

Science : Biology 3: 1–7.
*68 Gallese, V., Keysers, C., and Rizzolatti, G. (2004). A unifying view of the basis of social cognition. *Trends in Cognitive Sciences* 8: 396–403.
*69 Oberman, L.M., Hubbard, E.M., McCleery, J.P., Altschuler, E.L., Ramachandran, V.S., and Pineda, J.A. (2005). EEG evidence for mirror neuron dysfunction in autism spectrum disorders. *Cognitive Brain Research* 24: 190–98.
*70 Dapretto, M., Davies, M.S., Pfeifer, J.H., Scott, A.A., Sigman, M., Bookheimer, S.Y., and Iacoboni, M. (2006). Understanding emotions in others: Mirror neuron dysfunction in children with autism spectrum disorder. *Nature Neuroscience* 9: 28–30.
*71 Eastwood, C. (1973). From the movie *Magnum Force*. Burbank, CA: Malpaso Productions. 『ダーティハリー 2』。
*72 Calder, A.J., Keane, J., Cole, J., Campbell, R., and Young, A.W. (2000). Facial expression recognition by people with Mobius syndrome. *Cognitive Neuropsychology* 17: 73–87.
*73 Danziger, N., Prkachin, K.M., and Willer, J.C. (2006). Is pain the price of empathy? The perception of others' pain in patients with congenital insensitivity to pain. *Brain* 129: 2494–2507.
*74 Hess, U., and Blairy, S. (2001). Facial mimicry and emotional contagion to dynamic facial expressions and their influence on decoding accuracy. *International Journal of Psychophysiology* 40: 129–41.
*75 Lanzetta, J.T., and Englis, B.G. (1989). Expectations of cooperation and competition and their effects on observers' vicarious emotional responses. *Journal of Personality and Social Psychology* 33: 354–70.
*76 Bourgeois, P., and Hess, U. (1999). Emotional reactions to political leaders' facial displays: A replication. *Psychophysiology* 36: S36.
*77 Balzac, H. de (1898). *Modeste Mignon*. Philadelphia: Gebbie

132–34.

*58 Anderson, J.R., Myowa-Yamakoshi, M., and Matsuzawa, T. (2004). Contagious yawning in chimpanzees. *Proceedings of the Royal Society of London, Series B : Biological Sciences* 27: 468–70.

*59 Platek, S.M., Critton, S.R., Myers, T.E., and Gallup, G.G., Jr. (2003). Contagious yawning: The role of self-awareness and mental state attribution. *Cognitive Brain Research* 17: 223–27.

*60 Platek, S., Mohamed, F., and Gallup, G.G., Jr. (2005). Contagious yawning and the brain. *Cognitive Brain Research* 23: 448–53.

*61 Kohler, E., Keysers, C., Umilta, M.A., Fogassi, L., Gallese, B., and Rizzolatti, G. (2002). Hearing sounds, understanding actions: Action representation in mirror neurons. *Science* 297: 846–48.

*62 Iacoboni, M., Woods, R.P., Brass, M., Bekkering, H., Mazziotta, J.C., and Rizzolatti, G. (1999). Cortical mechanisms of human imitation. *Science* 286: 2526–28.

*63 Buccino, G., Binkofski, F., Fink, G.R., Fadiga, L., Fogassi, L., Gallese, V., Seitz, R.J., Zilles, K., Rizzolatti, G., and Freund, H.J. (2005). Action observation activates premotor and parietal areas in a somatotopic manner: An fMRI study. In Cacioppo, J.T., and Berntson, G.G. (eds.), *Social Neuroscience*. New York: Psychology Press.

*64 Fadiga, L., Fogassi, L., Pavesi, G., and Rizzolatti, G. (1995). Motor facilitation during action observation: A magnetic stimulation study. *Journal of Neurophysiology* 73: 2608–11.

*65 Rizzolatti, G., and Craighero, L. (2004). The mirror neuron system. *Annual Review of Neuroscience* 27: 169–92.

*66 Buccino, G., Vogt, S., Ritzl, A., Fink, G.R., Zilles, K., Freund, H.J., and Rizzolatti, G. (2004). Neural circuits underlying imitation of hand action: An event-related fMRI study. *Neuron* 42: 323–34.

*67 Iacoboni, M., Molnar-Szakacs, I., Gallese, V., Buccino, G., Mazziotta, J.C., and Rizzolatti, G. (2005). Grasping the intentions of others with one's own mirror neuron system, *Public Library of*

*47 Craig, A.D. (2004). Human feelings: Why are some more aware than others? *Trends in Cognitive Sciences* 8: 239–41.

*48 Calder, A.J., Keane, J., Manes, F., Antoun, N., and Young, A. (2000). Impaired recognition and experience of disgust following brain injury. *Nature Neuroscience* 3: 1077–78.

*49 Adolphs, R., Tranel, D., and Damasio, A.R. (2003). Dissociable neural systems for recognizing emotions. *Brain and Cognition* 52: 61–69.

*50 Adolphs, R., Tranel, D., Damasio, H., and Damasio, A. (1994). Impaired recognition of emotion in facial expressions following bilateral damage to the human amygdala. *Nature* 372: 669–72.

*51 Broks, P., et al. (1998). Face processing impairments after encephalitis: Amygdala damage and recognition of fear. *Neuropsychologia* 36: 59–70.

*52 Adolphs, R., Damasio, H., Tranel, D., and Damasio, A.R. (1996). Cortical systems for the recognition of emotion in facial expressions. *Journal of Neuroscience* 16: 7678–87.

*53 Adolphs, R., et al. (1999). Recognition of facial emotion in nine individuals with bilateral amygdala damage. *Neuropsychologia* 37: 1111–17.

*54 Sprengelmeyer, R., et al. (1999). Knowing no fear. *Proceedings of the Royal Society of London, Series B : Biological Sciences* 266: 2451–56.

*55 Lawrence, A.D., Calder, A.J., McGowan, S.W., and Grasby, P.M. (2002). Selective disruption of the recognition of facial expressions of anger. *NeuroReport* 13: 881–84.

*56 Meunier, M., Bachevalier J., Murray, E.A., Málková, L., Mishkin, M. (1999). Effects of aspiration versus neurotoxic lesions of the amygdala on emotional responses in monkeys. *European Journal of Neuroscience* 11: 4403–18.

*57 Church, R.M. (1959). Emotional reactions of rats to the pain of others. *Journal of Comparative and Physiological Psychology* 52:

pression and Infant Disturbance (pp. 31–45). San Francisco: Jossey-Bass.
*37 Penfield, W., and Faulk, M.E. (1955). The insula: Further observations on its function. *Brain* 78: 445–70.
*38 Krolak-Salmon, P., Henaff, M.A., Isnard, J., Tallon-Baudry, C., Guenot, M., Vighetto, A., Bertrand, O., and Mauguiere, F. (2003). An attention modulated response to disgust in human ventral anterior insula. *Annals of Neurology* 53: 446–53.
*39 Wicker, B., Keysers, C., Plailly, J., Royet, J.P., Gallese, V., and Rizzolatti, G. (2003). Both of us disgusted in my insula: The common neural basis of seeing and feeling disgust. *Neuron* 400: 655–64.
*40 Singer, T., Seymour, B., O'Doherty, J., Kaube, H., Dolan, R.J., and Frithe, C.D. (2004). Empathy for pain involves the affective but no sensory components of pain. *Science* 303: 1157–62.
*41 Jackson, P.L., Meltzoff, A.N., and Decety, J. (2005). How do we perceive the pain of others? A window into the neural processes involved in empathy. *Neuroimage* 24: 771–79.
*42 Hutchison, W.D., Davis, K.D., Lozano, A.M., Tasker, R.R., and Dostrovsky, J.O. (1999). Pain-related neurons in the human cingulate cortex. *Nature Neuroscience* 2: 403–5.
*43 Ekman, P., Levenson, R.W., and Freisen, W.V. (1983). Autonomic nervous system activity distinguishes among emotions. *Science* 221: 1208–10.
*44 Ekman, P., and Davidson, R.J. (1993). Voluntary smiling changes regional brain activity. *Psychological Science* 4: 342–45.
*45 Levenson, R.W., and Ruef, A.M. (1992). Empathy: A physiological substrate. *Journal of Personality and Social Psychology* 663: 234–46.
*46 Critchley, H.D., Wiens, S., Rotshtein, P., Öhman, A., and Dolan, R.J. (2004) Neural systems supporting interoceptive awareness. *Nature Neuroscience* 7: 189–95.

views 3: 71–100.

*27 Hatfield, E., Cacioppo, J.T., and Rapson, R.L. (1993). Emotional contagion. *Current Directions in Psychological Sciences* 2: 96–99.

*28 Gazzaniga, M.S., and Smylie, C.S. (1990). Hemispheric mechanisms controlling voluntary and spontaneous facial expressions. *Journal of Cognitive Neuroscience* 2: 239–45.

*29 Damasio, A. (2003). *Looking for Spinosa.* New York: Harcourt. アントニオ・R・ダマシオ『感じる脳――情動と感情の脳科学　よみがえるスピノザ』(田中三彦訳、ダイヤモンド社、2005年)。

*30 Dondi, M., Simion, F., and Caltran, G. (1999). Can newborns discriminate between their own cry and the cry of another newborn infant? *Developmental Psychology* 35: 418–26.

*31 Martin, G.B., and Clark, R.D. (1982). Distress crying in neonates: Species and peer specificity. *Developmental Psychology* 18: 3–9.

*32 Neumann, R., and Strack, F. (2000). "Mood contagion": The automatic transfer of mood between persons. *Journal of Personality and Social Psychology* 79: 211–23.

*33 Field, T. (1984). Early interactions between infants and their postpartum depressed mothers. *Infant Behavior and Development* 7: 517–22.

*34 Field, T. (1985). Attachment as psychobiological attunement: Being on the same wavelength. In Reite, M., and Field, T. (eds.), *Psychobiology of Attachment and Separation* (pp. 415–54). New York: Academic Press.

*35 Field, T., Healy, B., Goldstein, S., Perry, S., Bendell, D., Schanberg, S., Zimmerman, E.A., and Kuhn, C. (1988). Infants of depressed mothers show "depressed" behavior even with nondepressed adults. *Child Development* 59: 1569–79.

*36 Cohn, J.F., Matias, R., Tronick, E.Z., Connell, D., and Lyons-Ruth, K. (1986). Face-to-face interactions of depressed mothers and their infants. In Tronick, E.Z., and Field, T. (eds.), *Maternal De-*

*17 Kumashiro, M., Ishibashi, H., Uchiyama, Y., Itakura, S., Murata, A., and Iriki, A. (2003). Natural imitation induced by joint attention in Japanese monkeys. *International Journal of Psychophysiology* 50: 81–99.

*18 Zentall, T. (2006). Imitation: Definitions, evidence, and mechanisms. *Animal Cognition* 9: 335–53.

*19 See review in: Bauer, B.B., and Harley, H. (2001). The mimetic dolphin. *Behavior and Brain Science* 24: 326–27. Commentary in: Rendall, L., and Whirehead, H. (2001). Culture in whales and dolphins. *Behavior and Brain Science* 24: 309–82.

*20 Giles, H., and Powesland, P.F. (1975). *Speech Style and Social Evaluation*. London: Academic Press.

*21 For a review, see: Chartrand, T., Maddux, W., and Lakin, J. (2005). Beyond the perception-behavior link: The ubiquitous utility and motivational moderators of nonconscious mimicry. In Hassin, T., Uleman J.J., and Bargh, J.A. (eds.), *Unintended Thoughts*, vol. 2: *The New Unconscious*. New York: Oxford University Press.

*22 Dimberg, U., Thunberg, M., and Elmehed, K. (2000). Unconscious facial reactions to emotional facial expressions. *Psychological Science* 11: 86–89.

*23 Bavelas, J.B., Black, A., Chovil, N., Lemery, C., and Mullett, J. (1988). Form and function in motor mimicry: Topographic evidence that the primary function is communication. *Human Communication Research* 14: 275–300.

*24 Cappella, J.M., and Panalp, S. (1981). Talk and silence sequences in informal conversations, III: Interspeaker influence. *Human Communication Research* 7: 117–32.

*25 Van Baaren, R.B., Holland, R.W., Kawakami, K., and van Knippenberg, A. (2004). Mimicry and prosocial behavior. *Psychological Science* 15: 71–74.

*26 Decety, J., and Jackson, P.L. (2004). The functional architecture of human empathy. *Behavioral and Cognitive Neuroscience Re-*

of the Royal Society of London, Series B : Biological Sciences 358: 491–500.

*9 Legerstee, M. (1991). The role of person and object in eliciting early imitation. *Journal of Experimental Child Psychology* 5: 423–33.

*10 For a review, see: Puce, A., and Perrett, D. (2005). Electrophysiology and brain imaging of biological motion. In Cacioppo, J.T., and Berntson, G.G. (eds.), *Social Neuroscience* (pp. 115–29). New York: Psychology Press.

*11 Meltzoff, A.N., and Moore, M.K. (1994). Imitation, memory, and the representation of persons. *Infant Behavior and Development* 17: 83–99.

*12 Meltzoff, A.N., and Moore, M.K. (1998). Object representation, identity, and the paradox of early permanence: Steps toward a new framework. *Infant Behavior and Development* 21: 210–35.

*13 Nadel, J. (2002). Imitation and imitation recognition: Functional use in preverbal infants and nonverbal children with autism. In Meltzoff, A., and Prinz, W. (eds.), *The Imitative Mind*. Cambridge: Cambridge University Press.

*14 de Waal, F. (2002). *The Ape and the Sushi Master : Cultural Reflections of a Primatologist*. New York: Basic Books. フランス・ドゥ・ヴァール『サルとすし職人――〈文化〉と動物の行動学』(西田利貞・藤井留美訳、原書房、2002年)。

*15 Visalberghi, E., and Fragaszy, D.M. (1990). Do monkeys ape? In Parker, S.T., and Gibson, K.R. (eds.), *Language and Intelligence in Monkeys and Apes* (pp. 247–73). New York: Cambridge University Press.

*16 Whiten, A., and Ham, R. (1992). On the nature and evolution of imitation in the animal kingdom: Reappraisal of a century of research. In Slater, P.J.B., Rosenblatt, J.S., Beer, C., and Milinski, M. (eds.), *Advances in the Study of Behavior* (pp. 239–83). New York: Academic Press.

＊69　Wilson, D.S. (2007). Why Richard Dawkins is wrong about religion. *eSkeptic* July 4, www.eskeptic.com/eskeptic/07-07-04.html
＊70　Ridley, M. (1996). *The Origins of Virtue*. New York: Penguin. マット・リドレー『徳の起源——他人をおもいやる遺伝子』（岸由二監修、古川奈々子訳、翔泳社、2000年）。
＊71　Ostrom, E., Walker, J., and Gardner, T. (1992). Covenants without a sword: Self-governance is possible. *American Political Science Review* 886: 404–17.

5　他人の情動を感じる

＊1　Pegna, A.J., Khateb, A., Lazeyras, F., and Seghier, M.L. (2004). Discriminating emotional faces without primary visual cortices involves the right amygdala. *Nature Neuroscience* 8: 24–25.
＊2　Goldman, A.I., and Sripada, C.S. (2005). Simulationist models of face-based emotion recognition. *Cognition* 94: 193–213.
＊3　Gallese, V. (2003). The manifold nature of interpersonal relations: The quest for a common mechanism. *Philosophical Transactions of the Royal Society of London, Series B : Biological Sciences* 358: 517–28.
＊4　Meltzoff, A.N., and Moore, M.K. (1977). Imitation of facial and manual gestures by human neonates. *Science* 198: 75–78.
＊5　For a review, see: Meltzoff, A.N., and Moore, M.K. (1997). Explaining facial imitation: A theoretical model. *Early Development and Parenting* 6: 179–92.
＊6　Meltzoff, A.N., and Moore, M.K. (1983). Newborn infants imitate adult facial gestures. *Child Development* 54: 702–9.
＊7　Meltzoff, A.N., and Moore, M.K. (1989). Imitation in newborn infants: Exploring the range of gestures imitated and the underlying mechanisms. *Developmental Psychology* 25: 954–62.
＊8　Meltzoff, A.N., and Decety, J. (2003). What imitation tells us about social cognition: A rapprochement between developmental psychology and cognitive neuroscience. *Philosophical Transactions*

Review 106: 3–19.

*57 Harpur, T.J., and Hare, R.D. (1994). The assessment of psychopathy as a function of age. *Journal of Abnormal Psychology* 103: 604–9.

*58 Raine, A. (1998). Antisocial behavior and psychophysiology: A biosocial perspective and a prefrontal dysfunction hypothesis. In Stroff, D., Brieling, J., and Maser, J. (eds.), *Handbook of Antisocial Behavior* (pp. 289–304). New York: Wiley.

*59 Blair, R.J. (1995). A cognitive developmental approach to mortality: Investigating the psychopath. *Cognition* 57: 1–29.

*60 Hare, R.D., and Quinn, M.J. (1971). Psychopathy and autonomic conditioning. *Journal of Abnormal Psychology* 77: 223–35.

*61 Blair, R.J., Jones, L., Clark, F., and Smith, M. (1997). The psychopathic individual: A lack of responsiveness to distress cues? *Psychophysiology* 342: 192–98.

*62 Hart, D., and Fegley, S. (1995). Prosocial behavior and caring in adolescence: Relations to self-understanding and social judgment. *Child Development* 66: 1346–59.

*63 Colby, A., and Damon, W. (1992). *Some Do Care : Contemporary Lives of Moral Commitment.* New York: Free Press.

*64 Matsuba, K.M., and Walker, L.J. (2004). Extraordinary moral commitment: Young adults involved in social organizations. *Journal of Personality* 72: 413–36.

*65 Oliner, S., and Oliner, P.M. (1988). *The Altruistic Personality : Rescuers of Jews in Nazi Europe.* New York: Free Press.

*66 Boyer, P. (2003). Religious thought and behavior as by-products of brain function. *Trends in Cognitive Sciences* 7: 119–24.

*67 Barrett, J.L., and Keil, F.C. (1996). Conceptualizing a nonnatural entity: Anthropomorphism in God concepts. *Cognitive Psychology* 31: 219–47.

*68 Boyer, P. (2003). Why is religion natural? *Skeptical Inquirer* 28, no. 2 (March/April).

*45　Kuhn, D. (1991). *The skills of argument*. New York: Cambridge University Press.

*46　Kuhn, D. (2001). How do people know? *Psychological Science* 12: 1-8.

*47　Kuhn, D., and Felton, M. (2000). Developing appreciation of the relevance of evidence to argument. Paper presented at the Winter Conference on Discourse, Text, and Cognition. Jackson Hole, WY.

*48　Wright, R. (1994). *The Moral Animal*. New York: Random House/Pantheon. ロバート・ライト『モラル・アニマル』上・下（小川敏子訳、講談社、1995年）。

*49　Asch, S. (1956). Studies of independence and conformity: A minority of one against a unanimous majority. *Psychological Monographs* 70: 1-70.

*50　Milgram, S. (1963). Behavioral study of obedience. *Journal of Abnormal and Social Psychology* 67: 371-78.

*51　Milgram, S. (1974). *Obedience to Authority : An Experimental View*. New York: Harper & Row. スタンレー・ミルグラム『服従の心理』（山形浩生訳、河出文庫、2012年）。

*52　Baumeister, R.F., and Newman, L.S. (1994). Self-regulation of cognitive inference and decision processes. *Personality and Social Psychology Bulletin* 20: 3-19.

*53　Hirschi, T., and Hindelang, M.F. (1977). Intelligence and delinquency: A revisionist view. *American sociological Review* 42: 571-87.

*54　Blasi, A. (1980). Bridging moral cognition and moral action: A critical review of the literature. *Psychological Bulletin* 88: 1-45.

*55　Shoda, Y., Mischel, W., and Peake, P.K. (1990). Predicting adolescent cognitive and self-regulatory behavior competencies from preschool delay of gratification: Identifying diagnostic conditions. *Developmental Psychology* 26: 978-86.

*56　Metcalfe, J., and Mischel, W. (1999). A hot/cool-system analysis of delay of gratification: Dynamics of willpower. *Psychological* my status to yours. *Social Science Research* 5: 269–78.

*35 Hoffman, E., McCabe, K., Shachat, J., and Smith, V. (1994). Preferences, property rights and anonymity in bargaining games. *Games and Economic Behavior* 7: 346–80.

*36 Hoffman, E., McCabe, K., Smith, V. (1996). Social distance and other-regarding behavior in dictator games. *American Economic Review* 86: 653–60.

*37 McCabe, K., Rassenti, S., and Smith, V. (1996). Game theory and reciprocity in some extensive form experimental games. *Proceedings of the National Academy of Science* 93: 13421–28.

*38 Henrich, J., et al. (2005). "Economic man" in cross-cultural perspective: Behavioral experiments in 15 small-scale societies. *Behavioral and Brain Sciences* 28: 795–815.

*39 Kurzban, R., Tooby, J., and Cosmides, L. (2001). Can race be erased? Coalitional computation and social categorization. *Proceedings of the National Academy of Sciences* 98: 15387–92.

*40 Ridley, M. (1993). *The Red Queen*. New York: Macmillan. マット・リドレー『赤の女王——性とヒトの進化』前掲。

*41 Haidt, J., Rozin, P., McCauley, C., and Imada, S. (1997). Body, psyche, and culture: The relationship of disgust to morality. *Psychology and Developing Societies* 9: 107–31.

*42 Reported In Haidt, J., and Bjorklund, F. (2008). Social intuitionists answer six questions about moral psychology. In Sinnott-Armstrong, W. (ed.), *Moral Psychology*, vol. 3. (in press).

*43 Balzac, H. de (1898). *Modeste Mignon*. Translated to English by Bell, C. Philadelphia: Gebbie Publishing. バルザック『モデスト・ミニョン』(寺田透訳、『バルザック全集 24』所収、東京創元社、1974年)。

*44 Perkins, D.N., Farady, M., and Bushey, B. (1991). Everyday reasoning and the roots of intelligence. In Voss, J.F., Perkins, D.N., and Segal, J.W. (eds.), *Informal Reasoning and Education*. Hillsdale, NJ: Lawrence Erlbaum.

*23 Chen, M., and Bargh, J.A. (1999). Nonconscious approach and avoidance: Behavioral consequences of the automatic evaluation effect. *Personality and Social Psychology Bulletin* 25: 215--24.

*24 Thomson, J.J. (1986). *Rights, Restitution, and Risk : Essays in Moral Theory*. Cambridge, MA: Harvard University Press.

*25 Greene, J., et al. (2001). An fMRI investigation of emotional engagement in moral judgment. *Science* 293: 2105–8.

*26 Hauser, M. (2006). *Moral Minds*. New York: HarperCollins.

*27 Borg, J.S., Hynes, C., Horn J.V., Grafton, S., and Sinnott-Armstrong, W. (2006). Consequences, action and intention as factors in moral judgments: An fMRI investigation. *Journal of Cognitive Neuroscience* 18: 803–17.

*28 Amati, D., and Shallice, T. (2007). On the emergence of modern humans. *Cognition* 103: 358–85.

*29 Haidt, J., and Joseph, C. (2004). Intuitive ethics: How innately prepared intuitions generate culturally variable virtues. *Daedalus* 138 (Autumn): 55–66.

*30 Haidt, J., and Bjorklund, F. (in press). Social intuitionists answer six questions about moral psychology. In Sinnott-Armstrong, W. (ed.), *Moral Psychology*. Cambridge, MA: MIT Press.

*31 Shweder, R.A., Much, N.C., Mahapatra, M., and Park, L. (1997). The "big three" of morality (autonomy, community, and divinity), and the "big three" explanations of suffering. In Brandt, A., and Rozin, P. (eds.), *Morality and Health* (pp. 119–69). New York: Routledge.

*32 Haidt, J. (2003). The moral emotions. In Davidson, R.J., Scherer, K.R., and Goldsmith, H.H. (eds.), *Handbook of Affective Sciences* (pp. 852–70). Oxford: Oxford University Press.

*33 Frank, R.H. (1987). If Homo economicus could choose his own utility function, would he want one with a conscience? *American Economic Review* 77: 593–604.

*34 Kunz, P.R. and Woolcott, M. (1976). Season's Greetings: From

chology 32: 185–210.
*13 Bargh, J.A., and Chartrand, T.L. (1999). The unbearable automaticity of being. *American Psychologist* 54: 462–79.
*14 Haselton, M.G., and Buss, D.M. (2000). Error management theory: A new perspective on biases in cross-sex mind reading. *Journal of Personality and Social Psychology* 78: 81–91.
*15 Hansen, C.H., and Hansen, R.D. (1988). Finding the face in the crowd: An anger superiority effect. *Journal of Personality and Social Psychology* 54: 917–24.
*16 Rozin, P., and Royzman, E.B. (2001). Negativity bias, negativity dominance, and contagion. *Personality and Social Psychology Review* 5: 296–320.
*17 Cacioppo, J.T., Gardner, W.L., and Berntson, G.G. (1999). The affect system has parallel and integrative processing components: Form follows function. *Journal of Personality and Social Psychology* 76: 839–55.
*18 Chartrand, T.L., and Bargh, J.A. (1999). The chameleon effect: The perception-behavior link and social interaction. *Journal of Personality and Social Psychology* 76: 893–910.
*19 Ambady, M., and Rosenthal, R. (1992). Thin slices of expressive behavior as predictors of interpersonal consequences: A meta-analysis. *Psychological Bulletin* 111: 256–74.
*20 Albright, L., Kenny, D.A., and Malloy, T.E. (1988). Consensus in personality judgments at zero acquaintance. *Journal of Personality and Social Psychology* 55: 387–95.
*21 Chailen, S. (1980). Heuristic versus systematic information processing and the use of source versus message cures in persuasion. *Journal of Personality and Social Psychology* 39: 752–66.
*22 Cacioppo, J.T., Priester, J.R. and Berntson, G.G. (1993). Rudimentary determinants of attitudes, II: Arm flexion and extension have differential effects on attitudes. *Journal of Personality and Social Psychology* 65: 5–17.

*2 Westermarck, E.A. (1891). *The History of Human Marriage*. New York: Macmillan. E・A・ウェスターマーク『人類婚姻史』（江守五夫訳、社会思想社、1970年）。

*3 Shepher, J. (1983). *Incest : A Biosocial View*. Orlando, FL: Academic Press. J. シェファー『インセスト――生物社会的展望』（正岡寛司・藤見純子訳、学文社、2013年）。

*4 Wolf, A.P. (1966). Childhood association and sexual attraction: A further test of the Westermarck hypothesis. *American Anthropologist* 70: 864–74.

*5 Lieberman, D., Tooby, J., and Cosmides, L. (2002). Does morality have a biological basis? An empirical test of the factors governing moral sentiments relating to incest. *Proceedings of the Royal Society of London, Series B : Biological Sciences* 270: 819–26.

*6 Nunez, M., and Harris, P. (1998). Psychological and deontic concepts: Separate domains or intimate connection? *Mind and Language* 13: 153–70.

*7 Call, J., and Tomasello, M. (1998). Distinguishing intentional from accidental actions in orangutans (*Pongo pygmaeus*), chimpanzees (*Pan troglodytes*), and human children (*Homo sapiens*). *Journal of Comparative Psychology* 112: 192–206.

*8 Fiddick, L. (2004). Domains of deontic reasoning: Resolving the discrepancy between the cognitive and moral reasoning literature. *Quarterly Journal of Experimental Psychology* 5A: 447–74.

*9 *Free Soil Union*. Ludlow, VT, Sept. 14, 1848.

*10 Macmillan, M., www.deakin.edu.au/hmnbs/psychology/gagepage/Pgstory.php.

*11 Damasio, A.R. (1994). *Descartes' Error : Emotion, Reason, and the Human Brain*. New York: Putnam. アントニオ・R・ダマシオ『デカルトの誤り――情動、理性、人間の脳』前掲。

*12 Bargh. J.A., Chaiken, S., Raymond, P., and Hymes, C. (1996). The automatic evaluation effect: Unconditionally automatic activation with a pronunciation task. *Journal of Experimental Social Psy-*

tionary aspects of animal and human play. *Behavioral Brain Science* 5: 139–84.
*78 Byers, J.A., and Walker, C. (1995). Refining the motor training hypothesis for the evolution of play. *American Naturalist* 146: 25–40.
*79 Dolhinow, P. (1999). Play: A critical process in the developmental system. In Dolhinow, P., and Fuentes, A. (eds.), *The Non-Human Primates* (pp. 231–36). Mountain View, CA: Mayfield Publishing.
*80 Pellis, S.M., and Iwaniuk, A.N. (1999). The problem of adult play-fighting: A comparative analysis of play and courtship in primates. *Ethology* 105: 783–806.
*81 Pellis, S.M., and Iwaniuk, A.N. (2000). Adult-adult play in primates: Comparative analyses of its origin, distribution and evolution. *Ethology* 106: 1083–1104.
*82 Špinka, M., Newberry, R.C., and Bekoff, M. (2001). Mammalian play: Training for the unexpected. *Quarterly Review of Biology* 76: 141–67.
*83 Palagi, E., Cordoni, G., and Borgognini Tarli, S.M. (2004). Immediate and delayed benefits of play behaviour: New evidence from chimpanzees (*Pan troglodytes*). *Ethology* 110: 949–62.
*84 Keverne, E.B., Martensz, N.D., and Tuite, B. (1989). Beta-endorphin concentrations in cerebrospinal fluid of monkeys are influenced by grooming relationships. *Psychoneuroendocrinology* 14: 155–61.
*85 Henzi, S.P., and Barrett, L. (1999). The value of grooming to female primates. *Primates* 40: 47–59.

4 内なる道徳の羅針盤

*1 Haidt, J. (2001). The emotional dog and its rational tail: A social intuitionist approach to moral judgment. *Psychological Review* 108: 814–34.

* 67　For a review, see: Ekman, P. (1999). Facial expressions. In Dalgleish, T., and Power, T. (eds.), *The Handbook of Cognition and Emotion* (pp. 301–20). Sussex, UK: Wiley.
* 68　Ekman, P. (2002). *Telling Lies : Clues to Deceit in the Marketplace, Marriage, and Politics,* 3rd ed. New York: W.W. Norton. パウル・エクマン『暴かれる嘘——虚偽を見破る対人学』（工藤力訳編、誠信書房、1992年）。
* 69　Ekman, P., Friesen, W.V., and O'Sullivan, M. (1988). Smiles when lying. *Journal of Personality and Social Psychology* 54: 414–20.
* 70　Ekman, P., Friesen, W.V., and Scherer, K. (1976). Body movement and voice pitch in deceptive interaction. *Semiotica* 16: 23–27.
* 71　Ekman, P. (2004) Face to Face: The science of reading faces. *Conversations with History* (January 14). http://globetrotter.berkeley.edu/conversations/e.html.
* 72　De Becker, G. (1997). *The Gift of Fear.* New York: Dell. ギャヴィン・ディー＝ベッカー『暴力から逃れるための15章』（武者圭子訳、新潮社、1999年）。
* 73　Batson, C.D., Thompson, E.R., Seuferling, G., Whitney, H., and Strongman, J.A. (1999). Moral hypocrisy: Appearing moral to oneself without being so. *Journal of Personality and Social Psychology* 77: 525–37.
* 74　Batson, C.D., Thompson, E.R., and Chen, H. (2002). Moral hypocrisy: Addressing some alternatives. *Journal of Personality and Social Psychology* 83: 330–39.
* 75　Miller, G. (2000). *The Mating Mind : How Sexual Choice Shaped the Evolution of Human Nature.* New York: Doubleday. ジェフリー・F. ミラー『恋人選びの心——性淘汰と人間性の進化』Ⅰ・Ⅱ（長谷川眞理子訳、岩波書店、2002年）。
* 76　Burling, R. (1986). The selective advantage of complex language. *Ethology and Sociobiology* 7: 1–16.
* 77　Smith, P.K. (1982). Does play matter? Functional and evolu-

＊57　Ristau, C. (1991). Aspects of the cognitive ethology of an injury-feigning bird, the piping plover. In Ristau, C.A. (ed.), *Cognitive Ethology : The Minds of Other Animals*. Hillsdale, NJ: Lawrence Erlbaum.

＊58　Hare, B., Call, J., and Tomasello, M. (2006). Chimpanzees deceive a human by hiding. *Cognition* 101: 495–514.

＊59　Dangerfield, R., in *Caddyshack*, Orion Pictures, 1980.『ボールズ・ボールズ』。

＊60　Tyler, J.M., and Feldman, R.S. (2004). Truth, lies, and self-presentation: How gender and anticipated future interaction relate to deceptive behavior. *Journal of Applied Social Psychology* 34: 2602–15.

＊61　Gilovich, T. (1991). *How We Know What Isn't So*. New York: Macmillan. T.ギロビッチ『人間この信じやすきもの――迷信・誤信はどうして生まれるか』（守一雄・守秀子訳、新曜社、1993年）。

＊62　Morton, J., and Johnson, M. (1991). CONSPEC and CONLEARN: A two-process theory of infant face recognition. *Psychology Reviews* 98: 164–81.

＊63　Nelson, C.A. (1987). The recognition of facial expressions in the first two years of life: Mechanisms and development. *Child Development* 58: 899–909.

＊64　Parr, L.A., Winslow, J.T., Hopkins, W.D., and de Waal, F.B.M. (2000). Recognizing facial cues: Individual recognition in chimpanzees (*Pan troglodytes*) and rhesus monkeys (*Macaca mulatta*). *Journal of Comparative Psychology* 114: 47–60.

＊65　Burrows, A.M., Waller, B.M., Parr, L.A., and Bonar, C.J. (2006). Muscles of facial expression in the chimpanzee (*Pan troglodytes*): Descriptive, ecological and phylogenetic contexts. *Journal of Anatomy* 208: 153–67.

＊66　Parr, L.A. (2001). Cognitive and physiological markers of emotional awareness in chimpanzees, *Pan troglodytes*. *Animal Cognition* 4: 223–29.

*46 Jaeger, M.E., Skleder, A., Rind, B., and Rosnow, R.L. (1994). Gossip, gossipers and gossipees. In Goodman, R.F., and Ben-Ze'ev, A. (eds.), *Good Gossip* (pp. 154–168). Lawrence: University of Kansas Press.

*47 Haidt, J. (2006). *The Happiness Hypothesis.* New York: Basic Books. ジョナサン・ハイト『しあわせ仮説——古代の知恵と現代科学の知恵』(藤澤隆史・藤澤玲子訳、新曜社、2011年)。

*48 Dunbar, R.I.M. (1996). *Grooming, Gossip and the Evolution of Language.* Cambridge, MA: Harvard University Press. ロビン・ダンバー『ことばの起源——猿の毛づくろい、人のゴシップ』前掲。

*49 Brown, D.E. (1991). *Human Universals.* New York: McGraw-Hill. ドナルド・E・ブラウン『ヒューマン・ユニヴァーサルズ——文化相対主義から普遍性の認識へ』(鈴木光太郎・中村潔訳、新曜社、2002年)。

*50 Cosmides, L. (2001). *El Mercurio,* October 28.

*51 Cosmides, L., and Tooby, J. (2004). Social exchange: The evolutionary design of a neurocognitive system. In Gazzaniga, M.S. (ed.), *Cognitive Neurosciences,* vol. 3 (pp. 1295–1308). Cambridge, MA: MIT Press.

*52 Stone, V.E., Cosmides, L., Tooby, J., Kroll, N., and Knight, R.T. (2002). Selective impairment of reasoning about social exchange in a patient with bilateral limbic system damage. *Proceedings of the National Academy of Sciences,* 99: 11531–36.

*53 Brosnan, S.F., and de Waal, F.B.M. (2003). Monkeys reject unequal pay. *Nature* 425: 297–99.

*54 Hauser, M.D. (2000). *Wild Minds : What Animals Really Think.* New York: Henry Holt.

*55 Chiappe, D. (2004). Cheaters are looked at longer and remembered better than cooperators in social exchange situations. *Evolutionary Psychology* 2: 108–20.

*56 Barclay, P. (2006). Reputational benefits for altruistic behavior. *Evolution and Human Behavior* 27: 325–44.

gy 32: 163–81.

＊35 Hill, R.A., and Dunbar, R.I.M. (2003). Social network size in humans. *Human Nature* 14: 53–72.

＊36 Dunbar, R.I.M. (1996). *Grooming, Gossip and the Evolution of Language*. Cambridge, MA: Harvard University Press. ロビン・ダンバー『ことばの起源——猿の毛づくろい、人のゴシップ』(松浦俊輔・服部清美訳、青土社、1998年)。

＊37 Ben-Ze'ev, A. (1994). The vindication of gossip. In Goodman, R.F., and Ben-Ze'ev, A. (eds.), *Good Gossip* (pp. 11–24). Lawrence: University of Kansas Press.

＊38 Iwamoto, T., and Dunbar, R.I.M. (1983). Thermoregulation, habitat quality and the behavioural ecology of gelada baboons. *Journal of Animal Ecology* 52: 357–66.

＊39 Dunbar, R.I.M. (1993). Coevolution of neocortical size, group size and language in humans. *Behavioral and Brain Sciences* 16: 681–735.

＊40 Enquist, M., and Leimar, O. (1993). The evolution of cooperation in mobile organisms. *Animal Behaviour* 45: 747–57.

＊41 Kniffin, K., and Wilson, D. (2005). Utilities of gossip across organizational levels. *Human Nature* 16 (Autumn): 278–92.

＊42 Emler, N. (1994). Gossip, reputation and adaptation. In Goodman, R.F., and Ben-Ze'ev, A. (eds.), *Good Gossip* (pp. 117–38). Lawrence: University of Kansas Press.

＊43 Taylor, G. (1994). Gossip as moral talk. In Goodman, R.F., and Ben-Ze'ev, A. (eds.), *Good Gossip* (pp. 34–46). Lawrence: University of Kansas Press.

＊44 Ayim, M. (1994). Knowledge through the grapevine: Gossip as inquiry. In Goodman, R.F., and Ben-Ze'ev, A. (eds.), *Good Gossip* (pp. 85–99). Lawrence: University of Kansas Press.

＊45 Schoeman, F. (1994). Gossip and privacy. In Goodman, R.F., and Ben-Ze'ev, A. (eds.), *Good Gossip* (pp. 72–84.). Lawrence: University of Kansas Press.

＊23　Byrne, R.W., and Corp, N. (2004). Neocortex size predicts deception rate in primates. *Proceedings of the Royal Society of London, Series B : Biological Sciences* 271: 1693–99.

＊24　Jolly, A. (1966). Lemur social behaviour and primate intelligence. *Science* 153: 501–6.

＊25　Humphrey, N.K. (1976). The social function of intellect. In Bateson, P.P.G., and Hinde, R.A. (eds.), *Growing Points in Ethology*. Cambridge: Cambridge University Press.

＊26　Byrne, R.B., and Whiten, A. (1988). *Machiavellian Intelligence*. Oxford: Clarendon Press. リチャード・バーン、アンドリュー・ホワイトゥン編『マキャベリ的知性と心の理論の進化論――ヒトはなぜ賢くなったか』（藤田和生・山下博志・友永雅己監訳、ナカニシヤ出版、2004年）。

＊27　Alexander, R.D., (1990). *How Did Humans Evolve? Reflections on the Uniquely Unique Species*. Ann Arbor: Museum of Zoology, University of Michigan Special Publication No. 1.

＊28　Dunbar, R.I.M. (1998). The social brain hypothesis. *Evolutionary Anthropology* 6: 178–90.

＊29　Sawaguchi, T., and Kudo, H. (1990). Neocortical development and social structure in primates. *Primate* 31: 283–90.

＊30　Dunbar, R.I.M. (1992). Neocortex size as a constraint on group size in primates. *Journal of Human Evolution* 22: 469–93.

＊31　Kudo, H., and Dunbar, R.I.M. (2001). Neocortex size and social network size in primates. *Animal Behaviour* 62: 711–22.

＊32　Pawlowski, B.P., Lowen, C.B., and Dunbar, R.I.M. (1998). Neocortex size, social skills and mating success in primates. *Behaviour* 135: 357–68.

＊33　Lewis, K. (2001). A comparative study of primate play behaviour: Implications for the study of cognition. *Folia Primatica* 71: 417–21.

＊34　Dunbar, R.I.M. (2003). The social brain: Mind, language, and society in evolutionary perspective. *Annual Review of Anthropolo-*

*14　Pinker, S. (1997). *How the Mind Works* (p. 195). New York: W.W. Norton. スティーブン・ピンカー『心の仕組み』上・下（椋田直子・山下篤子訳、ちくま学芸文庫、2013年）。

*15　Wrangham, R.W., and Conklin-Brittain, N. (2003) Cooking as a biological trait. *Comparative Biochemistry and Physiology : Part A* 136: 35–46.

*16　Boback, S.M., Cox, C.L., Ott, B.D., Carmody, R., Wrangham, R.W., and Secor, S.M. (2007). Cooking and grinding reduces the cost of meat digestion. *Comparative Biochemistry and Physiology : Part A* 148: 651–56.

*17　Lucas, P. (2004). *Dental Functional Morphology : How Teeth Work*. Cambridge: Cambridge University Press.

*18　Oka, K., Sakuarae, A., Fujise, T., Yoshimatsu, H., Sakata, T., and Nakata, M. (2003). Food texture differences affect energy metabolism in rats. *Journal of Dental Research* 82: 491–94.

*19　Broadhurst, C.L., Wang, Y., Crawford, M.A., Cunnane, S.C., Parkington, J.E., and Schmidt, W.F. (2002). Brain-specific lipids from marine, lacustrine, or terrestrial food resources: Potential impact on early African *Homo sapiens*. *Comparative Biochemistry and Physiology* 131B: 653–73.

*20　Crawford, M.A., Bloom, M., Broadhurst, C.L., Schmidt, W.F., Cunnane, S.C., Galli, C., Gehbremeskel, K., Linseisen, F., Lloyd-Smith, J., and Parkington, J. (1999). Evidence for the unique function of docosahexaenoic acid during the evolution of the modern hominid brain. *Lipids* 34 Suppl: S39–47.

*21　Broadhurst, C.L., Cunnane, S.C., and Crawford, M.A. (1998). Rift Valley lake fish and shellfish provided brain-specific nutrition for early *Homo*. *British Journal of Nutrition* 79: 3–21.

*22　Carlson, B.A., and Kingston, J.D. (2007). Docosahexaenoic acid, the aquatic diet, and hominid encephalization: Difficulties in establishing evolutionary links. *American Journal of Human Biology* 19: 132–41.

*2 Hamilton, W.D. (1964). The genetical evolution of social behaviour, I and II. *Journal of Theoretical Biology* 7: 1–16 and 17–52.
*3 Wilson, D.S., and Wilson, E.O. (2008). Rethinking the theoretical foundation of sociobiology. *Quarterly Review of Biology*, in press.
*4 Trivers, R., (1971). The evolution of reciprocal altruism. *Quarterly Review of Biology*. 46: 35–37.
*5 Tooby, J., Cosmides, L., and Barrett, H.C. (2005). Resolving the debate on innate ideas: Learnability constraints and the evolved interpenetration of motivational and conceptual functions. In Carruthers, P., Laurence, S., and Stich, S. (eds.), *The Innate Mind: Structure and Content*. New York: Oxford University Press.
*6 Trivers, R.L., and Willard, D. (1973). Natural selection of parental ability to vary the sex ratio. *Science* 7: 90–92.
*7 Clutton-Brock, T.H., and Vincent, A.C.J. (1991). Sexual selection and the potential reproductive rates of males and females. *Nature* 351: 58–60.
*8 Clutton-Brock, T.H. (1989). Mammalian mating systems. *Proceedings of the Royal Society of London, Series B: Biological Sciences* 236: 339–72.
*9 Clutton-Brock, T.H. (1991). *The Evolution of Parental Care*. Princeton, NJ: Princeton University Press.
*10 Trivers, R.L. (1972). Parental investment and sexual selection. In Campbell, B. (ed.), *Sexual Selection and the Descent of Man 1871-1971* (pp. 136–79). Chicago: Aldine.
*11 Geary, D.C. (2004). *The Origin of Mind*. Washington, DC: American Psychological Association. D.C.ギアリー『心の起源――脳・認知・一般知能の進化』（小田亮訳、培風館、2007年）。
*12 Jerrison, H.J. (1973). *Evolution of the Brain and Intelligence*. New York: Academic Press.
*13 Wynn, T. (1988). Tools and the evolution of human intelligence. In Byrne, W.B., and Whiten, A. (eds.), *Machiavellian Intelligence*. Oxford: Clarendon Press.

(2001). Neurophysiological mechanisms underlying the understanding and imitation of action. *Nature Reviews Neuroscience* 2: 661–70.
＊59　Goodall, J. (1986). *The Chimpanzees of Gombe : Patterns of Behavior*. Cambridge, MA: Belknap Press of Harvard University. ジェーン・グドール『野生チンパンジーの世界』（杉山幸丸・松沢哲郎監訳、ミネルヴァ書房、1990年）。
＊60　Crockford, C., and Boesch, C. (2003). Context-specific calls in wild chimpanzees, *Pan troglodytes verus*: Analysis of barks. *Animal Behaviour* 66: 115–25.
＊61　Barzini, L. (1964). *The Italians*. New York: Atheneum. ルイジ・バルジーニ『イタリア人』（室伏哲郎・室伏尚子訳、弘文堂、1965年）。
＊62　LeDoux, J.E. (2000). Emotion circuits in the brain. *Annual Review of Neuroscience* 23: 155–84.
＊63　LeDoux, J.E. (2003). The self: Clues from the brain. *Annals of the New York Academy of Sciences* 1001: 295–304.
＊64　Wrangham, R., and Peterson, D. (1996). *Demonic Males : Apes and the Origins of Human Violence*. Boston: Houghton Mifflin. リチャード・ランガム、デイル・ピーターソン『男の凶暴性はどこからきたか』（山下篤子訳、三田出版会、1998年）。
＊65　McPhee, J. (1984). *La Place de la Concorde Suisse*. New York: Farrar, Straus & Giroux.
＊66　Damasio, A.R. (1994). *Descartes' Error*. New York: Putnam. アントニオ・R・ダマシオ『デカルトの誤り——情動、理性、人間の脳』前掲。
＊67　Ridley, M. (1993). *The Red Queen* (p. 244). New York: Macmillan. マット・リドレー『赤の女王——性とヒトの進化』（長谷川眞理子訳、ハヤカワ文庫、2014年）。

3　脳と社会と嘘

＊1　Roes, F. (1998). A conversation with George C. Williams. *Natural History* 107 (May): 10–13.

eralized hand use in manual gestures by chimpanzees (*Pan troglodytes*). *Developmental Science* 6: 55–61.
*49 Meguerditchian, A., and Vauclair, J. (2006). Baboons communicate with their right hand. *Behavioral Brain Research* 171: 170–74.
*50 Iverson, J.M., and Goldin-Meadow, S. (1998). Why people gesture when they speak. *Nature* 396: 228.
*51 Senghas, A. (1995). The development of Nicaraguan sign language via the language acquisition process. In MacLaughlin, D., and McEwen, S. (eds.), *Proceedings of the 19th Annual Boston University Conference on Language Development* (pp. 543–52). Boston: Cascadilla Press.
*52 Neville, H.J., Bavalier, D., Corina, D., Rauschecker, J., Karni, A., Lalwani, A., Braun, A., Clark, V., Jezzard, P., and Turner., R. (1998). Cerebral organization for language in deaf and hearing subjects: Biological constraints and effects of experience. *Proceedings of the National Academy of Sciences* 95: 922–29.
*53 Rizzolatti, G., Fogassi, L., and Gallese, V. (2004). Cortical mechanisms subserving object grasping, action understanding, and imitation. In Gazzaniga, M.S. (ed.), *The Cognitive Neurosciences*, vol. 3 (pp. 427–40). Cambridge, MA: MIT Press.
*54 Kurata, K., and Tanji, J. (1986). Premotor cortex neurons in macaques: Activity before distal and proximal forelimb movements. *Journal of Neuroscience* 6: 403–11.
*55 Rizzolatti, G., et al. (1988). Functional organization of inferior area 6 in the macaque monkey, II: Area F5 and the control of distal movements. *Experimental Brain Research* 71: 491–507.
*56 Gentillucci, M., et al. (1988). Functional organization of inferior area 6 in the macaque monkey, I: Somatotopy and the control of proximal movements. *Experimental Brain Research* 71: 475–90.
*57 Hast, M.H., et al. (1974). Cortical motor representation of the laryngeal muscles in *Macaca mulatta*. *Brain Research* 73: 229–40.
*58 For a review, see: Rizzolatti, G., Fogassi, L., and Gallese, V.

at the Brink of the Human Mind. New York: Wiley. スー・サベージ・ランバウ、ロジャー・ルーウィン『人と話すサル「カンジ」』(石館康平訳、講談社、1997年)。

*39 Savage-Rumbaugh, S., Romski, M.A., Hopkins, W.D., and Sevcik, R.A. (1988). Symbol acquisition and use by *Pan troglodytes, Pan paniscus*, and *Homo sapiens*. In Heltne, P.G., and Marquandt, L.A. (eds.), *Understanding Chimpanzees*. (pp. 266–95). Cambridge, MA: Harvard University Press.

*40 Seyfarth, R.M., Cheney, D.L., and Marler, P. (1980). Vervet monkey alarm calls: Semantic communication in a free-ranging primate. *Animal Behaviour* 28: 1070–94.

*41 Premack, D. (1972). Concordant preferences as a precondition for affective but not for symbolic communication (or how to do experimental anthropology). *Cognition* 1: 251–64.

*42 Seyfarth, R.M., and Cheney, D.L. (2003). Meaning and emotion in animal vocalizations. *Annals of the New York Academy of Sciences*. 1000: 32–55.

*43 Seyfarth, R.M., and Cheney, D.L. (2003). Signalers and receivers in animal communication. *Annual Review of Psychology* 54: 145–73.

*44 Fitch, W.T., Neubauer, and J., Herzel, H. (2002) Calls out of chaos: The adaptive significance of nonlinear phenomena in mammalian vocal production. *Animal Behaviour* 63: 407–18.

*45 Mitani, J., and Nishida, T. (1993). Contexts and social correlates of longdistance calling by male chimpanzees. *Animal Behaviour* 45: 735–46.

*46 Corballis, M.C. (1999). The gestural origins of language. *American Scientist* 87: 138–45.

*47 Rizzolatti, G., and Arbib, M.A. (1998). Language within our grasp. *Trends in Neurosciences* 21: 188–94.

*48 Hopkins, W.D., and Cantero, M. (2003). From hand to mouth in the evolution of language: The influence of vocal behavior on lat-

Development 72: 655–84.
*28 Gopnik, A. (1993). How we know our minds: The illusion of first-person knowledge of intentionality. *Behavioral and Brain Sciences* 16: 1–14.
*29 Leslie, A.M., Friedman, O., and German, T.P. (2004). Core mechanisms in "theory of mind." *Trends in Cognitive Sciences* 8: 528–33.
*30 Leslie, A.M., German, T.P., and Polizzi, P. (2005). Belief-desire reasoning as a process of selection. *Cognitive Psychology* 50: 45–85.
*31 German, T.P., and Leslie, A.M. (2001). Children's inferences from "knowing" to "pretending" and "believing." *British Journal of Developmental Psychology* 19: 59–83.
*32 German, T.P., and Leslie, A.M. (2004). No (social) construction without (meta) representation: Modular mechanisms as the basis for the acquisition of an understanding of mind. *Behavioral and Brain Sciences* 27: 106–7.
*33 Tomasello, M., Call, J., and Hare, B. (2003). Chimpanzees understand psychological states — the question is which ones and to what extent. *Trends in Cognitive Science* 7: 154–56.
*34 Povinelli, D.J., Bering, J.M., and Giambrone, S. (2000). Toward a science of other minds: Escaping the argument by analogy. *Cognitive Science* 24: 509–41.
*35 Mulcahy, N., and Call, J. (2006). Apes save tools for future use. *Science* 312: 1038–40.
*36 Anderson, S.R. (2004). A Telling Difference. *Natural History* 113 (November): 38–43.
*37 Chomsky, N. (1980). Human language and other semiotic systems. In Sebeokand, T.A., and Umiker-Sebeok, J. (eds.), *Speaking of Apes : A Critical Anthology of Two-Way Communication with Man* (pp. 429–40). New York: Plenum Press.
*38 Savage-Rumbaugh, S., and Lewin, R. (1994). *Kanzi : The Ape*

tistic child have a theory of mind? *Cognition* 21: 37–46.
＊16 Heyes, C.M. (1998). Theory of mind in nonhuman primates. *Behavioral and Brain Sciences* 21: 101–34.
＊17 Povinelli, D.J., and Vonk, J. (2004). We don't need a microscope to explore the chimpanzee's mind. *Mind & Language* 19: 1–28.
＊18 Tomasello, M., Call, J., and Hare, B. (2003). Chimpanzees versus humans: It's not that simple. *Trends in Cognitive Science* 7: 239–40.
＊19 Whiten, A., and Byrne, R. (1988). Tactical deception in primates. *Behavioral and Brain Sciences* 11: 233–44.
＊20 Hare, B., Call, J., Agnetta, B., and Tomasello, M. (2000). Chimpanzees know what conspecifics do and do not see. *Animal Behaviour* 59: 771–85.
＊21 Call, J., and Tomasello, M. (1998). Distinguishing intentional from accidental actions in orangutans (*Pongo pygmaeus*), chimpanzees (*Pan troglodytes*), and human children (*Homo sapiens*). *Journal of Comparative Psychology* 112: 192–206.
＊22 Hare, B., and Tomasello, M. (2004). Chimpanzees are more skilful in competitive than in cooperative cognitive tasks. *Animal Behaviour* 68: 571–81.
＊23 Melis, A., Hare, B., and Tomasello, M. (2006). Chimpanzees recruit the best collaborators. *Science* 313: 1297–1300.
＊24 Bloom, P., and German, T. (2000). Two reasons to abandon the false belief task as a test of theory of mind. *Cognition* 77: B25–B31.
＊25 Call, J., and Tomasello, M. (1999). A nonverbal false belief task: The performance of children and great apes. *Child Development* 70: 381–95.
＊26 Onishi, K.H., and Baillargeon, R. (2005). Do 15-month-old infants understand false beliefs? *Science* 308: 255–58.
＊27 Wellman, H.M., Cross, D., and Watson, J. (2001). Meta-analysis of theory of mind development: The truth about false-belief. *Child*

＊2　International Human Genome Sequencing Consortium. (2001). Initial sequencing and analysis of the human genome. *Nature* 409: 860–921; Errata 411: 720; 412: 565.
＊3　Venter, J.C., et al. (2001). The sequence of the human genome. *Science* 291: 1304–51. Erratum 292: 1838.
＊4　Watanabe, H., et al. (2004). DNA sequence and comparative analysis of chimpanzee chromosome 22. *Nature* 429: 382–438.
＊5　Provine, R. (2004). Laughing, tickling, and the evolution of speech and self. *Current Directions in Psychological Science*. 13: 215–18.
＊6　Benes, F.M. (1998). Brain development, VII: Human brain growth spans decades. *American Journal of Psychiatry* 155: 1489.
＊7　Wikipedia.
＊8　Markl, H. (1985). Manipulation, modulation, information, cognition: Some of the riddles of communication. In Holldobler, B., and Lindauer, M. (eds.), *Experimental Behavioral Ecology and Sociobiology* (pp. 163–94). Sunderland, MA: Sinauer Associates.
＊9　Povinelli, D.J. (2004). Behind the ape's appearance: Escaping anthropocentrism in the study of other minds. *Daedalus : The Journal of the American Academy of Arts and Sciences* 133 (Winter).
＊10　Povinelli, D.J., and Bering, J.M. (2002). The mentality of apes revisited. *Current Directions in Psychological Science* 11: 115–19.
＊11　Holmes, J. (1978). *The Farmer's Dog*. London: Popular Dogs.
＊12　Leslie, A.M. (1987). Pretense and representation: The origins of "theory of mind." *Psychological Review* 94: 412–26.
＊13　Bloom. P., and German, T. (2000). Two reasons to abandon the false belief task as a test of theory of mind. *Cognition* 77: B25–B31.
＊14　Baron-Cohen, S. (1995). *Mindblindness : An Essay on Autism and Theory of Mind*. Cambridge, MA: MIT Press. サイモン・バロン＝コーエン『自閉症とマインド・ブラインドネス』前掲。
＊15　Baron-Cohen, S., Leslie, A.M., and Frith, U. (1985). Does the au-

畑正道・今野義孝訳、青土社、1997年)。
*70　Watanabe, H., et al. (2004). DNA sequence and comparative analysis of chimpanzee chromosome 22. *Nature* 429: 382–88.
*71　Vargha-Khadem, F., et al. (1995). Praxic and nonverbal cognitive deficits in a large family with a genetically transmitted speech and language disorder. *Proceedings of the National Academy of Sciences* 92: 930–33.
*72　Fisher, S.E., et al. (1998). Localization of a gene implicated in a severe speech and language disorder. *Nature Genetics* 18: 168–70.
*73　Lai, C.S., et al. (2001). A novel forkhead-domain gene is mutated in a severe speech and language disorder. *Nature* 413: 519–23.
*74　Shu, W., et al. (2001). Characterization of a new subfamily of winged-helix/forkhead (Fox) genes that are expressed in the lung and act as transcriptional repressors. *Journal of Biological Chemistry* 276: 27488–97.
*75　Enard, W., et al. (2002). Molecular evolution of FOXP2, a gene involved in speech and language. *Nature* 418: 869–72.
*76　Fisher, S.E. (2005). Dissection of molecular mechanisms underlying speech and language disorders. *Applied Psycholinguistics* 26: 111–28.
*77　Caceres, M., et al. (2003). Elevated gene expression levels distinguish human from non-human primate brains. *Proceedings of the National Academy of Sciences* 100: 13030–35.
*78　Bystron, I., Rakic, P., Molnár, Z., and Blakemore, C. (2006). The first neurons of the human cerebral cortex. *Nature Neuroscience* 9: 880–86.

2　デートの相手にチンパンジー?

*1　Evans, E.P. (1906). *The Criminal Prosecution and Capital Punishment of Animals*. New York: E.P. Dutton. エドワード・ペイソン・エヴァンズ『殺人罪で死刑になった豚——動物裁判にみる中世史』(遠藤徹訳、青弓社、1995年)。

*59　Rakic, P. (1988). Specification of cerebral cortical areas. *Science* 241: 170–76.
*60　Ringo, J.L., Doty, R.W., Demeter, S., and Simard, P.Y. (1994). Time is of the essence: A conjecture that hemispheric specialization arises from interhemispheric conduction delay. *Cerebral Cortex* 4: 331–34.
*61　Hamilton, C.R., and Vermeire, B.A. (1988). Complementary hemisphere specialization in monkeys. *Science* 242: 1691–94.
*62　Cherniak, C. (1994). Component placement optimization in the brain. *Journal of Neuroscience* 14: 2418–27.
*63　Allman, J.M. (1999). Evolving brains. *Scientific American Library Series*, No. 68. New York: Scientific American Library.
*64　Hauser, M., and Carey, S. (1998). Building a cognitive creature from a set of primitives: Evolutionary and developmental insights. In Cummins, D., and Allen, C. (eds.), *The Evolution of the Mind* (pp. 51–106). New York: Oxford University Press.
*65　Funnell, M.G., and Gazzaniga, M.S. (2000). Right hemisphere deficits in reasoning processes. *Cognitive Neuroscience Society Abstracts Supplements* 12: 110.
*66　Rilling, J.K., and Insel, T.R. (1999). Differential expansion of neural projection systems in primate brain evolution. *NeuroReport* 10: 1453–59.
*67　Rizzolatti, G., Fadiga, L., Gallese, V., and Fogassi, L. (1996). Premotor cortex and the recognition of motor actions. *Cognitive Brain Research* 3: 131–41.
*68　Rizzolatti, G. (1998). Mirror neurons. In Gazzaniga, M.S., and Altman, J.S. (eds.), *Brain and Mind : Evolutionary Perspectives* (pp. 102–10). HFSP workshop reports 5. Strasbourg: Human Frontier Science Program.
*69　Baron-Cohen, S. (1995). *Mindblindness : An Essay on Autism and Theory of Mind*. Cambridge, MA: MIT Press. サイモン・バロン＝コーエン『自閉症とマインド・ブラインドネス』（長野敬・長

*50 Hutsler, J.J., and Galuske, R.A.W. (2003). Hemispheric asymmetries in cerebral cortical networks. *Trends in Neuroscience* 26: 429–35.

*51 Ramón y Cajal, S. (1990). The cerebral cortex. In *New Ideas on the Structure of the Nervous System in Man and Vertebrates* (pp. 35–72). Cambridge: MIT Press.

*52 Elston, G.N., and Rosa, M.G.P. (2000). Pyramidal cells, patches and cortical columns: A comparative study of infragranular neurons in TEO, TE, and the superior temporal polysensory area of the macaque monkey. *Journal of Neuroscience* 20: RC117: 1–5.

*53 Hutsler, J.J., Lee, D.-G., and Porter, K.K. (2005). Comparative analysis of cortical layering and supragranular layer enlargement in rodent, carnivore, and primate species. *Brain Research* 1052: 71–81.

*54 Caviness, V.S.J., Takahashi, T., and Nowakowski, R.S. (1995). Numbers, time and neocortical neurogenesis: A general developmental and evolutionary model. *Trends in Neuroscience* 18: 379–83.

*55 Hutsler, J.J., Lee, D.-G., and Porter, K.K. (2005). Comparative analysis of cortical layering and supragranular layer enlargement in rodent, carnivore, and primate species. *Brain Research* 1052: 71–81.

*56 Darlington, R.B., Dunlop, S.A., and Finlay, B.L. (1999). Neural development in metatherian and eutherian mammals: Variation and constraint. *Journal of Comparative Neurology* 411 : 359–68.

*57 Finlay, B.L., and Darlington, R.B. (1995). Linked regularities in the development and evolution of mammalian brains. *Science* 268: 1578–84.

*58 Rakic, P. (1981). Developmental events leading to laminar and areal organization of the neocortex. In Schmitt, F.O., Worden, F.G., Adelman, G., and Dennis, S.G. (eds.), *The Organization of the Cerebral Cortex* (pp. 7–28). Cambridge, MA: MIT Press.

umn hypothesis in neuroscience. *Brain* 125: 935–51.
*39 Jones, E.G. (2000). Microcolumns in the cerebral cortex. *Proceedings of the National Academy of Sciences* 97: 5019–21.
*40 Mountcastle, V.B. (1997). The columnar organization of the neocortex. *Brain* 120: 701–22.
*41 Barone, P., and Kennedy, H. (2000). Non-uniformity of neocortex: Areal heterogeneity of NADPH-diaphorase reactive neurons in adult macaque monkeys. *Cerebral Cortex* 10: 160–74.
*42 Beaulieu, C. (1993). Numerical data on neocortical neurons in adult rat, with special reference to the GABA population. *Brain Research* 609: 284–92.
*43 Elston, G.N. (2003). Cortex, cognition and the cell: New insights into the pyramidal neuron and prefrontal function. *Cerebral Cortex* 13: 1124–38.
*44 Preuss, T. (2000a). Preface: From basic uniformity to diversity in cortical organization. *Brain Behavior and Evolution* 55: 283–86.
*45 Preuss, T. (2000b). Taking the measure of diversity: Comparative alternatives to the model-animal paradigm in cortical neuroscience. *Brain Behavior and Evolution* 55: 287–99.
*46 Marin-Padilla, M. (1992). Ontogenesis of the pyramidal cell of the mammalian neocortex and developmental cytoarchitectonics: A unifying theory. *Journal of Comparative Neurology* 321: 223–40.
*47 Caviness, V.S.J., Takahashi, T., and Nowakowski, R.S. (1995). Numbers, time and neocortical neurogenesis: A general developmental and evolutionary model. *Trends in Neuroscience* 18: 379–83.
*48 Fuster, J.M. (2003). Neurobiology of cortical networks. In *Cortex and Mind* (pp. 17–53). New York: Oxford University Press.
*49 Jones, E.G. (1981). Anatomy of cerebral cortex: Columnar input-output organization. In Schmitt, F.O., Worden, F.G., Adelman, G., and Dennis, S.G. (eds.), *The Organization of the Cerebral Cortex* (pp. 199–235). Cambridge, MA: MIT Press.

mans than in other primates. *Nature Neuroscience* 8: 242–52.
*29　Damasio, A.R. (1994). *Descartes' Error*. New York: Putnam. アントニオ・R・ダマシオ『デカルトの誤り――情動、理性、人間の脳』(田中三彦訳、ちくま学芸文庫、2010年)。
*30　Johnson-Frey, S.H. (2003). What's so special about human tool use? *Neuron* 39: 201–4.
*31　Johnson-Frey, S.H. (2003). Cortical mechanisms of tool use. In Johnson-Frey, S.H. (ed.), *Taking Action : Cognitive Neuroscience Perspectives on the Problem of Intentional Movements* (pp. 185–217). Cambridge: MIT Press.
*32　Johnson-Frey, S.H., Newman-Morland, R., and Grafton, S.T. (2005). A distributed left hemisphere network active during planning of everyday tool use skills. *Cerebral Cortex* 15: 681–95.
*33　Buxhoeveden, D.P., Switala, A.E., Roy, E., Litaker, M., and Casanova, M.F. (2001). Morphological differences between minicolumns in human and nonhuman primate cortex. *American Journal of Physical Anthropology* 115: 361–71.
*34　Casanova, M.F, Buxhoeveden, D., and Soha, G.S. (2000). Brain development and evolution. In Ernst, M., and Rumse, J.M. (eds.), *Functional Neuroimaging in Child Psychiatry* (pp. 113–36). Cambridge: Cambridge University Press.
*35　Goodhill, G.J., and Carreira-Perpinan, M.A. (2002). Cortical columns. In *Encyclopedia of Cognitive Science*. Basingstoke, UK: Macmillan.
*36　Marcus, J.A. (2003). *Radial Neuron Number and Mammalian Brain Evolution : Reassessing the Neocortical Uniformity Hypothesis*. Boston: Doctoral dissertation, Department of Anthropology, Harvard University.
*37　Mountcastle, V.B. (1957). Modality and topographic properties of single neurons of cat's somatic sensory cortex. *Journal of Neurophysiology* 20: 408–34.
*38　Buxhoeveden, D.P., and Casanova, M.F. (2002). The minicol-

Lahn, B.T. (2004). Reconstructing the evolutionary history of microcephalin, a gene controlling human brain size. *Human Molecular Genetics* 13: 1139–45.

*20 Evans, P.D., Anderson, J.R., Vallender, E.J., Gilbert, S.L., Malcom, C.M., Dorus, S., and Lahn, B.T. (2004). Adaptive evolution of ASPM, a major determinant of cerebral cortical size in humans. *Human Molecular Genetics* 13: 489–94.

*21 Evans, P.D., Gilbert, S.L., Mekel-Bobrov, N., Ballender, E.J., Anderson, J.R., Baez-Azizi, L.M., Tishkoff, S.A., Hudson, R.R., and Lahn, B.T. (2005). Microcephalin, a gene regulating brain size, continues to evolve adaptively in humans. *Science* 309: 1717–20.

*22 Mekel-Bobrov, N., Gilbert, S.L., Evans, P.D., Ballender, E.J., Anderson, J.R., Hudson, R.R., Tishkoff, S.A., and Lahn, B.T. (2005). Ongoing adaptive evolution of ASPM, a brain size determinant in *Homo sapiens*. *Science* 309: 1720–22.

*23 Lahn, B.T., www.hhmi.org/news/lahn4.html.

*24 Deacon, T.W. (1990). Rethinking mammalian brain evolution. *American Zoology* 30: 629–705.

*25 Semendeferi, K., Lu, A., Schenker, N., and Damasio, H. (2002). Humans and great apes share a large frontal cortex. *Nature Neuroscience* 5: 272–76.

*26 Semendeferi, K., Damasio, H., Frank, R., and Van Hoesen, G.W. (1997). The evolution of the frontal lobes: A volumetric analysis based on three-dimensional reconstructions of magnetic resonance scans of human and ape brains. *Journal of Human Evolution* 32: 375–88.

*27 Semendeferi, K., Armstrong, E., Schleicher, A., Zilles, K., and Van Hoesen, G.W. (2001). Prefrontal cortex in humans and apes: A comparative study of area 10. *American Journal of Physical Anthropology*, 114: 224–41.

*28 Schoenemann, P.T., Sheehan, M.J., and Glotzer, L.D. (2005). Prefrontal white matter volume is disproportionately larger in hu-

＊9　Klein, R.G. (1999). *The Human Career*. Chicago: University of Chicago Press.

＊10　Simek, J. (1992). Neanderthal cognition and the Middle to Upper Paleolithic transition. In Brauer, G., and Smith, G.H. (eds.), *Continuity or Replacement? Controversies in* Homo sapiens *Evolution*. (pp. 231–35) Rotterdam: Balkema.

＊11　Smirnov, Y. (1989). Intentional human burial: Middle paleolithic (last glaciation) beginnings. *Journal of World Prehistory* 3: 199–233.

＊12　Deacon, T.W. (1997). *The Symbolic Species*. London: Penguin. テレンス・W.ディーコン『ヒトはいかにして人となったか――言語と脳の共進化』（金子隆芳訳、新曜社、1999年）。

＊13　Gilead, I. (1991). The Upper Paleolithic period in the Levant. *Journal of World Prehistory* 5: 105–54.

＊14　Hublin, J.J., and Bailey, S.E. (2006). Revisiting the last Neanderthals. In Conard, N.J. (ed.), *When Neanderthals and Modern Humans Met* (pp. 105–28). Tübingen: Kerns Verlag.

＊15　Dorus, S., Vallender, E.J., Evans, P.D., Anderson, J.R., Gilbert, S.L., Mahowald, M., Wyckoff, G.J., Malcom, C.M., and Lahn, B.T. (2004). Accelerated evolution of nervous system genes in the origin of *Homo sapiens*. *Cell* 119: 1027–40.

＊16　Jackson, A.P., Eastwood, H., Bell, S.M., Adu, J., Toomes, C., Carr, I.M., Roberts, E., et al. (2002). Identification of microcephalin, a protein implicated in determining the size of the human brain. *American Journal of Human Genetics* 71: 136–42.

＊17　Bond, J., Roberts, E, Mochida, G.H., Hampshire, D.J., Scott, S, Askham, J.M., Springell, K,. et al. (2002). ASPM is a major determinant of cerebral cortical size. *Nature Genetics* 32: 316–20.

＊18　Ponting, C., and Jackson, A. (2005). Evolution of primary microcephaly genes and the enlargement of primate brains. *Current Opinion in Genetics & Development* 15: 241–48.

＊19　Evans, P.D., Anderson, J.R., Vallender, E.J., Choi, S.S., and

参考文献

1 人間の脳はユニークか？

*1 Preuss, T.M. (2001). The discovery of cerebral diversity: An unwelcome scientific revolution. In Falk, D., and Gibson, K. (eds.), *Evolutionary Anatomy of the Primate Cerebral Cortex* (pp. 138–64). Cambridge: Cambridge University Press.

*2 Darwin, C. (1871). *The Descent of Man, and Selection in Relation to Sex*. London: John Murray (Facsimile edition, Princeton, NJ: Princeton University Press, 1981). In Preuss (2001). チャールズ・ダーウィン『人間の由来』上・下（長谷川眞理子訳、講談社学術文庫、2016年）。

*3 Huxley, T.H. (1863). *Evidence as to Man's Place in Nature*. London: Williams and Morgate (Reissued 1959, Ann Arbor: University of Michigan Press). In Preuss (2001). トマス・ハックスリ『自然界における人間の地位』（石田外茂一訳、改造社、1940年）。

*4 Holloway, R.L. Jr., (1966). Cranial capacity and neuron number: A critique and proposal. *American Journal of Anthropology* 25: 305–14.

*5 Preuss, T.M. (2006). Who's afraid of *Homo sapiens*? *Journal of Biomedical Discovery and Collaboration* 1, www.j-biomed-discovery.com/content/1/1/17.

*6 Striedter, G.F. (2005). *Principles of Brain Evolution*. Sunderland, MA: Sinauer Associates.

*7 Jerrison, H.J. (1991). *Brain Size and the Evolution of Mind*. New York: Academic Press.

*8 Roth, G. (2002). Is the human brain unique? In Stamenov, M.I., and Gallese, V. (eds.), *Mirror Neurons and the Evolution of Brain and Language* (pp. 64–76). Philadelphia: John Benjamin.

本書は、二〇一〇年三月、インターシフトより『人間らしさとはなにか?——人間のユニークさを明かす科学の最前線』として刊行された。文庫化に際しては、上下分冊とし、タイトルを改めた。

ペンローズの〈量子脳〉理論
ロジャー・ペンローズ
竹内薫／茂木健一郎訳・解説
心と意識の成り立ちを最終的に説明するのは、人工知能ではなく、〈量子脳〉理論だ！　天才物理学者ペンローズのスリリングな論争の現場。

鉱物　人と文化をめぐる物語
堀　秀道
鉱物の深遠にして不思議な真実が、歴史と芸術をめぐり次々と披瀝される。深い学識に裏打ちされ、優しい語り口で綴られた「珠玉」のエッセイ。

植物一日一題
牧野富太郎
世界的な植物学者が、学識を背景に、植物名の起源を辿り、分類の俗説に熱く異を唱え、稀有な蘊蓄を傾ける、のびやかな随筆100題。（大場秀章）

植物記
牧野富太郎
万葉集の草花から「満州国」の紋章まで、博識な著者の珠玉の自選エッセイ集。独学で植物学を学んだ日々など自らの生涯もユーモアを交えて振り返る。

花物語
牧野富太郎
自らを「植物の精」と呼ぶほどの草木への愛情。その眼差しは学問知識にとどまらず、植物を社会に生かす道へと広がる。碩学晩年の愉しい随筆集。

クオリア入門
茂木健一郎
〈心〉を支えるクオリアとは何か。ニューロンの発火から意識が生まれるまでの過程の解明に挑む。心脳問題について具体的な見取り図を描く好著。

柳宗民の雑草ノオト
柳宗民・文
三品隆司・画
雑草は花壇や畑では厄介者。でも、よく見れば健気で可愛い。美味しいもの、薬効を秘めるものもある。カラー図版と文で60の草花を紹介する。

唯脳論
養老孟司
人工物に囲まれた現代人は脳の中に住む。脳とは檻なのか。情報器官としての脳を解剖し、ヒトとは何かを問うスリリングな論考。（澤口俊之）

スモールワールド・ネットワーク〔増補改訂版〕
ダンカン・ワッツ
辻竜平／友知政樹訳
たった6つのステップで、世界中の人々はつながっている！　ウイルスの感染拡大、文化の流行など様々な現象に潜むネットワークの数理を解き明かす。

社会学の考え方〔第2版〕

ジグムント・バウマン／ティム・メイ
奥井智之訳

日常世界はどのように構成されているのか。日々変化する現代社会をどう読み解くべきか。読者を〈社会学的思考〉の実践へと導く最高の入門書。新訳。

コミュニティ

ジグムント・バウマン
奥井智之訳

グローバル化し個別化する世界のなかで、コミュニティはいかなる様相を呈しているか。安全をとるか、自由をとるか。代表的社会学者が根源から問う。

ウンコな議論

ハリー・G・フランクファート
山形浩生訳／解説

ごまかし、でまかせ、いいのがれ。なぜ世の中、こんなものがみちるのか。道徳哲学の泰斗がその正体とカラクリを解く。爆笑必至の訳者解説を付す。

世界リスク社会論

ウルリッヒ・ベック
島村賢一訳

迫りくるリスクは我々から何を奪い、何をもたらすのか。『危険社会』の著者が、近代社会の根本原理をくつがえすリスクの本質と可能性に迫る。

民主主義の革命

エルネスト・ラクラウ／シャンタル・ムフ
西永亮／千葉眞訳

グラムシ、デリダらの思想を摂取し、根源的で複数的なデモクラシーへ向けて、新たなヘゲモニー概念を提示した、ポスト・マルクス主義の代表作。

鏡の背面

コンラート・ローレンツ
谷口茂訳

人間の認識システムはどのように進化してきたのか、そしてその特徴とは。ノーベル賞受賞の動物行動学者が試みた抱括的知識による壮大な総合人間哲学。

人間の条件

ハンナ・アレント
志水速雄訳

人間の活動的生活を《労働》《仕事》《活動》の三側面から考察し、《労働》優位の近代世界を思想史的に批判したアレントの主著。（阿部齊）

革命について

ハンナ・アレント
志水速雄訳

《自由の創設》をキイ概念としてアメリカとヨーロッパの二つの革命を比較・考察し、その最良の精神を二〇世紀の惨状から救い出す。（川崎修）

暗い時代の人々

ハンナ・アレント
阿部齊訳

自由が著しく損なわれた時代を自らの意思に従い行動し、生きた人々。政治・芸術・哲学への鋭い示唆を含み描かれる普遍的人間論。（村井洋）

責任と判断　ハンナ・アレント　ジェローム・コーン編　中山元訳
思想家ハンナ・アレント後期の未刊行論文集。人間の責任の意味と判断の能力を考察し、考える能力の喪失により生まれる〈凡庸な悪〉を明らかにする。

プリズメン　Th・W・アドルノ　渡辺祐邦／三原弟平訳
「アウシュヴィッツ以後、詩を書くことは野蛮である」。果てしなく進行する大衆の従順化と、絶対的物象化の時代における文化批判のあり方を問う。

哲学について　ルイ・アルチュセール　今村仁司訳
カトリシズムの救済の理念とマルクス主義の解放の思想との統合をめざしフランス現代思想を領導した孤高の哲学者。その到達点を示す歴史的文献。

スタンツェ　ジョルジョ・アガンベン　岡田温司訳
西洋文化の豊饒なイメージの宝庫を自在に横切り、愛・言葉そして喪失の想像力が表象に与えた役割をたどる。21世紀を牽引する哲学者の博覧強記。

アタリ文明論講義　ジャック・アタリ　林昌宏訳
歴史を動かすのは先を読む力だ。混迷を深める現代文明の行く末を見通し対処するにはどうすればよいのか。「欧州の知性」が危難の時代を読み解く。

プラトンに関する十一章　アラン　森進一訳
『幸福論』が広く静かに読み継がれているモラリスト、アラン。卓越した哲学教師でもあった彼が平易かつ明快にプラトン哲学の精髄を説いた名著。

コンヴィヴィアリティのための道具　イヴァン・イリイチ　渡辺京二／渡辺梨佐訳
破滅に向かう現代文明の大転換はまだ可能だ！　人間本来の自由と創造性が最大限活かされる社会をどう作るか。イリイチが遺した不朽のマニフェスト。

重力と恩寵　シモーヌ・ヴェイユ　田辺保訳
「重力」に似たものから、どのようにして免れればよいのか……ただ「恩寵」によって。苛烈な自己無化への意志に貫れた、独自の思索の断想集。ティボン編。

工場日記　シモーヌ・ヴェイユ　田辺保訳
人間のありのままの姿を知り、愛し、そこで生きたい――女工となった哲学者が、極限の状況で自己犠牲と献身について考え抜き、克明に綴った、魂の記録。

青色本

L・ウィトゲンシュタイン
大森荘蔵訳

「語の意味とは何か」。端的な問いかけで始まるこのコンパクトな書は、初めて読むウィトゲンシュタインとして最適な一冊。（野矢茂樹）

法の概念〔第3版〕

H・L・A・ハート
長谷部恭男訳

法とは何か。ルールの秩序という観念でこの難問に立ち向かい、法哲学の新たな地平を拓いた名著。批判に応える「後記」を含め、平明な新訳でおくる。

解釈としての社会批判

マイケル・ウォルツァー
大川正彦／川本隆史訳

社会の不正を糺すのに、普遍的な道徳を振りかざすだけでは有効でない。暮らしに根ざしながら同時にラディカルな批判が必要だ。その可能性を探究する。

ポパーとウィトゲンシュタインとのあいだで交わされた世上名高い10分間の大激論の謎

デヴィッド・エドモンズ／ジョン・エーディナウ
二木麻里訳

このすれ違いは避けられない運命だった？　二人の思想の歩み、そして大激論の真相に、ウィーン学団の人間模様やヨーロッパの歴史的背景から迫る。

大衆の反逆

オルテガ・イ・ガセット
神吉敬三訳

二〇世紀の初頭、《大衆》という現象の出現とその功罪を論じながら、自ら進んで困難に立ち向かう《真の貴族》という概念を対置した警世の書。

死にいたる病

S・キルケゴール
桝田啓三郎訳

死にいたる病とは絶望であり、絶望を深く自覚し神の前に自己をすてる。実存的な思索の深まりをデンマーク語原著から訳出し、詳細な注を付す。

ニーチェと悪循環

ピエール・クロソウスキー
兼子正勝訳

永劫回帰の啓示がニーチェに与えたものは、同一性の下に潜在する無数の強度の解放である。二十一世紀にあざやかに蘇る、逸脱のニーチェ論。

世界制作の方法

ネルソン・グッドマン
菅野盾樹訳

世界は「ある」のではなく、「制作」されるのだ。芸術・科学・日常経験・知覚など、幅広い分野で徹底した思索を行ったアメリカ現代哲学の重要著作。

新編 現代の君主

アントニオ・グラムシ
上村忠男編訳

労働運動を組織しイタリア共産党を指導したグラムシ。獄中で綴られたそのテキストから、いま読み直されるべき重要な29篇を選りすぐり注解する。

ハイデッガー『存在と時間』註解
マイケル・ゲルヴェン
長谷川西涯訳

難解をもって知られる『存在と時間』全八三節の思考を、初学者にも一歩一歩追体験させ、高度な内容を読者に確信させ納得させる唯一の註解書。

色彩論
ゲーテ
木村直司訳

数学的・機械論的近代自然科学と一線を画し、自然の中に「精神」を読みとろうとする特異で巨大な自然観を示した思想家・ゲーテの不朽の業績。

倫理問題101問
マーティン・コーエン
榑沼範久訳

何が正しいことなのか。医療・法律・環境問題等、私たちの周りに溢れる倫理的なジレンマから101の題材を取り上げて、ユーモアも交えて考える。

哲学101問
マーティン・コーエン
矢橋明郎訳

全てのカラスが黒いことを証明するには？ コンピュータと人間の違いは？ 哲学者たちが頭を捻った101問を、譬話で考える楽しい哲学読み物。

マラルメ論
ジャン＝ポール・サルトル
渡辺守章／平井啓之訳

思考の極北で〈存在〉そのものを問い直す形而上学的〈劇〉を生きた詩人マラルメ――固有の方法的批判により文学の存立の根拠をも問う白熱の論考。

存在と無（全3巻）
ジャン＝ポール・サルトル
松浪信三郎訳

人間の意識の在り方（実存）をきわめて詳細に分析し、存在と無の弁証法を問い究め、実存主義を確立した不朽の名著。現代思想の原点。

存在と無 Ⅰ
ジャン＝ポール・サルトル
松浪信三郎訳

Ⅰ巻は、「即自」と「対自」が峻別される緒論「存在の探求」から、「対自」としての意識の基本的在り方が論じられる第二部「対自存在」まで収録。

存在と無 Ⅱ
ジャン＝ポール・サルトル
松浪信三郎訳

Ⅱ巻は、第三部「対他存在」を収録。私と他者との相剋関係を論じた「まなざし」論をはじめ、愛、憎悪、マゾヒズム、サディズムなど具体的な他者論を展開。

存在と無 Ⅲ
ジャン＝ポール・サルトル
松浪信三郎訳

Ⅲ巻は、第四部「持つ」「為す」「ある」を収録。この三つの基本的カテゴリーとの関連で人間の行動を分析し、絶対的自由を提唱。
（北村晋）

ちくま学芸文庫

人間とはなにか　上
脳が明かす「人間らしさ」の起源

二〇一八年三月十日　第一刷発行

著者　マイケル・S・ガザニガ
訳者　柴田裕之（しばた・やすし）
発行者　山野浩一
発行所　株式会社 筑摩書房
東京都台東区蔵前二―五―三　〒一一一―八七五五
振替〇〇一六〇―八―四一二三
装幀者　安野光雅
印刷所　中央精版印刷株式会社
製本所　中央精版印刷株式会社
乱丁・落丁本の場合は、左記宛にご送付下さい。
送料小社負担でお取り替えいたします。
ご注文・お問い合わせも左記へお願いします。
筑摩書房サービスセンター
埼玉県さいたま市北区櫛引町二―六〇四　〒三三一―八五〇七
電話番号　〇四八―六五一―〇〇五三

ISBN978-4-480-09851-1 C0145